L’ingénieur et le développement durable

PRESSES DE L'UNIVERSITÉ DU QUÉBEC
Le Delta I, 2875, boulevard Laurier, bureau 450
Québec (Québec) G1V 2M2
Téléphone : 418-657-4399 • Télécopieur : 418-657-2096
Courriel : puq@puq.ca • Internet : www.puq.ca

Membre de L'ASSOCIATION NATIONALE DES ÉDITEURS DE LIVRES

Diffusion / Distribution :

CANADA et autres pays
PROLOGUE INC.
1650, boulevard Lionel-Bertrand
Boisbriand (Québec) J7H 1N7
Téléphone : 450-434-0306 / 1 800 363-2864

SUISSE
SERVIDIS SA
Chemin des Chalets
1279 Chavannes-de-Bogis
Suisse
Tél. : 22 960.95.32

FRANCE
SODIS
128, av. du Maréchal
de Lattre de Tassigny
77403 Lagny
France
Tél. : 01 60 07 82 99

BELGIQUE
PATRIMOINE SPRL
168, rue du Noyer
1030 Bruxelles
Belgique
Tél. : 02 7366847

AFRIQUE
ACTION PÉDAGOGIQUE
POUR L'ÉDUCATION ET LA FORMATION
Angle des rues Jilali Taj Eddine
et El Ghadfa
Maârif 20100 Casablanca
Maroc

Karel F. MULDER
Traduction et adaptation d'Éric Francoeur

L'ingénieur et le développement durable

2011

Université du Québec
École
de technologie
supérieure

Presses
de l'Université
du Québec

Catalogage avant publication de Bibliothèque et Archives nationales du Québec et Bibliothèque et Archives Canada

Mulder, Karel F. (Karel Frits), 1956-

L'ingénieur et le développement durable

Traduction de : Sustainable development for engineers.

Comprend des réf. bibliogr.

Publ. en collab. avec : École de technologie supérieure.

ISBN 978-2-7605-1601-4 (Presses de l'Université du Québec)

ISBN 978-2-921145-72-5 (École de technologie supérieure)

1. Ingénierie durable. 2. Environnement, Technique de l'. 3. Développement durable.
I. Francoeur, Éric, 1965- . II. Université du Québec. École de technologie supérieure. III. Titre.

TA170.M8414 2009 628 C2009-940942-9

Nous reconnaissons l'aide financière du gouvernement du Canada par l'entremise du Programme d'aide au développement de l'industrie de l'édition (PADIE) pour nos activités d'édition.

La publication de cet ouvrage a été rendue possible grâce à l'aide financière de la Société de développement des entreprises culturelles (SODEC).

Intérieur
Mise en pages : INFO 1000 MOTS

Couverture
Conception : RICHARD HODGSON

1 2 3 4 5 6 7 8 9 PUQ 2011 9 8 7 6 5 4 3 **2** 1

Traduction de *Sustainable Development for Engineers : A Handbook and Resource Guide*, 2006, Greenleaf Publishing.

Dépôt légal – 2e trimestre 2009
Bibliothèque et Archives nationales du Québec / Bibliothèque et Archives Canada
Imprimé au Canada

Remerciements

La traduction et l'adaptation de cet ouvrage ont été rendues possibles en partie grâce à une subvention du Fonds de développement de l'École de technologie supérieure (ÉTS). Le traducteur aimerait remercier Fiona MacCormack pour la réalisation de plusieurs des figures et Luc Loignon pour son travail de révision.

La version originale anglaise de cet ouvrage est le résultat d'un projet mené conjointement par l'Université de technologie de Delft (DUT) et l'Université technique de Catalogne à Barcelone (UPC). Karel Mulder a agi à titre d'auteur principal.

Le premier jet du chapitre 6 a été rédigé par Carlos Welsh, Josep Antequera, Bárbara Sureda et Ernesto Gonzalez de l'Observatoire de la durabilité de la Chaire de l'UNESCO en technologies, développement durable et changements globaux.

Renate von Drimmelen (DUT) a rédigé une première version du chapitre 7 et Heleen Willems (DUT), du chapitre 8.

Une centaine de participants à un atelier spécial du colloque *Engineering Education for Sustainable Development* (Barcelone, 2004) ont contribué à définir le contenu de cet ouvrage.

Avant-propos

Le développement qu'ont connu les sociétés industrialisées au cours des deux derniers siècles n'est rien de moins que prodigieux: jamais autant d'humains n'ont connu une richesse et un confort matériel aussi grands. Nous savons toutefois aujourd'hui que ce progrès a un côté sombre. Le système qui produit cette richesse matérielle menace sa propre pérennité en surexploitant les ressources naturelles à sa disposition et en mettant en danger les systèmes naturels essentiels au maintien de la vie sur Terre. Nous avons dépassé des seuils critiques sur plusieurs fronts et commençons à peine à en ressentir les effets. Ce sont les générations futures qui devront supporter les coûts énormes de la dette écologique que nous contribuons à créer (et dont nous avons hérité en partie des générations précédentes). Plus troublant encore, malgré cette dette, un portion énorme de la population humaine peine encore à subvenir à ses besoins les plus fondamentaux. Non seulement nous pillons la Terre, mais nous le faisons essentiellement au profit d'une minorité.

Il nous faut apprendre à subvenir à nos besoins, les besoins de tous, sans hypothéquer la capacité des générations futures à subvenir aux leurs. Il nous faut viser la durabilité, cette qualité des systèmes à exister et à se développer sans semer les graines de leur propre destruction à court ou moyen terme.

Des changements sont nécessaires sur tous les plans. Nous ne pouvons continuer à consommer comme nous le faisons actuellement. Il n'est cependant pas facile d'abandonner les bienfaits de la société de consommation. Ets-il possible de concilier notre mode de vie moderne avec cet impératif de changement? Est-ce que des technologies nouvelles ou améliorées pourraient jouer un rôle majeur dans ces changements? Cela exigerait des bonds énormes dans l'efficience environnementale des nos technologies. Est-ce réalisable? Les ingénieurs sont-ils bien préparés pour relever ce défi?

Dans la plupart des pays industrialisés, on perçoit l'ingénieur comme un individu compétent occupé à concevoir de nouveaux produits, procédés ou ouvrages d'art. Or, l'esprit inventif de l'ingénieur tend souvent à se concentrer sur les aspects techniques de ses réalisations, au détriment des besoins sociétaux. Les ingénieurs doivent aussi pouvoir réfléchir à la durabilité et aux impacts des enjeux sociaux et environnementaux sur la technologie. Une fois diplômé, l'étudiant en ingénierie ne vit pas dans une tour d'ivoire. Il dirige des équipes de production, de conception ou de recherche. Il devient parfois gestionnaire d'entreprise ou d'institution, voire décideur public. Les ingénieurs doivent donc apprendre à réfléchir stratégiquement aux défis de la durabilité et du changement technologique. Ce qui ne signifie pas que chaque ingénieur ne sera toujours préoccupé que par le développement durable. Néanmoins, elle ou il doit être conscient des défis que celui-ci présente pour sa profession et être prêt à collaborer avec d'autres professions pour développer des solutions appropriées.

L'objectif de cet ouvrage est d'offrir aux étudiants en ingénierie un aperçu de ces défis que présente le développement durable pour la profession d'ingénieur, de la contribution possible de l'ingénierie au développement ainsi que des barrières et des pièges dont ils doivent être conscients.

Dans le chapitre 1, nous expliquons ce qu'est le développement durable et explorons les conséquences de pratiques non durables. Le chapitre 2 examine les conséquences des systèmes actuels de consommation et de production sur les divers systèmes naturels essentiels qui forment un système global essentiel au maintien de la vie sur Terre. Le chapitre 3 s'intéresse au développement des sociétés humaines, sur le plan historique et au regard de ses objectifs. Le chapitre 4 couvre les principes généraux de l'organisation économique, le développement de l'économie de marché et les processus d'élaboration des politiques publiques aux niveaux national et international. Les outils pour mesurer la durabilité sont présentés brièvement au chapitre 6. Le chapitre 7 analyse comment les entreprises gèrent leurs responsabilités et comment elles peuvent contribuer au développement durable à travers différents aspects de leurs activités.

Le chapitre 5 explore le rôle de la technologie dans la société. Le chapitre 8 présente le processus de conception en ingénierie et les façons d'y intégrer la durabilité. Le chapitre 9 s'intéresse à la dynamique de l'innovation technologique, en particulier aux raisons qui font que les technologies résistent aux demandes de changement provenant de la sphère sociale. Enfin, au chapitre 10, nous examinons des idées, outils et principes qui peuvent mener à des bonds dans l'efficience environnementale des technologies.

Table des matières

Liste des encadrés

Liste des figures

Liste des tableaux

Chapitre

1

Pourquoi le développement durable?

Ce chapitre explique ce qu'est le développement durable. Il illustre les conséquences de pratiques non durables à travers l'histoire du déclin de la communauté de l'île de Pâques. On y décrit brièvement l'histoire du concept de développement durable et les fondements de la durabilité.

1.1 L'île de Pâques

L'île de Pâques (*Rapa Nui*), située dans l'océan Pacifique, est l'un des endroits habités les plus isolés au monde. Elle se situe à 3 747 km du Chili et à 2 250 km de Pitcairn, l'île habitée la plus proche. Ses statues géantes en font un lieu touristique très populaire.

L'amiral néerlandais Jacob Roggeveen a été le premier Européen à visiter l'île, qu'il a découverte en 1722 au cours d'un voyage autour du monde. En explorant cette île, Roggeveen et son équipage ont trouvé une population d'environ 3000 personnes vêtues de lambeaux et vivant dans des abris précaires.

Ils ont aussi découvert de grandes statues, appelées *moaïs*. Ces statues, que l'on peut voir encore aujourd'hui, sont regroupées sur des plateformes (*ahûs*) près du littoral, dos à la mer. La plus grande pèse 8 200 kg et mesure 9,8 m. Ces statues ont été sculptées dans une carrière au centre de l'île et transportées jusqu'à 14 km vers le littoral. On trouve encore dans cette carrière de nombreuses statues, certaines inachevées et d'autres complètes mais abandonnées.

Roggeveen n'est resté que deux jours sur l'île. Plus tard, d'autres explorateurs ont étudié de plus près l'île, ses habitants et les mystérieuses statues qu'ils avaient fabriquées. Construire les plateformes, sculpter les statues et les transporter sur plusieurs kilomètres, tout cela avait dû demander un effort considérable. Vingt personnes pourraient transporter une de ces statues en 30 à 70 jours. Toutefois, la méthode est risquée sur le terrain accidenté de l'île. Des méthodes de transport plus sécuritaires, basées sur des rouleaux ou des luges, seraient plus rapides, mais exigeraient plus d'ouvriers[1].

Courtoisie de Artemio Urbina.

Figure 1.1 – Moaï sur l'île de Pâques

1. Pour les expériences de transport effectuées à *Rapa Nui*, voir Public Broadcasting Service, 2000.

Deux choses semblent claires :

- La création des statues a exigé une somme énorme de travail. Comme la plupart des statues ont été créées entre 1400 et 1600, la société de l'île devait être beaucoup plus prospère et mieux organisée à cette époque pour fournir un tel effort.
- Les méthodes de transport ne faisant pas appel au bois auraient été très risquées pour les statues et probablement inadéquates en terrain plus accidenté.

Un autre indice suggère l'utilisation du bois : en 1722, l'île était couverte d'arbustes et dénuée d'arbres. Seulement deux cocotiers du Chili ont été découverts sur l'île ; ils poussaient, inaccessibles, dans une gorge aux parois escarpées. Pourtant, des archéologues ont démontré que l'île était, à une époque, couverte de diverses espèces de palmiers.

Selon les théories modernes sur l'île de Pâques, ses habitants sont venus de la Polynésie et sont arrivés entre les années 400 et 800 de notre ère[2]. La richesse des terres et de la mer a donné aux habitants de l'île, les *Rapanuis*, des moyens pour développer une culture très riche. Au XVIe siècle, la population comptait environ 7000 personnes. La vie de clan était probablement le système social dominant sur l'île de Pâques, tout comme il l'est dans la majorité des cultures polynésiennes. Chaque *ahû* était probablement un symbole religieux qui exprimait aussi le statut du clan qui le possédait. Mais qu'est-il donc arrivé ?

La croissance de la population et l'activité intense entourant la création des *moaïs* ont entraîné tout un lot de problèmes. Les terres fertiles s'étant érodées, il fallut défricher davantage de terres pour l'agriculture. Beaucoup d'arbres ont été abattus pour construire les *moaïs*, des bateaux et des maisons. Le bois et la nourriture se sont épuisés, mais les habitants ont sans doute continué à couper les arbres jusqu'au dernier. En conséquence, la création et le transport des *moaïs* ont cessé ; la construction de bateaux et d'habitations est devenue impossible. On soupçonne que ces évènements ont aussi coïncidé avec une guerre entre les clans.

La civilisation de l'île de Pâques s'est effondrée parce qu'elle n'était pas durable. Pourquoi les *Rapanuis* n'ont-ils pas mis fin à ce processus ? N'étaient-ils pas conscients, comme nous le sommes aujourd'hui, des dommages qu'ils infligeaient à l'écosystème de leur île ? Il n'est pas réaliste de penser qu'une société aussi avancée que celle des *Rapanuis* n'ait pas réalisé qu'elle coupait son dernier arbre. L'explication est que, dans le contexte d'un conflit entre les clans, ne pas couper un arbre signifiait le laisser à un clan concurrent. C'est un exemple du **dilemme du prisonnier** (voir le chapitre 4).

---

2. Des indices plus récents suggèrent que la colonisation de l'île a eu lieu beaucoup plus tard, vers 1200. On soupçonne aussi que la dévastation de l'île fut beaucoup plus rapide. Voir Gibbons, 2006.

1.2 L'effondrement des sociétés non durables

L'exemple de l'île de Pâques nous montre qu'une société ne peut se comporter comme si ses ressources étaient illimitées. Cet exemple n'est malheureusement pas unique. Plusieurs civilisations se sont effondrées à cause de pratiques agricoles non durables:

- Lorsqu'on utilise l'irrigation, l'agriculture produit de meilleures récoltes, du moins à court terme. Mais quand l'eau s'évapore, elle laisse un dépôt de sel à la surface du sol. L'excès de sel tue les plantes. Après un certain temps, les récoltes diminuent et la terre ne peut plus être cultivée. Des indices permettent de croire que ce phénomène a contribué à l'effondrement de civilisations comme celles des Mayas en Amérique centrale, des Harappas de la vallée de l'Indus dans le Sud-Est asiatique et des cités mésopotamiennes au Moyen-Orient.
- Lorsque les terres agricoles sont drainées, la pression hydrostatique peut forcer l'eau saline à remonter des profondeurs, ce qui entraîne aussi l'ensalement du sol.
- L'irrigation contribue souvent à l'érosion des sols, ce qui fait disparaître la couche supérieure productive des terres agricoles. L'érosion peut aussi entraîner des tempêtes de sable, qui sont elles-mêmes une menace importante pour les milieux ruraux. Dans les années 1930, le *Dust Bowl*, une série de tempêtes de poussières causées par des années de précipitations faibles et un labourage abusif, a été un problème majeur dans les prairies américaines et canadiennes. De nombreuses communautés dans le monde ont été ruinées par l'érosion des sols.
- Lorsque la population s'accroît, l'augmentation de la demande en nourriture favorise le recours à une monoculture intensive. Les cultures deviennent plus sujettes aux épidémies, surtout en l'absence de rotation des cultures ou de mise en jachère des sols. La famine résultant de cette situation peut détruire des civilisations. Celle qui força les descendants d'Abraham à quitter les terres de Canaan pour l'Égypte était probablement due à la rouille du blé, causée par un champignon parasitaire (Wong, 2003). Un autre exemple bien connu est la grande famine en Irlande entre 1845 et 1850 (Gray, 1995). L'Irlande était une nation densément peuplée en 1845. Pour produire assez de nourriture, les Irlandais dépendaient presque exclusivement de la pomme de terre, dont le rendement par surface est très élevé. La rotation des cultures, qui prévient l'éruption de maladies liées au sol était rarement possible. Le mildiou (*phytophthora infestans*) a d'abord frappé en 1845. Les plants de pommes de terre ont pourri dans les champs. Les réserves ont aussi été affectées. Le mildiou a frappé de nouveau en 1846 et 1848. Environ un million de personnes sont mortes de la famine, d'autres ont fui le pays, la population de l'Irlande passant de 8 à 5 millions de personnes.

1.3 Et nous ?

Aujourd'hui, la consommation de pétrole est d'environ 30,3 milliards de barils par année. Les réserves confirmées se situent autour de 1 208 milliards de barils, c'est-à-dire assez pour 25 à 35 ans, selon le taux de croissance de la consommation d'énergie[3].

L'exploration permet de trouver nouvelles réserves, surtout lorsque le prix du pétrole augmente. Néanmoins, nous arriverons inévitablement au point où il n'y aura plus de nouvelles réserves disponibles. Si nous continuons à consommer du pétrole au taux actuel, nous serons probablement à court entre 2050 et 2100[4]. Nous dépendons du pétrole pour les systèmes de transport, la production d'électricité, le chauffage et la production de matériaux. Bien que nous soyons conscients du problème, serons-nous en mesure d'entreprendre les actions nécessaires pour trouver les solutions qui s'imposent ? Pour un certain temps encore, les technologies reposant sur les sables bitumineux ou sur le charbon peuvent compenser. Mais qu'en sera-t-il des changements climatiques ? La communauté scientifique semble s'entendre sur ce phénomène, mais la communauté mondiale réussira-t-elle à se concerter à temps sur les moyens à prendre afin d'éviter le pire ? Les suites à la conférence de Kyoto sur les changements climatiques démontrent bien qu'il est difficile d'atteindre un consensus sur les mesures à adopter à l'échelle planétaire (voir le chapitre 4).

L'histoire de l'île de Pâques nous montre aussi que la dichotomie technologie-société n'est pas très productive. La technologie des *Rapanuis* a été développée pour produire des statues qui étaient importantes pour cette société et son organisation culturelle. Changer cette technologie aurait eu des conséquences importantes sur la culture et l'organisation de l'île. Tout changement technologique doit s'adapter aux processus sociaux, alors que des changements dans la structure sociale auront des conséquences sur la technologie. Ce n'est pas tout de se préoccuper de la technologie. Il faut aussi s'intéresser au changement sociotechnique.

> Nous avons acquis la capacité de perturber les systèmes naturels de la Terre, mais nous ne voulons pas accepter la responsabilité de cette réalité (Brown, 1999).
>
> Notre façon de percevoir les menaces est peut-être plus dangereuse pour l'intégrité de l'environnement que les menaces elles-mêmes. La plupart des gens refusent d'accepter l'extrême gravité de la crise (Gore, 1993).

Nous avons aujourd'hui accès à beaucoup d'information concernant la situation mondiale. Si l'humanité néglige de passer à l'action, ce ne sera pas par manque d'information.

➞ Le Programme des Nations Unies pour l'environnement (PNUE) publie régulièrement des données décrivant l'état du monde (Programme des Nations Unies pour l'environnement, 2008).

---

3. Pour des données précises, voir BP, 2008.
4. Il est en fait peu probable que nous épuisions toutes les réserves. Nous arriverons par contre à un point où les réserves disponibles seront trop chères ou trop difficiles à exploiter.

- Le Worldwatch Institute publie le *State of the World* chaque année et le *Worldwatch Magazine* tous les deux mois (Worldwatch Institute, 2008).
- Les médias ont couvert de façon intensive les conférences internationales, telles que :
  - La Conférence des Nations Unies sur l'environnement et le développement de Rio de Janeiro en 1992 et de Johannesburg en 2002 (Meakin, 1992 ; Organisation des Nations Unies, 2002) ;
  - La Conférence internationale sur la population et le développement au Caire en 1994 (The International Institute for Sustainable Development, 1994) et à New York en 1999 ;
  - La Quatrième Conférence internationale sur les femmes à Beijing en 1995 (Organisation des Nations Unies, 1997) ;
  - Le Sommet mondial de l'alimentation à Rome en 1996 (Organisation des Nations Unies pour l'alimentation et l'agriculture, 1997) ;
  - Les conférences des Parties à la Convention-cadre des Nations Unies sur les changements climatiques (CCNUCC) : Berlin, 1995 ; Genève, 1996 ; Kyoto, 1997 ; Buenos Aires, 1998 ; Bonn, 1999 ; La Haye, 2000 ; Marrakech, 2001 ; New Delhi, 2002 ; Milan, 2003 ; Buenos Aires, 2004 ; Montréal, 2005 ; Nairobi, 2006 ; Bali, 2007 (Convention-cadre des Nations Unies sur les changements climatiques, 2008).

1.4 Développement durable ?

L'environnement terrestre est la source de toutes les substances nécessaires à la vie humaine. Nous en tirons la nourriture, l'eau, les carburants, les minéraux, les métaux et l'utilisons comme réceptacle (« puits ») pour nos déchets[5]. L'attitude générale à l'égard de l'environnement a beaucoup changé au cours des dernières décennies. Jusqu'aux années 1960, l'environnement était souvent perçu comme infini et inépuisable, à l'abri de tout impact majeur résultant de l'activité humaine. En 1962, dans son livre *Silent Spring* (Carson, 1962), la biologiste Rachel Carson a exposé l'étendue des dommages environnementaux liés à l'utilisation de produits chimiques de synthèse. Le DDT, un pesticide très populaire en raison de sa faible toxicité – croyait-on – envers les humains et le bétail, avait en fait un effet désastreux sur la faune à cause de sa grande stabilité et de son accumulation dans les tissus graisseux des animaux.

Divers incidents ont contribué à la sensibilisation du public aux problèmes environnementaux. Mentionnons :

5. Ce qui constitue un « déchet » dépend du contexte et de l'époque. Le fumier peut être un excellent fertilisant en petite quantité, mais en grande quantité il constitue un problème environnemental énorme. Dans les pays riches, les sacs de plastique sont souvent jetés après usage. Dans les pays très pauvres, c'est une ressource valorisée.

- La contamination des sols du site de Love Canal à Niagara Falls (aux États-Unis), où une école et des résidences ont été construites sur un dépotoir de produits chimiques (University at Buffalo University Archives, 2008).
- La marée noire à la suite du tout premier naufrage d'un superpétrolier, le *Torrey Canyon*, au large des îles Scilly, au Royaume-Uni, en 1967 (Petrow, 1968).

Au Québec, des incidents comme la contamination des sols et de la nappe phréatique par un dépotoir d'huiles usées contaminées à Mercier, dans la région de Montréal (Bureau d'audiences publiques sur l'environnement, 1994), ont aussi éveillé la conscience publique, tout comme des phénomènes à portée internationale, tels que les pluies acides et la pollution des Grands Lacs (Radio-Canada, 1979, 2003).

En 1972, Dennis Meadow et ses collègues nous ont offert une perspective plus large sur l'environnement dans leur ouvrage *Limits to Growth* (Meadows *et al.*, 1972). Cet ouvrage insiste sur le fait que nous vivons dans un monde aux capacités limitées et se concentre non seulement sur les déchets et la pollution, mais aussi sur la consommation des ressources. Les auteurs observent que la croissance de la population et de la consommation de ressources est exponentielle, alors que la production de ressources ne peut croître que de façon linéaire. Ils ont intégré des facteurs comme la croissance de la population, la consommation des ressources, la production d'aliments et la pollution dans un modèle qui prédisait un effondrement du système avant l'an 2000. Réagissant au message pessimiste de Meadows, le futuriste américain Herman Kahn a proposé quelques années plus tard une vision beaucoup plus optimiste de l'avenir:

> Il y a 200 ans, presque partout, les êtres humains étaient relativement peu nombreux, pauvres et à la merci des forces de la nature. Nous nous attendons à ce que dans 200 ans, presque partout, ils soient nombreux, riches et qu'ils maîtrisent les forces de la nature (Kahn *et al.*, 1976).

Kahn base sa vision sur le développement technologique. Selon lui, l'humanité échapperait à l'emprise de la croissance exponentielle et atteindrait un niveau offrant une existence prospère à tous les habitants de la planète. Compte tenu des crises environnementales décrites ci-dessus, cet avenir meilleur est loin d'être certain. Il demeure un défi sur lequel nous devons concentrer nos efforts.

Quelques années plus tard, dans son rapport *Notre avenir à tous*, la Commission mondiale sur l'environnement et le développement, présidée par l'ex-première ministre de Norvège, Gro Harlem Brundtland, a popularisé l'expression «développement durable», l'inscrivant au centre des défis du développement de notre planète:

> Le développement durable est un développement qui répond aux besoins du présent sans compromettre la capacité des générations futures de répondre aux leurs (Commission mondiale sur l'environnement et le développement de l'ONU, 1987).

Dans son rapport, la Commission propose de réconcilier les enjeux du développement avec la protection des ressources de la planète.

Dans ce contexte, le développement durable veut dire atteindre un nouvel équilibre:

- entre les pauvres et les riches;
- entre la génération présente et les générations futures;
- entre l'humanité et la nature.

Le développement durable n'est pas une destination, c'est un cheminement, un processus. Personne ne peut déclarer avoir la sagesse nécessaire pour définir une solution ultime pour le monde entier.

La durabilité ne signifie pas que tout le monde finira par vivre de la même façon. Les besoins diffèrent selon les cultures et les individus. La diversité culturelle vaut la peine d'être préservée puisqu'elle fait partie de notre héritage vivant.

Mais pourquoi la partie la plus riche de l'humanité serait-elle capable de combler ses désirs les plus absurdes, alors que d'autres meurent de faim, ne peuvent aller à l'école ou meurent de maladies pourtant faciles à guérir? Le développement durable est un enjeu moral fondé sur la prémisse que tous les êtres humains sont nés avec le droit de bâtir la vie qu'ils ont choisie, d'aspirer à une vie meilleure (sans contrevenir aux droits des autres). Les droits humains, l'égalité des sexes, l'emploi et les traditions culturelles ne peuvent être séparés des enjeux de la durabilité. Pays, régions et communautés locales devront choisir leur propre voie vers la durabilité. Toute tentative d'imposer à d'autres un cheminement particulier pour le développement durable devrait donc être considérée avec suspicion.

1.5 Les fondements de la durabilité

Même si nous ne pouvons définir la société durable comme objectif ultime à atteindre, quelques principes de base peuvent être énoncés:

- La consommation des ressources devrait être réduite.
- Les cycles de consommation des ressources non renouvelables devraient être fermés.
- L'utilisation des ressources et énergies renouvelables devrait être préférée.
- Le développement des potentiels humains, comme la communication, la créativité, la coopération et le développement intellectuel, devrait être stimulé.
- Chacun devrait contribuer au bien commun, pas seulement au bien privé.

Les activités non durables sont celles qui, entre autres:

- requièrent une consommation constante de ressources non renouvelables ou consomment plus de ressources renouvelables que ce que la planète peut générer;
- causent la dégradation de l'environnement;
- exigent une telle quantité de ressources qu'elles ne seront jamais accessibles à tous;

- entraînent l'extinction d'espèces vivantes;
- stimulent l'égoïsme;
- font courir un risque de désastres.

Le développement durable exige une redéfinition et une révision des concepts tels que la production, la richesse et l'intérêt. Les sciences économiques doivent trouver le moyen d'inclure les actifs naturels et humains dans leurs calculs. Il faut aussi revoir les lois nationales et internationales, les systèmes de taxation ainsi que les pratiques commerciales.

Avons-nous les moyens de refuser le développement durable? Il n'existe pas d'autres solutions. Nous devons prendre cette direction ou faire face au chaos et au déclin. Les pays développés, en particulier, devraient donner l'exemple et réaliser que leur richesse matérielle est due à une dette écologique.

Le développement durable créera plus d'emplois. La conservation d'énergie et l'agriculture biologique, par exemple, exigent plus de main-d'œuvre que l'agriculture industrielle et la production d'énergie à partir de combustibles fossiles ou nucléaires (Commoner, 1992). Cependant, il y a des risques pour un pays ou une région à opter unilatéralement pour le développement durable. L'adoption de pratiques de pêche durables, par exemple, pourrait vouloir dire pêcher moins pour maintenir un écosystème riche et productif (voir le chapitre 2). Mais des pêcheurs étrangers pourraient alors s'emparer des territoires de pêche et des marchés, empêchant du coup les pêcheries durables de s'établir et mettant au chômage les pêcheurs qui les pratiquent. Un tel «développement durable» serait inévitablement un cul-de-sac.

Pour un véritable développement durable, il faut une coopération et des ententes à l'échelle internationale. Des ententes qui tiendront compte des droits et des besoins de chacun.

1.6 Le rôle de la technologie: le facteur X

La technologie jouera un rôle important dans le développement durable. Précisons toutefois que la technologie durable ne sera pas celle qui coupe les arbres plus rapidement et efficacement, mais plutôt celle qui augmentera la vie utile du bois qu'on en tire.

De quelle augmentation avons-nous besoin sur le plan de l'efficience environnementale des technologies?

Dans les années 1970, il y avait de nombreux débats sur les facteurs qui contribuaient le plus aux problèmes auxquels nous devions faire face. La croissance de la consommation? La surpopulation? L'état de la technologie? La relation entre ces facteurs peut être modélisée de façon très sommaire dans l'équation suivante (Ehrlich et Holdren, 1971):

$$I = P \times A \times T$$

où :

I = L'impact environnemental total de l'humanité sur la planète.

P = La population terrestre.

A = L'aisance (richesse), c'est-à-dire la quantité de produits ou de services consommés par individu (ce que les économistes expriment sous la forme du produit national brut par habitant).

T = L'impact environnemental par unité de produit/service consommé.

On appelle parfois T le facteur d'« efficience technologique ». Il est important de noter que T diminue au moment où les technologies deviennent plus efficientes. T reflète aussi des dimensions comme la réutilisation des produits et l'organisation de la production.

L'équation IPAT permet d'estimer l'augmentation de l'efficience environnementale des technologies nécessaire à long terme.

- **L'impact environnemental**. Comme nous l'expliquons au chapitre 2, notre utilisation présente des ressources naturelles est non durable. Supposons que nous voulions la réduire de 50 %.
- **La croissance de la population**. Cette croissance a été exponentielle au cours des dernières décennies. En l'an 2000, la population terrestre a atteint 6 milliards d'individus. Cette croissance s'explique surtout par une baisse importante du taux de mortalité (particulièrement de la mortalité infantile) dans les pays en développement au cours de la deuxième moitié du XXe siècle. Aujourd'hui, dans plusieurs de ces pays, le taux de naissance s'ajuste tranquillement à ce taux de mortalité réduit, un phénomène qu'on appelle la transition démographique. Parmi les facteurs qui expliquent cette baisse du taux de naissance, on trouve des facteurs sociaux, comme l'éducation des femmes, et des facteurs économiques, comme le passage à une économie industrielle et l'augmentation de la richesse. Dans certaines régions, comme l'Afrique subsaharienne, la réduction du taux de croissance de la population est attribuable à la maladie, notamment l'épidémie de VIH. Les prédictions pour la population mondiale en 2050 se situent entre 8 et 11 milliards de personnes (voir le tableau 1.1). Supposons donc, pour notre modèle, un facteur de croissance de 1,5.
- **La richesse**. La tranche de 20 % de la population mondiale la plus riche consomme environ 80 % des ressources mondiales, ce qui en laisse 20 % pour l'autre 80 % de la population (Programme des Nations Unies pour le développement, 1999). Les « riches » consomment donc en moyenne 16 fois plus de ressources. Les économies des pays développés croissent au rythme moyen d'environ 2 % par année, ce qui veut dire un facteur de croissance de 2,7 sur 50 ans. Si les pays les plus pauvres veulent rattraper les pays les plus riches, ils auront besoin d'un facteur de croissance de $16 \times 2{,}7 = 43{,}2$ (une croissance annuelle de 7,8 %). La croissance combinée de la portion la plus riche et de la portion la plus pauvre de la population peut être

calculée. Supposons que le taux de consommation en 2000 était de 100. Les riches consomment 80 % de ressources et le facteur de croissance est de 2,7. Le taux de consommation en 2050 sera donc de 216. Les pauvres consomment actuellement 20 % des ressources et le facteur de croissance est de 43,2. Leur consommation en 2050 se situera donc à 864. Cela nous donne donc une consommation totale de 1 080, c'est-à-dire 10,8 fois le niveau de l'an 2000.

Tableau 1.1 – Prévision de la population mondiale, en millions

Zone	2000	2050
Monde	6 124	9 191
Régions les plus développées	1 194	1 245
Régions en émergence	4 250	6 204
Pays les moins développés	679	1 741
Afrique	820	1 997
Asie	3 704	5 265
Europe	548	664
Amérique latine et Caraïbes	523	769
Amérique du Nord	315	445
Océanie	31	48

Source : Département des affaires économiques et sociales des Nations Unies, 2007.

Retournons à notre équation avec ces estimations. Commençons par fixer tous les facteurs à 1 pour l'an 2000 :

$$I_{2000} = P_{2000} \times A_{2000} \times T_{2000} = 1 \times 1 \times 1 = 1$$

Nous pouvons donc maintenant calculer la valeur de T2050 (X × T2000) en substituant nos estimations :

$$I_{2050} = P_{2050} \times A_{2050} \times T_{2050} = (1{,}5 \times P_{2000}) \times (10{,}8 \times A_{2000}) \times (X \times T_{2000}) = 0{,}5 \times I_{2000}$$

Calculons maintenant X :

$$X = 0{,}5 / (1{,}5 \times 10{,}8) = 1 / 32{,}4$$

Sur la base de nos suppositions, la technologie devrait donc être 32,4 fois plus efficiente en termes environnementaux qu'elle ne l'était en l'an 2000.

Cependant, ces calculs ne devraient pas être interprétés littéralement comme une cible à atteindre pour chaque technologie individuelle.

Comme nous l'expliquons au chapitre 5, les changements technologiques entraînent toujours des changements sociaux. Les besoins ne sont pas fixes et ils influencent la technologie, tout autant que les nouvelles technologies changent, à leur tour, les besoins.

Ensuite, le monde ne sera jamais « terminé ». Le développement durable doit être un processus ouvert sur lequel les générations futures (ainsi que les démunis qui n'ont pas présentement voix au chapitre) peuvent se consulter et définir de nouvelles cibles. Il y aura donc toujours de nouveaux problèmes et de nouveaux défis, même si nous réussissons à améliorer l'efficience environnementale de la technologie par un facteur de 32,4.

Finalement, certaines technologies peuvent n'être améliorées que marginalement, alors que d'autres peuvent l'être radicalement et donner une augmentation de la performance environnementale bien supérieure à un facteur de 32,4. Les améliorations marginales et radicales joueront toutes les deux un rôle important dans le développement durable. Mais ce sont surtout les améliorations radicales que nous devons stimuler, puisque ce n'est que lorsque nous aurons une augmentation suffisante de l'efficience technologique que nous aurons le degré d'amélioration nécessaire. C'est ce que nous verrons dans les chapitres 9 et 10.

1.7 Questions de réflexion et de discussion

1. L'équation IPAT considère l'impact environnemental de la société comme une fonction linéaire des facteurs Population, Aisance et Technologie.

   a) Ce modèle vous paraît-il réaliste ? Pourquoi ?

   b) Quels facteurs sont interreliés ? Pourquoi pensez-vous que cette interrelation existe ?

2. Calculez les améliorations nécessaires en matière d'efficience environnementale en 2050 si l'on présume que le niveau d'aisance de toute la population mondiale est similaire à celui des pays riches aujourd'hui.

3. Une pénurie de pétrole est souvent considérée comme une menace sérieuse pour l'avenir de notre société. Quelles autres menaces sont potentiellement catastrophiques ? Quelles en seraient les conséquences ?

4. Certains désastres environnementaux ne sont couverts que par les médias des pays où ils surviennent. Quels désastres environnementaux ont été particulièrement importants dans votre pays et ont contribué à créer une conscience des problèmes environnementaux ?

Chapitre
2

Pourquoi le système mondial actuel n'est-il pas durable?

Nous examinons dans ce chapitre les conséquences des systèmes actuels de consommation et de production sur les divers systèmes naturels qui forment un système global essentiel au maintien de la vie sur Terre. Une analyse de ce système global montre qu'il est en constante évolution. Et l'humanité fait partie de ce système. Notre perception de l'univers, souvent basée sur des convictions religieuses ou politiques, influence grandement ce que nous choisissons de faire subir à la planète. Ce chapitre inclut une discussion sur des critères permettant de déterminer quels changements parmi ceux que nous faisons subir aux systèmes naturels sont problématiques. Nous y faisons également un tour d'horizon des problèmes principaux auxquels nous devons faire face à l'heure actuelle.

2.1 Le système de maintien de la vie

L'**écosystème** est l'unité fonctionnelle de base du système de maintien de la vie. Un écosystème comprend les communautés végétales et animales d'une zone donnée ainsi que l'environnement physique non vivant dont elles dépendent. Il est difficile d'établir les frontières exactes d'un écosystème, puisque des écosystèmes adjacents sont souvent fortement liés entre eux et constituent ensemble un écosystème plus vaste.

L'**écologie** est la science des écosystèmes. Elle est interdisciplinaire et possède des liens avec des disciplines comme la météorologie, la climatologie, l'hydrologie, la biologie, la génétique, la physiologie, l'étiologie et les mathématiques.

L'écologie étudie l'évolution de la vie à trois niveaux distincts:

- La dynamique de la population d'une seule espèce;
- La dynamique des communautés d'espèces;
- La dynamique des écosystèmes (les biotopes et les communautés qui y vivent).

Le paradigme de l'équilibre a longtemps dominé l'écologie. Ce paradigme supposait que les systèmes écologiques étaient fermés, à l'abri des perturbations et altérations, indépendants de toute influence humaine et régulés par leurs propres mécanismes, qui les aidaient à atteindre stabilité et équilibre.

On a maintenant renoncé à ce paradigme en reconnaissant que les écosystèmes sont des systèmes ouverts et que l'équilibre n'existe qu'à un niveau systémique élevé.

2.1.1 L'interaction entre les espèces

Dans un écosystème, les différents organismes et espèces ne sont pas isolés. Les organismes sont liés les uns aux autres par diverses interactions, positives ou négatives.

- Le **mutualisme** (ou symbiose) est une relation avantageuse pour toutes les espèces concernées. Des exemples de mutualisme sont la dissémination par les oiseaux des graines des fruits qu'ils ont consommés, la pollinisation des plantes par les insectes, voire la colonisation de notre système digestif par les bactéries, qui nous procurent ainsi divers bénéfices.
- Le **commensalisme** est une relation où une espèce bénéficie de sa relation avec une autre espèce sans que cette dernière en soit affectée. Un bon exemple serait la relation étroite qu'a le rémora (poisson-pilote) avec le requin. Certaines espèces qui vivent en relation étroite avec les humains (pigeons, moineaux) peuvent aussi être considérées comme des commensaux.
- La **compétition** décrit une relation où des espèces luttent pour une même ressource, par exemple deux espèces se nourrissant de la même plante, ou deux espèces de plantes luttant pour obtenir un maximum d'énergie solaire.
- La **prédation** existe quand une espèce (le prédateur) en mange une autre (la proie). Les tailles des populations de prédateurs et de proies sont intimement liées, puisqu'un trop grand succès d'une espèce prédatrice crée une pénurie de ressources qui mène à la famine.
- Le **parasitisme** est un cas particulier de prédation où le prédateur tend à maintenir sa proie en vie pour s'en nourrir.

2.1.2 Écosystèmes et énergie

Un flot d'énergie relativement constant est indispensable au maintien des fonctions vitales des espèces. Un écosystème peut aussi être considéré comme une unité de transformation de l'énergie. L'énergie entre dans l'écosystème à travers les producteurs primaires, ou autotrophes, c'est-à-dire les plantes ou organismes capables de produire des substances organiques à partir de substances simples comme le dioxyde de carbone (CO_2) et l'eau, avec l'aide d'une source d'énergie comme la lumière solaire.

Pour analyser le transport de l'énergie dans un écosystème, nous pouvons diviser ce dernier en niveaux trophiques (voir le tableau 2.1).

Cette distinction entre les niveaux trophiques est une simplification de l'écosystème. En fait, la plupart des organismes sont extraordinairement adaptables et changent leurs habitudes alimentaires en fonction des circonstances ou de leur cycle de vie.

Les différents niveaux trophiques sont interdépendants et constituent une chaîne alimentaire. Dans tout écosystème, les chaînes alimentaires sont liées entre elles. Par exemple, la même plante peut être mangée par de multiples espèces, tout comme un animal peut manger une variété d'animaux ou de plantes. Ainsi, un écosystème n'est pas qu'une collection de chaînes alimentaires, mais bien un réseau trophique (voir la figure 2.1).

Tableau 2.1 – Niveaux trophiques dans un écosystème

Niveau trophique	Description
Les producteurs primaires ou autotrophes	Les phototrophes : des producteurs primaires qui utilisent la lumière solaire comme source d'énergie. Les plantes, les algues et certaines bactéries sont phototrophes. Les chimiotrophes : des producteurs primaires qui se servent de l'oxydation de composés inorganiques comme source d'énergie.
Consommateurs ou hétérotrophes	Ces organismes ne peuvent produire leur propre nourriture à partir de matériaux inorganiques. Ils se nourrissent de : – producteurs primaires (herbivores) – d'autres consommateurs (carnivores). Ils tirent leur énergie de l'oxydation de matériaux organiques.
Décomposeurs	Ces organismes se nourrissent de la matière végétale et animale morte et la transforment en composés plus simples.

Les hétérotrophes oxydent la matière organique par un processus appelé la combustion aérobique (les hydrates de carbone réagissent avec l'oxygène pour produire du CO_2 et de l'eau). Ainsi, l'énergie stockée dans des molécules organiques est utilisée par l'organisme pour différentes fonctions (mouvement, reproduction, etc.). Cette consommation d'énergie implique la transformation d'énergie chimique en énergie thermique, laquelle est inutilisable par la biosphère. Le niveau d'énergie disponible chute à chaque niveau de la chaîne alimentaire à cause de ces pertes en énergie thermique.

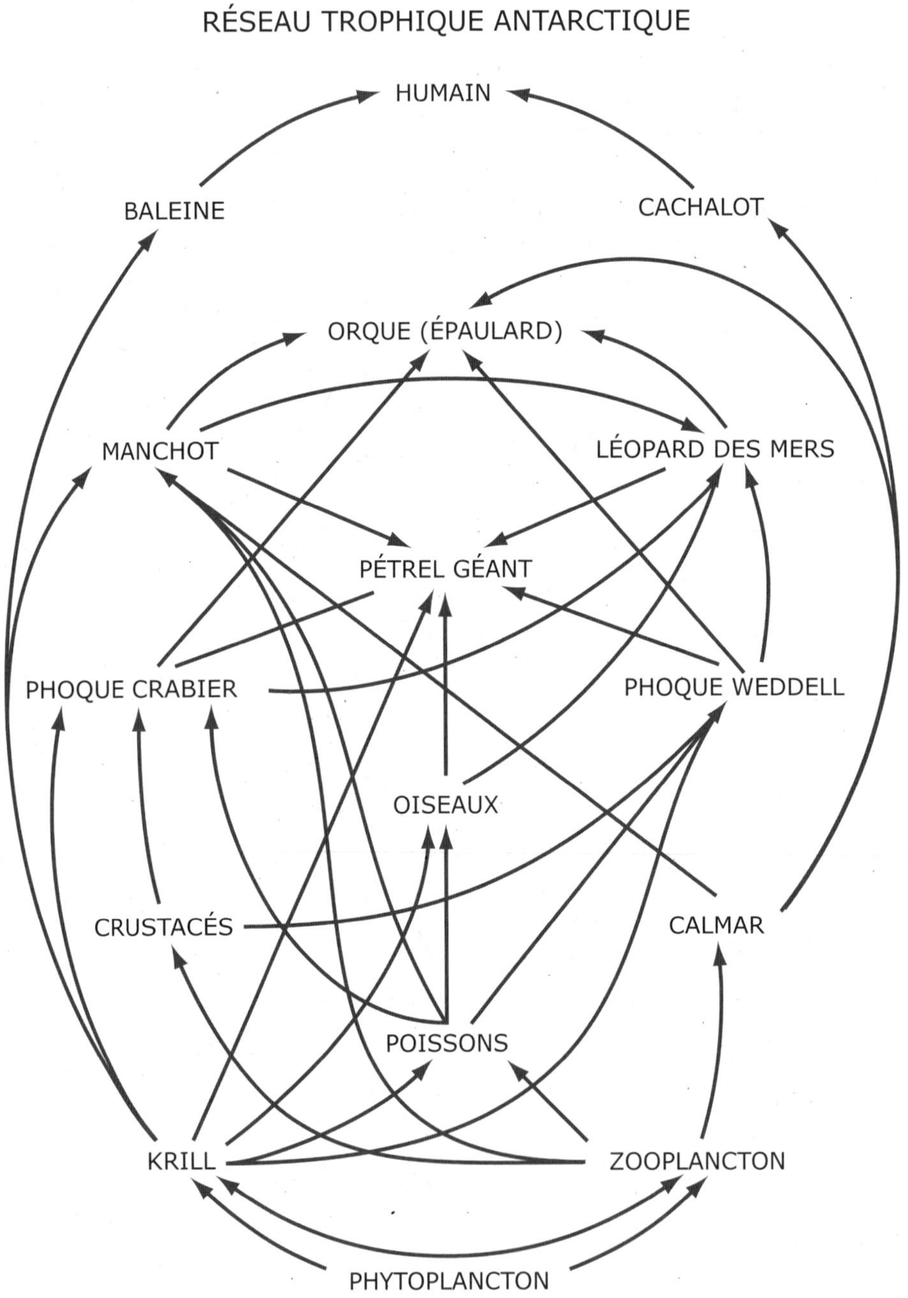

Figure 2.1 – Exemple d'un réseau trophique

L'écosystème n'est pas une entité isolée. Il reçoit des intrants et émet des extrants, sous forme de substances et d'énergie. Le système biologique consomme de l'énergie endosomatique (de l'énergie interne produite par le métabolisme d'organismes vivants) qui vient des producteurs primaires et remonte la chaîne alimentaire.

Les humains consomment aussi, et de plus en plus, de l'énergie exosomatique (une énergie qui n'est pas produite par notre corps), à travers la combustion de bois, de charbon, de pétrole et de gaz naturel. Depuis l'ère paléolithique, la consommation d'énergie exosomatique chez l'humain a augmenté par un facteur de 110.

2.1.3 Écosystèmes et matière

Les organismes ont besoin d'énergie, mais aussi de diverses substances pour créer leurs cellules et tissus. Les organismes vivants sont composés principalement d'eau et de molécules organiques tels que les lipides, les glucides et les protéines.

Les substances sont utilisées en cycle, grâce surtout aux organismes décomposeurs des écosystèmes. Les cycles fermés du carbone, de l'oxygène et de l'azote sont essentiels à la vie sur Terre.

On peut caractériser les écosystèmes par la quantité de biomasse qu'ils contiennent et par l'énergie consommée.

La **biomasse** est la masse totale de tous les organismes vivants dans un écosystème. La biomasse peut être mesurée pour tout un écosystème, mais aussi en termes de densité relative, c'est-à-dire en grammes de carbone (gC) par unité de surface terrestre (cm^2 ou ha) ou unité de volume d'eau (cm^3).

La **production** est la quantité de nouvelle biomasse créée par les producteurs primaires dans une unité de temps donnée. Elle représente l'énergie disponible pour le prochain niveau trophique et peut se mesurer en gC/cm^2/année.

Un niveau trophique supérieur prend son énergie d'un niveau inférieur. Si la quantité soutirée est plus grande que celle produite par ce niveau inférieur, alors cette production sera perturbée. Cela peut mener à la destruction de l'écosystème. La production d'un écosystème est donc un des paramètres de base qui définissent sa capacité, ou écocapacité.

La **productivité** est le quotient de la production et de la biomasse, c'est-à-dire la production divisée par la biomasse. C'est une approximation de la vitesse relative de production de l'écosystème.

Le **temps de renouvellement** est le quotient de la biomasse et de la production, c'est-à-dire la biomasse divisée par la production. Il indique le temps nécessaire pour renouveler entièrement la biomasse.

2.1.4 Les cycles du carbone, du soufre et de l'azote

Parce que les organismes sont composés surtout d'eau et de composés organiques, le cycle du carbone est vital au maintien de la vie sur Terre. On trouve le carbone dans:

- L'**atmosphère**. Elle contient très peu de carbone (350 mg/l), mais constitue l'intermédiaire principal par lequel le carbone circule entre les autres systèmes.
- Les **océans**. Ils contiennent beaucoup de carbone sous forme inorganique soluble, sous forme organique soluble ainsi que sous forme de carbone organique dans les êtres vivants. La plus grande partie du carbone stocké par les océans se trouve dans la roche sédimentaire.
- La **biosphère et la lithosphère**. C'est le carbone se trouvant dans la biomasse et dans la matière organique «morte» en surface, ainsi que dans le sol, sous forme de charbon, de pétrole et de gaz naturel.

Les mécanismes de base qui ferment le cycle du carbone sont la photosynthèse et la combustion aérobique. Dans la photosynthèse, le CO_2 atmosphérique réagit avec l'eau, en utilisant l'énergie du Soleil, pour synthétiser des hydrates de carbone. Dans la combustion aérobique, un processus qui libère de l'énergie dans les organismes vivants, ce sont les hydrates de carbone qui sont transformés en eau et en CO_2.

Le soufre est un composant secondaire pour les organismes. On le trouve dans certains acides aminés qui constituent les protéines. La plus grande partie du soufre se trouve dans la lithosphère (la couche superficielle du globe terrestre). Bien que le dioxyde de soufre (SO_2) soit un polluant atmosphérique important, on ne trouve qu'une infime quantité du soufre terrestre dans l'atmosphère, le soufre de l'atmosphère se faisant laver par la pluie.

Le soufre atmosphérique provient de sources naturelles (activité volcanique et certains processus microbiotiques) ainsi que d'activités industrielles (principalement l'utilisation de combustibles fossiles comme le charbon). Le volume de soufre circulant dans le cycle atmosphérique a augmenté énormément depuis les débuts de la révolution industrielle.

L'azote est un nutriment important pour les écosystèmes et constitue plus de 78 % de l'atmosphère terrestre. Presque tous les animaux, plantes et microorganismes dépendent de composés de l'azote comme l'ammonium, les nitrates et les nitrites, qui sont presque inexistants dans le sol ou l'eau.

Le cycle de l'azote débute par sa fixation biologique. Des composés d'azote d'origine organique (nitrates) sont libérés dans l'environnement par certains champignons et certaines bactéries et utilisés par les plantes. D'autres microorganismes contribuent au processus d'ammonification, où l'azote contenu dans la matière végétale morte est transformé en ammoniac, ce qui le rend de nouveau disponible au processus de nitrification.

Les bactéries, plantes et champignons peuvent assimiler directement les nitrates et les composés d'ammoniac. Finalement, l'azote est libéré de la masse organique d'un écosystème à travers le processus de dénitrification.

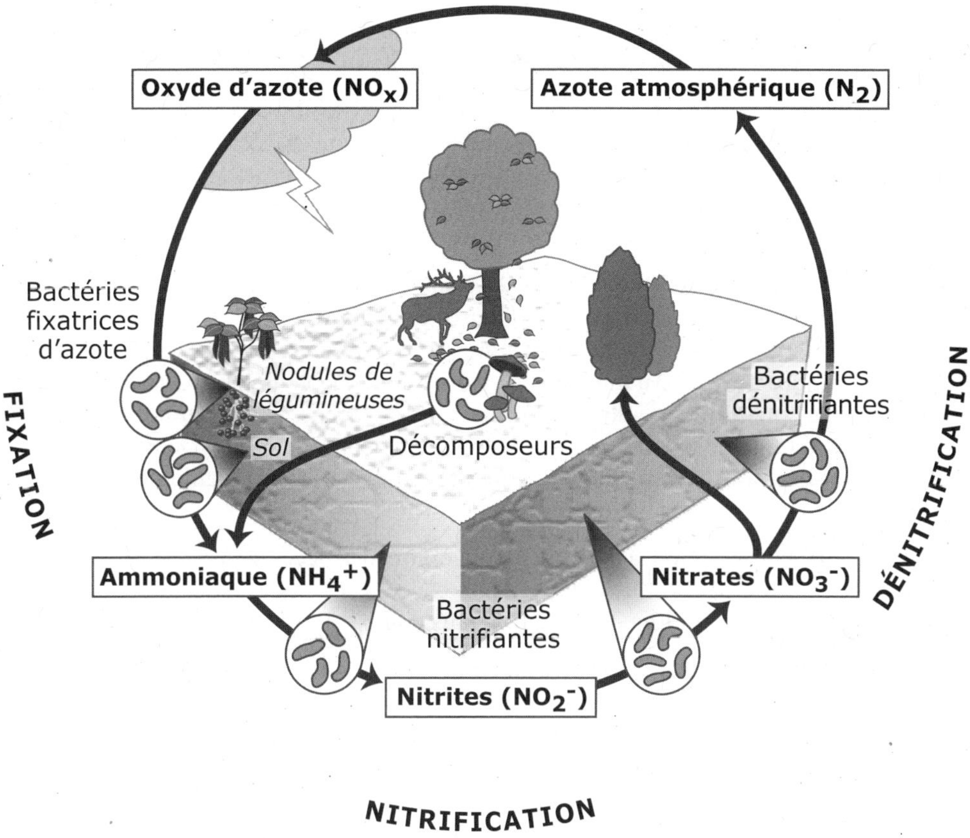

Figure 2.2 – Le cycle de l'azote

Comme c'est le cas pour le soufre, l'activité humaine des deux derniers siècles a eu un impact important sur le cycle de l'azote. La combustion des carburants fossiles rejette de grandes quantités d'oxyde nitrique dans l'atmosphère, ce qui entraîne des problèmes pour l'environnement et la santé humaine. L'utilisation massive de fertilisants chimiques et naturels en agriculture introduit des quantités énormes de nitrates dans le sol, ce qui cause aussi des problèmes de pollution.

2.1.5 Écosystèmes et changement

La plupart des organismes sont restreints physiologiquement par des conditions environnementales spécifiques telles que la température et la disponibilité de l'eau. Ces conditions déterminent la distribution et l'abondance des espèces. La diversité d'un écosystème l'aide à se stabiliser lorsqu'il subit des conditions défavorables (une sécheresse, par exemple). La diversité garantit la survie du système dans son ensemble, mais pas nécessairement celle des espèces individuelles.

L'évolution d'un écosystème est tributaire de son passé. Sa richesse et sa diversité dépendent du processus historique par lequel il s'est formé. Sa situation à tout moment est aussi déterminée par des facteurs comme le climat ou le type de sol. La richesse et la diversité d'un écosystème peuvent être en constante fluctuation.

Certains écosystèmes peuvent disparaître d'un certain endroit ou coloniser de nouveaux territoires. La recherche et les données historiques permettent souvent de déterminer la séquence des écosystèmes dans une zone particulière. Les fjords et les glaciers sont des endroits où ce développement séquentiel est le plus facile à observer. Le glacier du fjord Tracy Arm (en Alaska), par exemple, a reculé de 40 km depuis 1960, créant ainsi des possibilités pour de nouveaux écosystèmes. Dans cet environnement, ce sont d'abord les lichens qui se sont implantés, suivis par de petites plantes à feuilles. L'écosystème s'est ainsi graduellement complexifié. Cela est particulièrement évident près de la côte, où une forêt a commencé à se former.

Dans une telle situation, à mesure que le nombre d'espèces augmente, la complexité des interactions biologiques entre les différentes espèces augmente aussi. Les écosystèmes matures ont généralement une organisation plus complexe.

La population des écosystèmes les plus diversifiés tend à être plus stable. Les écosystèmes matures, comme ceux de la forêt dense équatoriale, sont très stables et résilients, capables de retourner à leur point d'équilibre même après de grandes perturbations.

2.2 Les problèmes avec le système de maintien de la vie

De quoi parlons-nous exactement quand nous abordons les problèmes environnementaux ou ceux de durabilité ? De prime abord, cette question peut sembler simple. Mais lorsque nous essayons d'y répondre en adoptant la perspective des écosystèmes telle qu'esquissée précédemment, il s'avère difficile de formuler une réponse directe. L'être humain fait partie de la biosphère et de ses écosystèmes complexes. Il transforme ces écosystèmes qui sont aussi en constante évolution. Alors, pourquoi s'en faire ? Ce ne sont pas toutes les perturbations d'un écosystème qui sont problématiques. Mais comment donc reconnaître celles qui le sont ?

2.2.1 Problèmes environnementaux et catastrophes naturelles

Les problèmes qui touchent le système de maintien de la vie, que nous appelons les problèmes environnementaux, sont causés par les humains. Les catastrophes naturelles peuvent menacer le système de maintien de la vie, mais elles ne sont pas considérées comme des problèmes environnementaux, bien que leur contribution aux situations problématiques puisse être considérable. Par exemple, l'énorme quantité de chlorure rejetée dans l'atmosphère lors de l'éruption du mont Pinatubo en juin 1991 a contribué grandement à l'appauvrissement de la couche d'ozone dans la haute atmosphère. De plus, les poussières et aérosols émis par le volcan réfléchissaient les rayons du soleil, créant un refroidissement du climat qui a duré environ deux ans.

La dynamique ordinaire des écosystèmes peut aussi engendrer ce même genre de phénomène. On a récemment découvert, par exemple, que les marais salants dans les régions tropicales produisent une quantité considérable de bromure de méthyle et de chlorure de méthyle, deux substances qui contribuent à l'appauvrissement de la couche d'ozone.

Les problèmes environnementaux sont le résultat de l'activité humaine. Les cataclysmes sont naturels. Il peut sembler inutile d'insister sur une telle distinction, mais notre propre attitude indique bien son importance : tous s'entendent, de façon implicite, sur le fait que les cataclysmes naturels sont moins susceptibles d'avoir des effets irréversibles sur le système de maintien de la vie que les problèmes d'origine humaine. Les cataclysmes sont plus ou moins perçus comme faisant partie intégrante de l'équilibre naturel. Ainsi, lorsque nous parlons de problèmes environnementaux, nous parlons tacitement de problèmes créés par l'être humain.

La conséquence de cette distinction est que, devant un problème donné, il est important d'établir si la cause est d'origine humaine ou naturelle. Si nous ne sommes pas à l'origine du problème, nous serons plus enclins à nous adapter à la situation. Par contre, si nous en sommes la cause, nous aurons alors un plus grand sentiment de responsabilité nous poussant à y remédier.

Il est à noter que certains cataclysmes naturels peuvent avoir des effets dévastateurs sur la biosphère : un phénomène naturel comme la collision d'un astéroïde avec la Terre, qui aurait été la cause de l'extinction des dinosaures, est un exemple probant.

La distinction entre l'origine naturelle ou humaine de problèmes environnementaux est importante sur le plan politique : le débat public autour d'un problème se concentre fréquemment sur la question des causes. Par exemple :

- Qu'est-ce qui a causé le dépérissement des érables à sucre dans le sud du Québec ? Les pluies acides, la pollution atmosphérique ou des conditions climatiques inhabituelles[1] ?
- Quelle est la cause de la réduction de la fertilité masculine ? La pollution chimique, les habitudes de vie ou les jeans trop serrés (Colborn, Myers et Dumanoski, 1996) ?
- Pourquoi la température terrestre augmente-t-elle ? Est-ce dû à l'activité solaire ou à l'intensification de l'effet de serre ?

1. Au début des années 1980, les érablières du sud du Québec ont connu un dépérissement important. Alors qu'on a rapidement pointé du doigt les pluies acides comme cause principale de ce phénomène, plusieurs autres causes ont aussi été suggérées, y compris le climat. Le phénomène s'est résorbé au cours des années 1990 sans que le débat soit clos sur les causes.

En 1991, deux scientifiques danois ont affirmé qu'il y avait une corrélation entre la température moyenne de l'atmosphère terrestre et l'activité solaire (Friis-Christensen et Lassen, 1991). Selon eux, l'activité solaire aurait augmenté de façon générale au cours des 100 dernières années, période au cours de laquelle la température terrestre a augmenté d'environ 0,7 °C. Les données des deux phénomènes, une fois tracées, montraient deux courbes très similaires. L'article a soulevé une grande controverse, surtout en ce qui concernait les données relatives aux dernières années de la période étudiée – données qui furent par la suite corrigées. La conclusion finale, à laquelle la majorité s'est d'ailleurs ralliée, est que la corrélation est beaucoup moins évidente après 1980 et que l'activité solaire n'expliquait pas à elle seule le réchauffement du climat (Damon et Laut, 2004).

Il est devenu de plus en plus difficile d'établir clairement si les causes d'une catastrophe donnée sont d'origine naturelle ou humaine. La dévastation causée par plusieurs des catastrophes dites « naturelles » est souvent amplifiée par l'activité humaine. Par exemple, des activités telles que la déforestation, la canalisation et le développement urbain sur les rives sont souvent des facteurs qui aggravent les inondations le long des rivières. La déforestation contribue aussi à des désastres comme les sécheresses et l'érosion puisque le sol s'assèche plus rapidement. La sécheresse a causé des incendies de forêt dévastateurs en Indonésie et au Brésil en 1997 et 1998. Ces feux ont ravagé des forêts tropicales normalement trop humides pour brûler. L'abattage des arbres et la fragmentation des forêts ont joué un rôle important dans ce phénomène (Siegert *et al.*, 2001).

Encadré 2.1 – La crue désastreuse du fleuve Yangzi

Le désastre le plus coûteux de l'année 1998 a été la crue du Yangzi en Chine. Celle-ci a causé plus de 4 000 morts, touché 224 millions de personnes, laissé 14 millions de personnes sans abri, inondé 25 millions d'hectares de terres agricoles et engendré des pertes de 36 milliards de dollars. De fortes pluies estivales sont fréquentes dans le sud et le centre de la Chine, ce qui provoque souvent des crues. Mais, en 1998, d'autres facteurs étaient à l'œuvre.

Au cours des décennies précédentes, 85 % de la forêt du bassin versant du fleuve Yangzi avait été décimée par l'exploitation forestière et pour faire place à l'agriculture, laissant plusieurs flancs de colline sans aucune couverture. Alors que la forêt interceptait les précipitations et favorisait leur absorption par le sol, la déforestation laissait l'eau s'écouler librement en surface, entraînant avec elle la précieuse couche arable. De plus, les défenses naturelles du fleuve contre les inondations avaient été sapées par de nombreux barrages et levées. Une grande partie des zones humides du bassin, qui agissent comme des éponges naturelles, avait été asséchée ou détruite. Tous ces changements avaient réduit énormément la capacité du bassin du Yangzi à absorber les précipitations et accru la vitesse et la sévérité de l'écoulement en résultant (Abramovitz, 2001).

2.2.2 Quand les changements environnementaux deviennent-ils un problème ?

À quel moment un changement dans le système de maintien de la vie causé par les humains devient-il un problème ? Les gens transforment leur environnement constamment et dans pratiquement toutes leurs activités. Toutefois, historiquement, un certain nombre de changements ont été considérés comme particulièrement problématiques :

- les changements qui menacent la santé humaine ;
- les changements qui menacent des espèces ou des écosystèmes ;
- les changements qui nuisent aux bénéfices économiques que nous tirons des processus naturels ;
- les changements qui font obstacle aux bénéfices que d'autres (les générations futures, les populations de pays sous-développés) devraient recevoir des processus naturels.

Les menaces à la santé

Les premiers problèmes environnementaux à préoccuper les humains étaient essentiellement ceux qui constituaient une menace à la santé. Même si l'expression « problème environnemental » n'existait pas à l'époque, on peut aujourd'hui reconnaître dans plusieurs gestes et décisions de villes médiévales des exemples de réglementation environnementale. La plupart de ces décisions concernaient la gestion des déchets. La ville de Delft aux Pays-Bas, par exemple, avait un moulin à vent spécial pour améliorer la circulation de l'eau dans les canaux. Ces canaux étaient à la fois un égout à ciel ouvert et une source d'eau potable pour la ville et ses brasseries (Mulder et TU Twente Centrum voor Vraagstukken van Wetenschap en Samenleving De Boerderij, 1987).

Au XIXe siècle, à Montréal, comme dans la plupart des grandes villes occidentales, l'urbanisation rapide liée à l'industrialisation a créé une situation sanitaire catastrophique à laquelle on remédiera avec les premiers grands systèmes d'égouts municipaux (Gagnon, 2006). Le crottin, l'urine et les carcasses de chevaux qui jonchaient les rues contribuaient à disséminer plusieurs maladies et constituaient un autre problème environnemental majeur au XIXe siècle (Tarr et McShane, 1997). Dans ces conditions, il n'est pas surprenant de constater qu'à ses débuts l'automobile a été célébrée comme un moyen de transport « propre ».

Aujourd'hui encore, les menaces à la santé humaine constituent une des raisons principales pour lesquelles nous nous soucions de l'environnement. Les dommages à la santé causés par le smog, les résidus de pesticide, les substances carcinogènes et la contamination de l'eau potable sont des sources importantes d'inquiétude.

Nous connaissons encore très mal les effets de la pollution sur la santé humaine. Environ 100 000 produits chimiques de synthèse sont fabriqués par l'industrie et un petit nombre d'entre eux seulement ont été testés à fond pour leurs effets sur les humains.

De nouveaux effets néfastes sont régulièrement mis en lumière. Dans les années 1990, par exemple, le lien entre la pollution chimique et la fertilité humaine a été démontré (Colborn *et al.*, 1996).

Le tributylétain (TBT) a longtemps été utilisé comme agent antisalissure « non polluant » sur les coques de bateau, jusqu'à ce qu'on découvre qu'il perturbe le système endocrinien de plusieurs espèces. Tout récemment, on a découvert que les particules microscopiques de poussière de smog peuvent pénétrer les poumons humains beaucoup plus profondément qu'on ne le croyait et jusqu'à deux fois plus rapidement (Pinholster, 1999).

Il est assez rare que des pays développés subissent les effets directs de la pollution sur la santé ; en ces régions industrialisées, les effets sur la santé sont habituellement plutôt le résultat d'une exposition prolongée.

Il y a beaucoup d'effets à retardement dans les composés, produits et procédés que nous utilisons. Quelques exemples bien connus seraient :

- les effets à long terme du tabagisme ;
- le bruit, qui peut mener à des pertes d'audition ;
- les poussières (organiques ou minérales), qui peuvent causer des maladies respiratoires (Agence de la santé publique du Canada, 2007) ;
- les solvants organiques, souvent carcinogènes, qui peuvent entraîner des problèmes neurologiques ou causer des problèmes de fertilité chez l'homme ;
- l'empoisonnement au mercure (Environnement Canada, 2004) ;
- l'empoisonnement au plomb (Direction générale de la santé, 2008).

Encadré 2.2 – Porto Marghera, Venise

Depuis 1951, les usines de Montedison (devenue EniChem) produisent du chlore, du chloroéthylène et du polychlorure de vinyle tout près de la lagune de Venise. En 1994, Gabriele Bortolozzo, un ouvrier à la retraite d'EniChem a remis aux autorités italiennes un dossier, qu'il avait mis plus de 20 ans à compiler, qui établissait un lien entre la mort de dizaines de ses collègues et les substances toxiques utilisées et fabriquées dans l'usine. C'est en se basant sur ce dossier que des poursuites criminelles furent engagées contre l'entreprise et ses dirigeants, une première en Italie (Bonaldi, 2002).

Encadré 2.3 – La tragédie de Bhopal

Le 3 décembre 1984, la fuite de 40 tonnes d'isocyanate de méthyle d'un réservoir de la compagnie Union Carbide, à Bhopal en Inde, provoque une tragédie industrielle sans précédent : 3 800 personnes meurent sur-le-champ et des dizaines de milliers d'autres en sont affectées à différents degrés (Shrivastava, 1987).

ENCADRÉ 2.4 – Le plomb

Des chercheurs croient que le comportement erratique et les symptômes neurologiques que manifestaient les empereurs de Rome entre les années 15 et 225 de notre ère étaient causés par l'empoisonnement au plomb. Les Romains utilisaient le plomb dans leurs conduites d'eau, ustensiles, ornements, cuves à vin, monnaie et bijoux (Green, 1985).

Le plomb tétraéthyle a été utilisé comme additif dans l'essence jusqu'à ce qu'on commence à l'interdire en 1975 (Kitman, 2000). Aujourd'hui encore, malgré les risques connus pour la santé, le plomb demeure un des métaux les plus utilisés (Morose *et al.*, 2008).

Les menaces aux écosystèmes et aux êtres vivants

La plupart des discussions sur le développement durable (y compris celle du chapitre 1) adoptent une perspective **anthropocentrique**, c'est-à-dire centrée sur les effets négatifs pour l'espèce humaine.

Dès la fin du XIXe siècle, par contre, on a vu apparaître une autre façon de considérer les problèmes environnementaux, fondés sur les effets sur les écosystèmes et les êtres vivants. Gifford Pinchot, un forestier américain, fondateur du parc de Yellowstone en 1872 et figure de proue du mouvement conservationniste, avait pour objectif de préserver les ressources naturelles pour les générations futures. Cette perspective utilitariste était dénoncée entre autres par John Muir, un contemporain de Pinchot et fondateur du parc de Yosemite en 1892, qui affirmait que c'est la nature en elle-même qui devait être protégée et non seulement certaines espèces ou régions définies. Muir était aussi le fondateur du Sierra Club et il a joué un rôle clé dans la création du réseau des réserves fauniques américaines. La perspective de Muir en était une de préservation, basée sur l'idée que la nature a une valeur intrinsèque. Pour le mouvement préservationniste, la question des besoins humains n'est pas importante – ou certainement pas une préoccupation majeure. C'est la destruction de la nature elle-même qui est le problème.

Dès le XIXe siècle, on voit apparaître au Canada des législations locales et provinciales pour la protection du gibier. À la même époque, la Compagnie de la Baie d'Hudson, qui possédait d'énormes territoires, mettait en place des mesures de protection du castor, sa source principale de revenu. En 1885, le premier parc national est créé, le parc des Montagnes rocheuses (qui deviendra le parc national de Banff), afin de protéger les sources thermales qui constituaient une destination touristique très prisée. Ce n'est qu'en 1922 qu'on créera la première réserve, le parc national Wood Buffalo, pour protéger les derniers troupeaux de bisons du nord du Canada (Loo, 2006).

Historiquement, les humains se sont souvent considérés comme les gardiens de la nature. Certaines interprétations de la doctrine chrétienne supportent cette vision de l'humain comme protecteur de la création divine. De telles interprétations sont aussi présentes dans plusieurs autres religions. Aujourd'hui, on ajoute un argument économique à ce raisonnement: la biodiversité a une valeur économique en tant que ressource génétique pour l'élevage de plantes et d'animaux et comme source potentielle de nouveaux produits industriels et pharmaceutiques. Mais, pour les partisans de la préservation, ce n'est là qu'un argument additionnel, jamais l'argument central.

Le mouvement de préservation de la nature n'entre en conflit avec le développement industriel que lorsque ce dernier menace des réserves naturelles ou la survie d'espèces. Il n'existe pas nécessairement de conflit entre ces deux pôles. D'ailleurs, des individus qui ont tiré des revenus d'activités néfastes pour l'environnement ont parfois joué un rôle important dans le mouvement préservationniste.

Encadré 2.5 – La loutre du Pacifique

La raréfaction d'une espèce clé, la loutre de mer, a entraîné une série de réactions en chaîne. La population de loutres de mer des îles Aléoutiennes a perdu 90 % de ses effectifs en quelques années. Cette disparition est due aux orques qui dévorent ce petit mammifère alors que les orques s'attaquaient jadis aux phoques et aux otaries. Ces derniers se sont raréfiés à cause de la disparition des poissons due à leur surexploitation par la pêche et sans doute aussi à un brutal réchauffement survenu à la fin des années 1970 dans l'océan Pacifique. Les conséquences de la disparition de la loutre sont multiples. Les loutres mangent des coquillages et des oursins et ces derniers mangent les grandes algues brunes qui forment de véritables forêts sous-marines sur la côte Pacifique de l'Amérique du Nord. Dans les parages des îles Aléoutiennes, la biomasse des oursins a été multipliée par 8 et celle des algues a été divisée par 12. Ce sont là les conséquences d'une série d'événements en cascade dont les conséquences à long terme sont difficiles à prévoir.

Source: Dajoz, 2006.

Les menaces à l'économie

Cette troisième perspective sur les problèmes environnementaux est fondamentalement utilitariste. La société industrielle connaît une croissance telle que la nature est surexploitée. Dans plusieurs cas, cela a créé des risques pour la santé publique et la faune. La population et la production ayant énormément augmenté, un nouveau facteur a pris de l'importance: les ressources naturelles sont devenues de plus en plus rares.

Par le passé, la rareté a souvent été à la base de solutions ingénieuses. En Grande-Bretagne, au XVIIe siècle, la rareté du bois a entraîné le développement des mines de charbon. La rareté du charbon en surface a mené aux mines profondes et au développement des équipements de pompage et de la machine à vapeur. La rareté a aussi encouragé les échanges commerciaux.

Aujourd'hui, la rareté n'est plus un phénomène local. Pour plusieurs ressources de base, la menace d'une rareté à l'échelle mondiale est bien réelle. À ce stade, les échanges commerciaux ne peuvent plus aider. Il ne reste plus que notre ingéniosité pour trouver des solutions.

La surpêche a été un des premiers problèmes économiques de ce genre. La récolte de ressources biologiques est renouvelable dans la mesure où le taux d'extraction respecte la vitesse de renouvellement de la ressource. Autrement, les stocks diminuent. La réaction à la diminution des stocks est souvent d'améliorer les techniques de récolte pour maintenir le rendement, ce qui ne fait qu'accélérer le déclin des stocks. Si ce processus n'est pas arrêté à temps, des dommages irréversibles sont provoqués. Au début des années 1950, l'industrie de la pêche et de la transformation de la sardine de Californie s'est ainsi complètement effondrée. Durant la saison 1936-1937, 750 000 tonnes de sardines ont été pêchées au large de la Californie. Durant les années suivantes, on a augmenté la flotte et les prises par bateau ont commencé à chuter. L'industrie a ignoré les avertissements des biologistes. En 1957-1958, 17 tonnes seulement ont été ramenées à terre (Radovich, 1981). Ce n'est que récemment que la ressource a montré des signes de rétablissement. Comme dans beaucoup d'autres cas, la cause exacte du phénomène est l'objet de débats et certains soutiennent que la surpêche n'est pas la seule cause. Des phénomènes climatiques naturels auraient pu aussi y jouer un rôle.

De façon similaire, en 1992, le gouvernement canadien a imposé un moratoire sur la pêche à la morue au large des côtes de Terre-Neuve, à la suite de l'effondrement des stocks dû à la surpêche. Des dizaines de milliers de pêcheurs et de travailleurs dans les usines de transformation ont été ainsi privés de leur moyen de subsistance (McCay et Finlayon, 1995). De nombreuses petites communautés côtières, pour lesquelles la pêche était la seule industrie, ont été décimées. Le moratoire, qui n'était à l'origine prévu que pour une période de 2 ans, est toujours en vigueur 16 ans plus tard, les stocks de morue ne montrant aucun signe de rétablissement.

Les menaces aux bénéfices d'autrui

Notre utilisation de l'environnement pourrait ne pas avoir de conséquences sérieuses pour nous-mêmes mais limiter son utilisation par autrui. Étant donné que les quantités de ressources naturelles sont limitées, qui est en droit de les utiliser ? Peut-on justifier le fait qu'il n'y aura plus de sources naturelles de pétrole brut disponibles pour nos descendants ? Est-il raisonnable que 20 % de la population de la planète utilise 80 % des ressources de celle-ci ? Puisque les pays industrialisés sont responsables des changements climatiques, ne devraient-ils pas indemniser les paysans africains qui sont forcés de se déplacer, le Bangladesh qui sera plus fréquemment inondé ou les habitants des îles de corail du Pacifique qui sont condamnées à être englouties ? Est-ce qu'on devrait permettre aux pays moins développés d'accroître leurs émissions de CO_2 pour augmenter leur capacité industrielle ?

En 1992, à la Conférence des Nations Unies sur l'environnement et le développement, la communauté internationale a reconnu la légitimité de la demande des pays sous-développés qu'on leur octroie une plus grande part des richesses mondiales.

2.2.3 Les causes de problèmes dans le système de maintien de la vie

Le système de maintien de la vie est soumis à diverses menaces d'origine humaine.

- La **pollution**: les problèmes causés par une surcharge de phénomènes physiques, tels que chaleur, bruit ou substances chimiques introduites dans notre environnement. Ces substances ne sont pas nécessairement synthétiques. Elles peuvent aussi être des substances naturelles diffusées dans l'environnement à travers nos différentes activités. Ainsi, la combustion du charbon, par exemple, relâche dans l'atmosphère le mercure que celui-ci contient naturellement. La solution aux problèmes de pollution serait, en principe, d'en éliminer la source et de nettoyer les zones affectées.
- L'**épuisement**: un problème lié à l'extraction des ressources naturelles. Dans le cas de l'épuisement de la faune ou de la flore, les processus naturels peuvent être rétablis à condition que l'épuisement n'ait pas mené à l'extinction[2]. Dans le cas des combustibles fossiles, des minéraux et du minerai, l'épuisement est souvent un processus irréversible. Cela implique qu'on devra apprendre à vivre sans réserve naturelle de ces substances[3].
- La **dégradation des écosystèmes**: la perte de qualité des écosystèmes. Ces problèmes peuvent être causés par différentes modifications, telles que la construction de routes ou d'autres travaux publics qui créent des barrières à la migration des espèces, ou bien l'utilisation récréative des écosystèmes qui perturbe les animaux.
- Les **risques environnementaux majeurs**: des incidents rares, mais potentiellement dévastateurs lorsqu'ils surviennent. La mission Cassini-Huygens vers Saturne est un bon exemple de ce type de risque. La sonde Cassini était munie d'une génératrice électrique contenant 33 kg de dioxyde de plutonium. Lancée en octobre 1997, la sonde est revenue dangereusement près de la Terre en août 1999, pour profiter de l'accélération du champ gravitationnel terrestre. Si la sonde s'était écrasée sur Terre, les effets auraient été catastrophiques (NASA Jet Propulsion Laboratory, 2009).
- Les **conflits sociaux**: étant donné que les problèmes environnementaux sont étroitement liés aux intérêts sociétaux, les conflits sociaux peuvent causer des problèmes environnementaux. Les besoins en ressources et en espace ont souvent mené à la guerre (accès aux matières premières, sources d'eau, terre arable et colonies). De plus, la guerre est généralement destructrice pour les humains et leur environnement.

---

2. Au Canada, le bison et le castor, longtemps chassés de façon abusive, sont deux espèces qui ont été épuisées pratiquement au point de l'extinction. Aujourd'hui, ces populations sont revenues à des niveaux acceptables grâce à des mesures de conservation.
3. Ce qui ne veut pas dire que nous devrions nous passer complètement de certaines substances, comme les métaux, qui sont en principe recyclables.

Bien que la guerre puisse avoir plusieurs causes, les injustices structurelles comme l'écart énorme entre les pays riches et les pays pauvres peuvent contribuer à l'apparition de conflits. Les conflits causés par ce problème ne sont pas nécessairement entre pays riches et pays pauvres, mais aussi entre les pauvres et la minorité riche qui forme souvent la classe dirigeante de ces nations. Les besoins des pauvres dans les pays en développement devraient donc être la priorité absolue des pays développés.

ENCADRÉ 2.6 – Les risques de la guerre

Agent Orange était le nom de code d'un herbicide développé par Monsanto pour être utilisé par les militaires dans les régions tropicales. Son rôle était de défolier les arbres et arbustes afin de priver l'ennemi de toute possibilité de dissimulation. Ce produit était surtout efficace contre la végétation à feuilles larges telle que celle des jungles du Sud-Est asiatique. Il a été utilisé en grande quantité par l'armée américaine au Viêt Nam de 1967 à 1971. Parce que l'Agent Orange était contaminé à la dioxine, un produit excessivement toxique, cet épandage massif a entraîné des problèmes de santé importants (et parfois mortels) pour les populations des zones touchées.

2.2.4 La distribution spatiale des effets

Les effets des différents problèmes environnementaux varient énormément dans le temps et l'espace. L'emplacement et l'étendue des zones affectées ne sont pas que la mesure de la sévérité d'un problème. Si les effets se font sentir à une grande distance de leur cause, les conflits d'intérêts sont plus difficiles à résoudre.

Prenons par exemple le cas des maraîchers du Westland, près de Rotterdam qui, dans les années 1960 et 1970, ont dû arrêter d'utiliser l'eau du Rhin pour irriguer leurs champs. Les mines de potassium en amont, en France, rejetaient de grandes quantités de chlorure dans le fleuve, ce qui rendait l'eau impropre à l'irrigation (van Panhuys, 1978).

Plus près de nous, il y a l'exemple de la pollution au mercure qui affecte les Inuits et la faune du Grand Nord canadien et dont la principale cause est les centrales thermiques au charbon du sud du Canada et du Midwest américain (Côté, 2004). Ces mêmes centrales sont une cause majeure des pluies acides qui touchent l'est du Canada.

Un conflit virtuel peut émerger si la dimension temporelle est en jeu, puisqu'on peut craindre que les générations futures soient aux prises avec nos déchets. Cette dimension temporelle est particulièrement importante lors des débats sur l'acceptabilité des centrales nucléaires, puisque les déchets radioactifs générés demeureront dangereux pour des milliers d'années.

Les effets dans le temps et dans l'espace sont présents dans plusieurs de nos débats sur le développement durable, surtout autour de la question sur l'équité intergénérationnelle. Est-il juste que notre génération consomme toutes les ressources mondiales, ne laissant que la pollution à nos descendants ? Un des principes fondamentaux du développement durable est de consommer les ressources à un rythme qui correspond à leur taux de renouvellement. Mais est-ce que les générations futures auront besoin de la même quantité et qualité de ressources que nous? Si nous exploitons jusqu'à l'épuisement une ressource particulière, ne devrait-on pas au moins tenter de développer des technologies qui permettront aux générations futures de subvenir à leurs besoins sans cette ressource?

ENCADRÉ 2.7 – L'accident de Tchernobyl

En 1986, une série d'erreurs humaines ont entraîné l'explosion d'un réacteur nucléaire et la dispersion de tonnes de matériaux radioactifs à Tchernobyl, en Ukraine. Cet accident tua sur le coup 31 personnes et 150 autres ont été gravement atteintes par la radiation. Une zone de 30 km^2 autour de la centrale, où vivaient 130 000 personnes, a dû être évacuée. Des milliers de personnes sont susceptibles de mort prématurée causée par les radiations auxquelles elles ont été exposées[a].

Bien que le panache de radioactivité relâché dans l'atmosphère ait été détectable aussi loin qu'au Japon et en Amérique du Nord, très peu de radionucléides se sont déposés au sol à l'extérieur de l'Europe. Aucun dépôt n'a été détecté dans l'hémisphère Sud.

a. Le bilan global de cette catastrophe en termes de mortalité et de morbidité est un sujet encore fort controversé (Hawley et Schmitt, 2006).

On peut distinguer les problèmes au regard de l'étendue de leurs effets. Les problèmes **globaux** touchent la planète dans son ensemble: changements climatiques, appauvrissement de la couche d'ozone, épuisement des ressources, retombées radioactives, etc. À l'échelle **continentale**, un problème type est le transport de polluants atmosphériques, comme les oxydes de soufre (SO_2) et les oxydes d'azote (NO_X). Au niveau **régional**, on trouve des problèmes comme ceux de la pollution d'un estuaire, le bruit d'un aéroport, le smog, etc. Parmi les problèmes dits **locaux**, on peut mentionner la pollution des sols et les nuisances liées à un site d'enfouissement de déchets. L'infiltration de radon et les émissions de composés organiques volatils (COV) par les meubles et autres produits sont des exemples de problèmes **intérieurs**.

Pour certains problèmes, des échelles spatiales différentes sont plus appropriées. Le **bassin versant**, un territoire où toutes les eaux se déversent en un point particulier (p. ex.: cours d'eau, lac), constitue une échelle pertinente pour des problèmes comme ceux de la pollution et de l'utilisation excessive de l'eau, des inondations dues aux ouvrages (levées, barrages) ou de la perturbation des écosystèmes aquatiques. Le **littoral** constitue aussi un écosystème distinct. La pollution s'y dilue lentement et différents pays peuvent être en compétition pour les ressources halieutiques. Le tourisme peut être perturbé par la pollution et le contrôle de la marine marchande est important pour éviter les déversements de mazout et les catastrophes causées par les pétroliers.

Certains avancent aussi que le corps humain constitue une échelle appropriée pour certains problèmes environnementaux, bien que l'on considère généralement ces problèmes comme étant plutôt de nature médicale. Un exemple d'un tel problème est la contamination du lait maternel par des polluants d'origine humaine. Il y a quelques années, une étude du World Wildlife Fund (WWF) a identifié plus de 350 polluants chimiques synthétiques dans le lait maternel de résidentes du Royaume-Uni. Ces polluants incluaient 87 types de dioxines (Lyons, 1999). Dans la même veine, l'organisation canadienne Environmental Defence a effectué des analyses de sang sur des familles de différentes régions du Canada et y a trouvé cinq types de métaux lourds et une quarantaine de produits chimiques synthétiques reconnus comme ayant des effets négatifs sur la santé (Environmental Defence, 2007).

2.2.5 La gravité des problèmes

Afin d'établir des priorités, il faut être en mesure de déterminer la gravité des différents problèmes environnementaux. Les liens entre l'exposition et ses effets sont souvent requis dans l'évaluation finale de l'impact des divers phénomènes néfastes pour l'environnement. Dans certains cas, les études peuvent démontrer un niveau d'exposition (dose) sans effet observable (DSEO). Par contre, il y a souvent des cas où chaque exposition augmente les effets et où il n'y a donc pas de DSEO. De plus, si l'on tient compte des effets à long terme, il est souvent très difficile de montrer qu'il y a vraiment une DSEO.

Une autre approche consiste à établir un niveau d'effet acceptable et de déterminer le niveau d'exposition correspondant. Ce n'est pas une approche facile. Comment atteindre un consensus sur le niveau d'effet que nous serions prêts à accepter ? En général, les effets que nous acceptons dépendent de notre attitude à l'égard de la cause de ces effets. Il a été démontré, par exemple, qu'aux Pays-Bas les citoyens se souciant des changements climatiques ou de la crise énergétique acceptaient mieux, en moyenne, les nuisances liées aux éoliennes (Wolsink, Universiteit van Amsterdam Interfaculteit Vakgroep Milieukunde et Ministerie van Volkshuisvesting Ruimtelijke Ordening en Milieubeheer, 1987).

En pratique, l'établissement de normes environnementales est un processus politique qui obéit aux mêmes facteurs que ceux qui influencent la mise en place de politiques publiques, c'est-à-dire le pouvoir et les intérêts des groupes concernés, l'attention des médias et l'opinion publique. Certains principes généraux sont tout de même utiles pour guider l'élaboration des politiques environnementales :

- Le problème est-il mortel pour les humains ?
- Le problème peut-il détruire de grands écosystèmes ?
- Les effets se feront-ils sentir longtemps après que la cause aura été éliminée ?
- Quelle est l'étendue spatiale du problème ?

Les réponses à ces quatre questions ne sont pas toujours simples. Par exemple, lors d'études épidémiologiques, des problèmes qu'on considère généralement comme de simples nuisances (bruits, odeurs) peuvent s'avérer être une cause de mort prématurée (Sautter et Pinkowish, 2008). La dégradation des écosystèmes arrive souvent de façon complètement inattendue, parfois simplement parce qu'un élément en apparence insignifiant est touché. La détérioration des écosystèmes peut aussi affecter la vie humaine, puisqu'elle peut mener à des problèmes tels que la famine, par exemple. Les troisième et quatrième questions sont liées à l'équité : est-ce que les victimes ont elles-mêmes causé le problème (ou profité de l'activité qui l'a causé) ou n'ont-elles plutôt aucun reproche à se faire quant aux causes ?

L'évaluation de la gravité des problèmes environnementaux doit reposer sur des principes de base concernant l'importance que nous accordons à la « santé » des écosystèmes, aux conditions physiques dans lesquelles nous vivons et à la solidarité avec les plus démunis ainsi qu'avec les générations futures.

2.2.6 Le principe de précaution

Les effets, ou même parfois les causes, de la dégradation de l'environnement sont souvent difficiles à établir scientifiquement. Puisque certains problèmes pourraient s'avérer dévastateurs, nous ne pouvons attendre qu'un consensus scientifique se développe sur les faits en présence. Par exemple, malgré plus de 50 ans de recherche, les changements climatiques et leurs causes sont encore discutés en termes de probabilité plutôt qu'en termes de certitude absolue[4]. Mais pouvons-nous vraiment nous permettre de retarder la mise en place de mesures pour faire face à ce problème ?

C'est pour cette raison que les représentants à la Conférence de Rio sur l'environnement et le développement ont adopté en juin 1992 le **principe de précaution** :

> Pour protéger l'environnement, des mesures de précaution doivent être largement appliquées par les États, selon leurs capacités. En cas de risque de dommages graves ou irréversibles, l'absence de certitude scientifique absolue ne doit pas servir de prétexte pour remettre à plus tard l'adoption de mesures effectives visant à prévenir la dégradation de l'environnement (Principe 15 de la Déclaration de Rio sur l'environnement et le développement – Organisation des Nations Unies, 1992).

Concrètement, l'adoption internationale de ce principe ne réglera pas le dilemme entre l'impératif de passer à l'action et le désir de réduire l'incertitude en poursuivant les recherches. Il y aura toujours place pour des délibérations quant à la sévérité d'une menace en regard des incertitudes scientifiques.

4. Dans le sommaire de son quatrième rapport de synthèse, le Groupe d'experts intergouvernemental sur l'évolution du climat (GIEC) concluait que la hausse de la température moyenne sur Terre était très probablement due aux gaz à effet de serre d'origine anthropique (Groupe d'experts intergouvernemental sur l'évolution du climat, 2007).

2.3 Les principales menaces auxquelles l'humanité est confrontée

Les menaces à notre environnement peuvent être divisées en fonction du domaine principalement touché :

- la biosphère (tous les organismes vivants) ;
- l'hydrosphère (les océans, lacs, cours d'eau et eaux souterraines) ;
- l'atmosphère (l'enveloppe gazeuse de la planète) ;
- la lithosphère (la croûte terrestre).

Un autre domaine à considérer est l'espace extraterrestre. Par exemple, les débris en orbite – une nuée d'objets de toutes tailles entourant notre planète – constituent une menace constante pour l'activité spatiale. Bien que cette division des problèmes en différents domaines nous soit utile d'un point de vue analytique, ces domaines sont en fait souvent fortement interreliés. Par exemple, la pollution du sol peut contaminer l'air et l'eau, alors que la pollution atmosphérique, comme les pluies acides, peut avoir des impacts sur le sol et l'eau.

2.3.1 La biosphère

Quelques menaces aux écosystèmes :

- **La pollution**. Plusieurs composés chimiques ont des effets toxiques directs. Les effets toxiques à long terme ainsi que les effets sur la reproduction sont, quoique moins visibles, tout aussi dommageables. Les produits organiques persistants (POP) comme le pesticide DDT et les biphényles polychlorés (BPC) ne se décomposent presque pas dans l'environnement et ont des effets importants sur les organismes vivants, dans lesquels ils se concentrent par bioaccumulation. Les effets à long terme de cette pollution sont encore très mal connus.
- **L'extinction et le déclin des espèces**. Le déclin, voire la disparition, d'une espèce à cause de l'activité humaine a des impacts qui peuvent s'étendre à tout leur écosystème. Chaque espèce contribue, à sa façon, à l'équilibre de l'écosystème qu'elle habite, et ce, principalement par sa contribution à la chaîne alimentaire. La présence d'herbivores augmente la biodiversité des plantes et la production primaire. Les prédateurs jouent un rôle important dans le contrôle des populations dont ils s'alimentent, favorisant ainsi la diversité (Dajoz, 2006).
- **L'accumulation de substances d'origine naturelle**. Le fumier est une substance naturelle, mais en surabondance il peut perturber les écosystèmes. L'élevage industriel d'animaux, comme le poulet ou le porc, peut être très dommageable pour les écosystèmes locaux. Une trop grande concentration d'animaux ou d'êtres humains favorise aussi la dissémination des maladies épidémiques. Une concentration

excessive de nutriments dans un écosystème cause l'eutrophisation. Cette accélération de la production primaire prive la faune aquatique de l'oxygène dont elle a besoin et favorise le développement de cyanobactéries toxiques. L'eutrophisation du sol a aussi un impact énorme sur la composition des végétaux d'un écosystème.

- **L'introduction d'espèces exotiques**. L'introduction volontaire ou accidentelle d'espèces exotiques (non indigènes) dans un écosystème peut avoir des conséquences désastreuses:

  En 1859, 24 lapins européens ont été relâchés dans le sud de l'Australie. En l'absence de prédateurs, ils se sont multipliés rapidement et on en compte aujourd'hui plusieurs centaines de millions. Les lapins entrent en compétition avec les espèces indigènes pour leur nourriture et plusieurs de ces dernières sont maintenant en danger d'extinction. Ils détruisent aussi la végétation, ce qui entraîne l'érosion des sols. Le coût de ces dommages pour l'économie australienne est estimé à plusieurs centaines de millions de dollars par année.

  La construction de canaux et le transport maritime favorisent la migration d'espèces aquatiques vers des régions qui leur étaient jusqu'alors inaccessibles. Plusieurs espèces sont passées de la mer Rouge à la Méditerranée par le canal de Suez depuis sa construction en 1870 (CSIEM, 2005). De telles migrations ont aussi lieu par le canal Rhin-Main-Danube, terminé en 1992, qui relie la mer du Nord à la mer Noire. Des espèces de la mer Noire colonisent l'Europe du Nord. Les navires prennent aussi souvent de l'eau comme ballast, pour gérer leur stabilité, embarquant du même coup des espèces marines qui seront introduites dans un nouvel environnement au moment de la vidange des ballasts. C'est un énorme problème. On estime à au moins 163 le nombre d'espèces non indigènes dans le bassin des Grands Lacs. Les conséquences de ces introductions sont à la fois écologiques et socioéconomiques. La moule zébrée aurait coûté à elle seule plus de 5 milliards de dollars en frais de contrôle et de nettoyage depuis son arrivée en 1985 (Environnement Canada, 2007).

  Les insectes peuvent voyager dans la terre de plantes importées ou dans le bois d'œuvre et les produits d'emballage. C'est ainsi qu'un insecte ravageur, le longicorne étoilé, est passé de l'Asie à l'Amérique du Nord, où il menace actuellement les forêts de feuillus du nord-est des États-Unis et du sud de l'Ontario (Ressources naturelles Canada, 2007).

  Les plantes exotiques posent aussi un problème majeur. En Afrique du Sud, les plantes exotiques menacent les espèces locales et consomment plus d'eau, ce qui entraîne un assèchement des milieux humides et augmente le nombre de feux de brousse (Robertson, 2005). Au Canada, la salicaire pourpre a été introduite au début des années 1800 comme plante ornementale. Elle a maintenant envahi les milieux humides dans tout l'est du Canada, où elle menace la biodiversité animale et végétale (Faune et flore du pays, 2008).

- **La biodiversité**. La diversité des espèces et la diversité génétique au sein des espèces sont des atouts majeurs pour la vie sur Terre. Une espèce génétiquement diversifiée a une plus grande capacité d'adaptation, donc est plus susceptible de survivre à une catastrophe. La biodiversité est une ressource pour trouver de nouveaux médicaments ou autres molécules utiles. Elle nous aide aussi à comprendre les processus du vivant, le résultat de millions d'années d'évolution. Elle est notre héritage commun. Une des causes principales du déclin ou de l'extinction des espèces est la destruction des écosystèmes. Il y a par contre un paradoxe : alors que la biodiversité est en déclin à l'échelle mondiale, il y a souvent une augmentation de la biodiversité à l'échelle locale. Par exemple, selon les données les plus récentes, Hawaii possède 3505 espèces de plantes, dont au moins 1270 sont non indigènes (Eldredge, 2006). Des centaines d'espèces locales sont menacées d'extinction. Ce paradoxe de la biodiversité est donc dû à l'introduction d'espèces non indigènes. Ce mélange des espèces rend le monde plus varié à l'échelle locale, mais plus uniforme à l'échelle globale.
- **Les risques biotechnologiques**. L'industrie biotechnologique augmente constamment sa capacité à produire des organismes transgéniques. Les effets de l'introduction de ces organismes dans l'environnement sont difficiles à prévoir. L'optimisation des cultures végétales ou du cheptel (par des moyens traditionnels ou par génie génétique) entraîne une perte de diversité génétique qui laisse ces organismes particulièrement vulnérables aux épidémies.

2.3.2 L'hydrosphère

On trouve environ 1,3 milliard de km^3 d'eau sur Terre, dont 97 % se trouve dans les océans (voir le tableau 2.2). L'eau douce ne constitue donc que 3 % de l'eau sur la planète et une grande partie de cette eau se trouve profondément enfouie sous terre.

L'eau des océans est constamment en mouvement. À la surface, les courants marins suivent les vents dominants. En profondeur, ces courants sont souvent inversés. Les océans transportent la chaleur de l'équateur vers les pôles et ont une influence importante sur les climats régionaux. Par exemple, le Gulf Stream transporte la chaleur du golfe du Mexique vers le nord de l'Europe. À l'opposé, le courant du Labrador, un courant froid en provenance de l'Arctique, contribue à refroidir le climat sur la côte Est du Canada.

L'eau circule en cycle : elle s'évapore à la surface des océans, se condense en nuages dans l'atmosphère, est transportée vers les continents et se précipite au sol sous forme de pluie ou de neige, où elle est utilisée par les organismes vivants. La grande majorité de cette eau s'écoule vers les océans.

Ce cycle de l'eau est important parce qu'il nous approvisionne en eau douce. Il nettoie aussi l'atmosphère, puisque les aérosols et particules sont ramenés au sol par les précipitations. Certaines de ces substances, comme les oxydes de soufre (SO_X) et d'azote (NO_X), acidifient les précipitations, qui, à leur tour, acidifient les eaux de surface et le sol. Cette acidité a un impact négatif majeur sur les écosystèmes aquatiques ainsi que sur les forêts. Le Québec est particulièrement touché par ces précipitations acides dont la cause principale est la combustion de carburants fossiles pour la production d'énergie (charbon) et le transport (essence) en Ontario et dans le Midwest américain. Un des effets de ces précipitations est la disparition de certaines espèces de poissons, ce qui a des effets non seulement sur le plan écologique mais aussi sur le plan socioéconomique (Ministère du Développement durable, 2004).

Tableau 2.2 – Estimation de la répartition de l'eau sur Terre

Source d'eau	Volume, en km^3	% d'eau douce	% total d'eau
Mers et océans	1 338 000 000	–	96,5
Calottes glaciaires, glaciers et neige	24 064 000	68,7	1,74
Eau souterraine	23 400 000	–	1,7
(eau douce)	(10 530 000)	30,1	(0,76)
(eau salée)	(12 870 000)	–	(0,94)
Humidité du sol	16 500	0,05	0,001
Glace dans le sol et pergélisol	300 000	0,86	0,022
Lacs	176 400	–	0,013
(eau douce)	(91 000)	0,26	(0,007)
(eau salée)	(85 400)	–	(0,006)
Atmosphère	12 900	0,04	0,001
Terres humides	11 470	0,03	0,008
Rivières	2 120	0,006	0,002
Eau biologique	1 120	0,003	0,0001
Total	**1 386 000 000**	**–**	**100**

Source : United States Geological Survey, 2008.

Les océans

Les océans sont pollués de différentes façons :

- **Les fuites et déversements de produits pétroliers**. Les déversements accidentels de grandes quantités de pétrole comme dans le cas du *Torrey Canyon* (Royaume-Uni, 1967), de l'*Amoco Cadiz* (France, 1978), de l'*Exxon Valdez* (Alaska, 1989), de l'*Erika* (France, 1999) et du *Prestige* (Espagne, 2002) ont fait la une de tous les médias. Toutefois, la pollution résultant des opérations courantes serait plus importante que celle de ces accidents, qui ne représente qu'environ 12 % du total des déversements (National Research Council, 2002). Une des sources principales de cette pollution serait l'écoulement des sources terrestres ainsi que l'évaporation des carburants non brûlés qui retourne à la mer sous forme de précipitations. Les produits chimiques et pétroliers peuvent aussi devenir des bombes à retardement lorsqu'un vaisseau coule, mais que ses réservoirs ou citernes demeurent intacts. L'effet est le même que si l'on déversait ces produits directement dans l'eau, puisque ces contenants finissent toujours par se corroder.

- Le déversement de **déchets nucléaire**s dans l'océan est interdit depuis 1993, mais le déversement de fluides à faible niveau de radioactivité continue.
- **Les déchets solides** sont un autre problème majeur pour les océans. Les plastiques se décomposent très lentement et se trouvent partout dans les océans, jusque dans le système digestif des oiseaux marins et des tortues de mer. Les restes de filets de pêche et de lignes à pêche en plastique peuvent aussi être mortels pour les mammifères marins et les oiseaux.
- **Les peintures antisalissures** sont utilisées pour empêcher les organismes marins de se fixer et de croître sur les coques des bateaux. Il est prouvé que le tributylétain (TBT) affecte les systèmes endocriniens des vertébrés; cette substance fait donc l'objet d'une réglementation internationale depuis 2003. Mais il y a beaucoup d'autres contaminants toxiques: l'utilisation des BPC et du DTT est interdite depuis des années, mais on détecte encore ces produits dans les organismes marins[5].

Les eaux continentales

L'eau douce, qu'elle soit de surface ou souterraine, est essentielle pour les humains: nous la buvons, nous l'utilisons en agriculture, dans la production industrielle, pour nos loisirs et, paradoxalement, pour nous débarrasser de nos déchets. Notre consommation d'eau engendre de nombreux problèmes, particulièrement dans les zones densément peuplées: abuser de cette ressource peut créer des sécheresses locales et la pollution en amont peut avoir des impacts négatifs sur la qualité de l'eau en aval. Les différentes utilisations de l'eau doivent faire l'objet d'une planification méticuleuse.

Le manque de planification peut avoir des conséquences désastreuses, comme ce fut le cas avec la mer d'Aral, une mer intérieure d'Asie centrale. Dans les années 1920, l'Union soviétique a commencé à détourner les cours des fleuves Amou-Daria et Syr-Daria pour irriguer les cultures de coton en Ouzbékistan. Cela a entraîné une chute du niveau de la mer d'Aral et une réduction de 75 % de sa superficie entre 1960 et 2004. L'augmentation du niveau de salinité a tué toute la faune et la flore endémique, réduisant à néant du même coup la pêche commerciale. La mer d'Aral jouait auparavant un rôle de modération climatique: les températures régionales connaissent maintenant des variations extrêmes (International Fund for Saving the Aral Sea, 2000).

---

5. L'exemple du béluga du Saint-Laurent montre à quel point ces contaminants peuvent être un problème pour les organismes marins (Groupe de recherche et d'éducation sur les mammifères marins, 2008).

Encadré 2.8 – L'*Amoco Cadiz*

Le 16 mars 1978, le superpétrolier *Amoco Cadiz* s'est échoué et brisé en deux au large de la Bretagne avec 223 000 tonnes de pétrole brut à bord. La nappe de pétrole s'échappant de l'épave avait huit fois la taille de l'*Exxon Valdez* en 1989 et a couvert 130 plages d'une couche atteignant parfois 30 cm d'épaisseur. Plus de 30 000 oiseaux et 230 000 tonnes de crabes, homards et poissons ont été tués. Les huîtrières et cultures d'algues, sources de revenus importantes pour la population locale, ont été complètement détruites. L'accident est arrivé durant une tempête après que le bateau eut subi une avarie de barre, perdant ainsi la capacité de se gouverner. Il s'est échoué malgré les efforts d'un remorqueur de haute de mer pour l'amener à bon port.

Dans le sud-ouest des États-Unis, sept États dépendent presque entièrement du fleuve Colorado pour leur approvisionnement en eau. Les eaux du fleuve, autrefois abondantes, ont servi à faire émerger une importante industrie agricole en plein désert et approvisionnent de nombreux centres urbains en pleine croissance (Los Angeles, Las Vegas et Phoenix, entre autres). Mais le bassin du fleuve Colorado connaît une sécheresse sévère depuis 1999 et certaines études montrent que cette sécheresse pourrait se prolonger encore sur plusieurs décennies. Le potentiel de conflit est énorme si les différents utilisateurs n'arrivent pas à s'entendre sur une façon équitable d'économiser et de partager cette ressource (Gertner, 2007).

Cette situation est loin d'être unique. Certaines parties du monde où une eau relativement rare est partagée entre plusieurs pays, comme l'est de la Méditerranée (Turquie, Israël, Syrie, Jordanie), ont connu des conflits diplomatiques et armés autour de cette ressource.

Les eaux continentales sont parfois très polluées, ce qui détériore la qualité de la ressource et peut avoir des effets dévastateurs sur la faune et la flore aquatiques. Les Grands Lacs, par exemple, sont le plus grand écosystème d'eau douce au monde et la source d'eau potable pour 24 millions de personnes aux États-Unis et au Canada. Malgré des dizaines d'années d'effort pour réduire la pollution, l'activité agricole et industrielle intense de la région se traduit encore aujourd'hui par des quantités énormes d'effluents polluants rejetés directement dans ces lacs. La pollution de l'air, que les précipitations déposent à la surface de l'eau, s'ajoute à cette charge polluante (Pollutionwatch.org, 2006).

Les accidents aussi peuvent jouer un rôle. En novembre 1986, un incendie dans une usine de produits chimiques de la compagnie Sandoz, à Bâle, en Suisse, a causé une fuite majeure de contaminants dans le Rhin. L'usine contenait 840 tonnes de pesticides et autres produits toxiques. L'eau utilisée pour combattre l'incendie s'est écoulée dans le fleuve, y transportant 30 tonnes de produits hautement toxiques, tuant instantanément un demi-million de poissons et rendant l'eau impropre à la consommation pour les populations en aval (Earthbase, 2008).

2.3.3 Les changements climatiques

Les changements climatiques sont l'enjeu de loin le plus important concernant l'atmosphère, puisque les conséquences s'étendent à toutes les autres sphères.

Le bilan énergétique de la Terre

Le Soleil chauffe la Terre. L'atmosphère régule la température de la surface de la planète. L'énergie solaire est transmise principalement à travers des radiations à haute fréquence – la lumière visible. Cette radiation pénètre l'atmosphère terrestre sans la chauffer, réchauffant plutôt la surface terrestre. Le sol réfléchit une partie de cette énergie sous forme de radiations à basse fréquence, les infrarouges. L'atmosphère n'est pas complètement perméable à ce rayonnement aux infrarouges, puisque celui-ci est absorbé par les gaz à effet de serre (GES), dont le CO_2, la vapeur d'eau et le méthane. En captant cette chaleur, les GES agissent comme une couverture qui empêche la Terre de se refroidir. Cette absorption des infrarouges par les gaz dans l'atmosphère est ce qu'on appelle l'effet de serre.

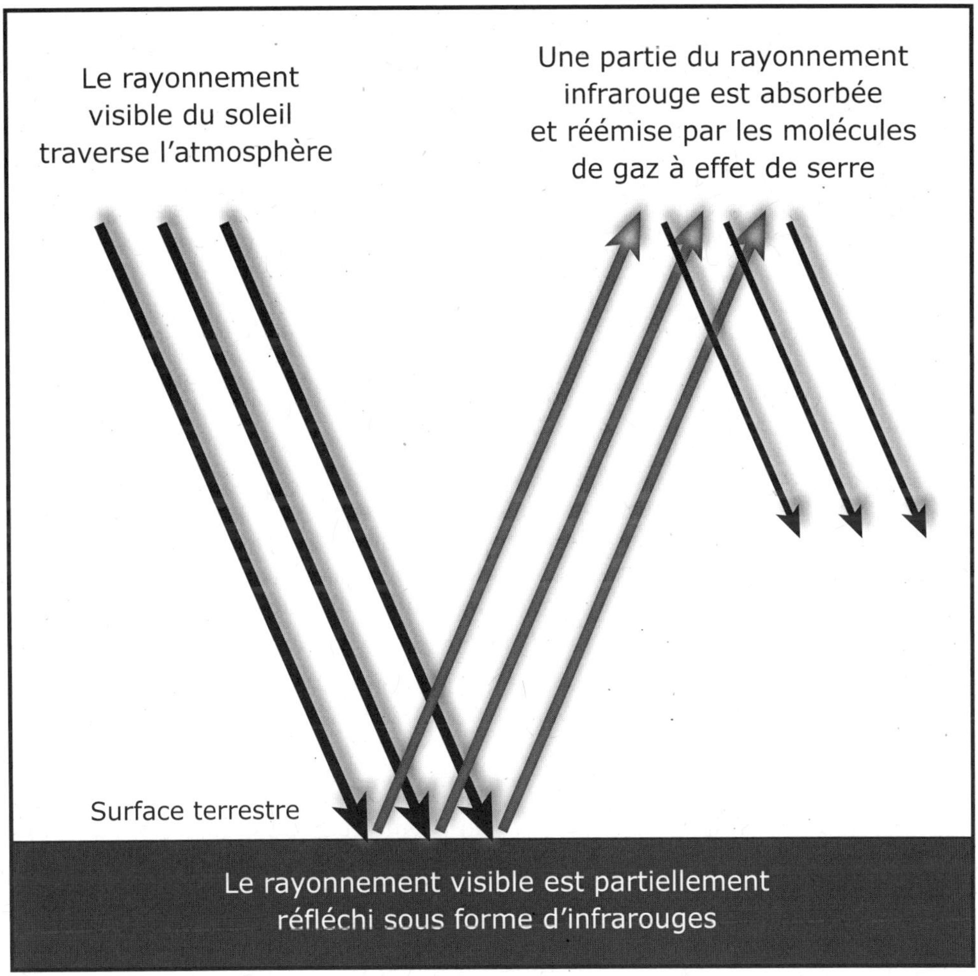

Figure 2.3 – Le principe de l'effet de serre

Nous avons besoin de l'effet de serre : sans les GES, la température à la surface le jour pourrait atteindre les 82 °C (les infrarouges du Soleil atteindraient aussi la surface), alors qu'elle tomberait à –140 °C la nuit. La température moyenne sur Terre serait de –17 °C au lieu des 15 °C que nous connaissons. La neige et la glace s'étendraient sur une grande partie de la planète, réfléchissant la lumière du Soleil et contribuant ainsi au refroidissement, rendant notre monde inhabitable. L'effet de serre est donc crucial à notre survie.

Le problème, à l'heure actuelle, est que l'effet de serre s'emballe, surtout à cause des quantités massives de CO_2 que les humains rejettent dans l'atmosphère en brûlant des carburants fossiles. Dans les 150 dernières années, la concentration de CO_2 dans l'atmosphère est passée de 284 parties par million (ppm) à 345 ppm. Bien que le CO_2 soit le GES le plus abondant, d'autres gaz, comme le méthane, les oxydes d'azote et les chlorofluorocarbones (CFC), contribuent aussi au problème. Certains de ces gaz ont un potentiel de réchauffement de beaucoup supérieur au CO_2 (voir le tableau 2.3).

Selon le Groupe intergouvernemental d'experts sur l'évolution du climat (GIEC), la température moyenne à la surface de la Terre a augmenté d'environ 0,74 °C entre 1906 et 2005 et cette température pourrait, selon les différents scénarios possibles, augmenter de 1,6 °C à 4,0 °C. Il faut noter qu'il s'agit là d'une moyenne et que certaines régions du monde, entre autres l'Arctique, connaissent un réchauffement beaucoup plus rapide que le reste de la planète. Ce réchauffement aura un impact sur de nombreux paramètres climatiques comme le vent, les précipitations et l'occurrence de phénomènes météorologiques extrêmes. Alors qu'une petite partie de ce réchauffement peut être attribuée à l'activité solaire, il y a maintenant peu de doute que l'activité humaine en est la cause principale (Groupe d'experts intergouvernemental sur l'évolution du climat, 2007).

Incertitudes

Une grande incertitude persiste dans les scénarios de réchauffement du climat à cause de la complexité des phénomènes en cause. Mais un autre facteur d'incertitude est la présence potentielle de boucles de rétroaction positive et négative. Le réchauffement pourrait engendrer des effets qui ralentiraient ce même réchauffement (rétroaction négative) et engendrer des effets qui renforceraient la tendance (rétroaction positive). Parmi les exemples de rétroaction négative, on trouve :

- L'accélération de la croissance de la végétation due à une augmentation de la concentration de CO_2 dans l'atmosphère : des concentrations plus élevées de CO_2 stimulent la croissance des plantes. Cette abondance végétale contribuerait à stabiliser ou à réduire cette même concentration de CO_2.
- La formation de nuages. Les nuages contribuent à l'effet de serre (rétroaction positive), mais réfléchissent aussi la lumière visible (rétroaction négative). La formation de nuages est stimulée par la pollution atmosphérique (particules fines) et par une plus grande évaporation d'eau due au réchauffement.

Tableau 2.3 – Les principaux gaz à effet de serre
(UNEP/GRID-Arendal, 2005)

	Concentration préindustrielle (ppm)	**Concentration en 1998 (ppm)**	**Durée de vie atmosphérique (années)**	**Activités sources**	**Potentiel de réchauffement climatique**
Vapeur d'eau	1 à 3	1 à 3	Quelques jours		
Dioxyde de carbone (CO_2)	280	365	Variable	Combustibles fossiles, production de ciment, changements dans l'utilisation des terres	1
Méthane (CH_4)	0,7	1,75	12	Combustibles fossiles, agriculture, bétail, enfouissement des déchets	23
Oxyde nitrique (NO_2)	0,27	0,31	114	Fertilisants, combustion, procédés industriels	296
HFC23 (CHF3)	0	0,000014	260	Électronique, réfrigérants	12 000
HFC134a (CF3CH2F)	0	0,0000075	13,8	Réfrigérants	1 300
HFC152a (CF3CHF2)	0	0,0000005	1,4	Procédés industriels	120
Perfluorométhane (CF4)	0,00004	0,00008	> 50 000	Production d'aluminium	5 700
Perfluoroéthane (C2F6)	0	0,000003	10 000	Production d'aluminium	11 900
Hexafluorure de soufre (SF6)	0	0,0000042	3 200	Liquide diélectrique	22 200

Parmi les exemples de rétroaction positive :

- L'augmentation de la température diminue la surface couverte par la neige et la glace, que ce soit la couverture de neige en hiver ou celle des montagnes, glaciers et calottes polaires. Le sol nu et l'eau liquide reflètent beaucoup moins la lumière, ce qui entraîne un réchauffement accéléré. C'est ce phénomène qui explique en partie pourquoi l'Arctique se réchauffe si rapidement.
- Le réchauffement accélère l'évaporation des océans alors que la vapeur d'eau est elle-même un GES.
- La fonte du pergélisol, qu'on observe de plus en plus fréquemment dans les zones arctiques, entraîne deux phénomènes. Tout d'abord, la matière organique autrefois gelée devient disponible pour les micro-organismes décomposeurs, dont certains produisent du méthane. Ensuite, la glace du pergélisol contient de grandes quantités de méthane (sous forme d'hydrate de méthane) qui sont libérées au moment de la fonte.

De nombreuses inconnues subsistent dans la question des changements climatiques. Est-ce que les océans absorberont plus de CO_2 que prévu ? Et, si tel est le cas, quels seront les impacts sur la vie marine ? Pourrons-nous stimuler l'absorption du CO_2 par les océans sans effets négatifs ?

Les effets des changements climatiques

Dans son rapport synthèse publié en 2007, le GIEC faisait part des effets potentiels sur les aspects suivants :

- **Les écosystèmes**. Plusieurs écosystèmes seront menacés à cause des perturbations liées au réchauffement (sécheresses, inondations, feux, insectes ravageurs, etc.). La capacité des écosystèmes à absorber le CO_2 pourrait aussi être réduite si la température augmente trop. Plusieurs espèces d'animaux et de plantes se verront menacées d'extinction. Dans les écosystèmes survivants, on prévoit une transformation des structures et fonctions qui seront une menace à la biodiversité.
- **L'alimentation**. La production agricole dans les hautes et moyennes latitudes pourrait tout d'abord augmenter, puis chuter si la température augmente trop. Dans les régions équatoriales qui connaissent déjà la sécheresse, on craint une réduction de la production et une recrudescence de la famine.
- **Les côtes**. L'élévation du niveau de la mer (attribuable, pour l'instant, à l'augmentation de la température de l'eau) ainsi que les tempêtes violentes accéléreront l'érosion des zones côtières. Déjà, en Alaska, des villages côtiers ont été déplacés pour échapper à l'érosion. La perte de la couverture de glace qui protégeait les côtes des attaques de la mer joue un rôle important dans ce cas. La situation est similaire aux îles-de-la-Madeleine, où l'on a dû déplacer des maisons (Côté, 2008). Les basses terres des grands deltas d'Asie et d'Afrique, où vivent des millions de personnes, seront plus sujettes aux inondations et aux ondes de tempêtes. Même chose pour les petites îles. Certains archipels, comme celui de Tuvalu dans le Pacifique, seront éventuellement submergés.

- **La santé**. Il y aura une augmentation de la malnutrition, des décès et maladies dus aux phénomènes météorologiques extrêmes. Il y aura augmentation des problèmes de santé liés à la chaleur et à la pollution atmosphérique dans les milieux urbains, où les vagues de chaleur seront de plus en plus fréquentes. Les insectes vecteurs de certaines maladies comme le paludisme pourraient devenir endémiques dans de plus hautes latitudes, entraînant ainsi une augmentation des populations exposées et affectées.
- **L'eau**. Dans l'ensemble, les régions qui reçoivent déjà des précipitations régulières pourraient les voir augmenter, alors que les régions arides et semi-arides pourraient les voir diminuer, ce qui augmentera d'autant le stress hydrique. La fonte des glaciers sera aussi un problème majeur. Les glaciers agissent comme réservoir pour stocker les précipitations avant de les relâcher graduellement, agissant ainsi comme des régulateurs de l'approvisionnement en eau douce. Sans glaciers, plusieurs bassins fluviaux pourraient connaître annuellement des périodes de déluge suivies de périodes de sécheresse.

La couche d'ozone

Le soleil émet plusieurs formes de radiations nocives, particulièrement les ultraviolets B (UVB) et C (UVC). Les UVC sont extrêmement dangereux, mais ils sont complètement absorbés par la couche d'ozone (O_3) stratosphérique et l'O_2 dans l'atmosphère. Quant aux UVB, ils sont en grande partie absorbés par l'ozone stratosphérique[6]. L'intensité des UVB qui atteignent le sol dépend d'un nombre de facteurs, dont l'épaisseur de la couche d'ozone, la latitude, la saison et l'heure du jour.

Les rayons UVB endommagent l'ADN, qui les absorbe. Chez les humains, les effets incluent l'irritation de la peau, une réduction de la synthèse de vitamine D, la dégradation du système immunitaire et, dans le pire des cas, le cancer de la peau. Une plus grande exposition aux UVB peut aussi affecter la faune et la flore. Le phytoplancton des mers polaires est particulièrement vulnérable. Les conséquences d'une réduction de la population de phytoplancton peuvent être très sérieuses, puisqu'il est à la base d'une chaîne alimentaire très importante (Woodard, 1998). L'agriculture peut aussi être affectée par les UVB, puisqu'une surexposition réduit la croissance des plantes.

Au début des années 1970, deux chimistes, Mario J. Molina et F. Sherwood Rowland, ont étudié la dégradation des chlorofluorocarbones (CFC) dans l'atmosphère. De cette étude, ils ont tiré une conclusion alarmante : les CFC dans l'atmosphère sont détruits par la radiation UV, surtout dans la haute atmosphère. La destruction des CFC produit des ions de chlore qui agissent comme catalyseur pour la destruction des molécules d'ozone. Moins il y a d'ozone, plus le rayonnement UVB atteindra la surface de la Terre (Rowland et Molina, 1974)[7].

---

6. Il est important de distinguer l'ozone stratosphérique, qui se situe dans la haute atmosphère (altitude >15 km), de l'ozone troposphérique, près du sol, qui est un polluant de l'air.
7. Molina et Rowland ont partagé le prix Nobel de chimie avec Paul Crutzen en 1995 pour leurs travaux sur la chimie de l'atmosphère, concernant en particulier la formation et la décomposition de l'ozone.

À cette époque, les CFC étaient déjà bien établis dans l'industrie. Ils avaient été développés comme réfrigérants pour les réfrigérateurs et les climatiseurs, avant d'être aussi utilisés comme gaz propulseurs dans les atomiseurs. Les CFC étant complètement inertes, ils étaient aussi le choix idéal comme agent d'expansion pour les mousses plastiques, comme gaz isolant dans les transformateurs électriques et comme agent de nettoyage (défluxage) dans l'industrie électronique. Les CFC sont de loin les substances synthétiques les plus utilisées, mais ce ne sont pas les seules à s'attaquer à l'ozone. On répertorie aussi six autres substances aux effets similaires, qu'on appelle communément les substances appauvrissantes de la couche d'ozone (SACO) (voir le tableau 2.4).

En 1976, l'appauvrissement de la couche d'ozone n'était encore qu'un phénomène hypothétique, supporté par la théorie chimique et des expériences de laboratoire. Même si aucune évidence à l'époque ne révélait un réel appauvrissement de cette couche, le sujet était tout de même, aux yeux du public, assez préoccupant pour que les ventes d'atomiseur chutent et qu'on interdise les CFC comme gaz propulseur dans plusieurs pays, dont le Canada et les États-Unis. Cette préoccupation fut cependant de courte durée. La question des CFC disparut peu à peu de l'attention publique et tout effort pour contrôler plus à fond les CFC et autres SACO cessa complètement avec l'arrivée au pouvoir de l'administration Reagan aux États-Unis en 1981.

À nouveau, la situation changea complètement en 1985, avec la publication de la recherche de scientifiques du *British Antarctic Survey* qui, en 1984, avaient détecté un amincissement extrême de la couche d'ozone au-dessus de l'Antarctique (Farman, Gardiner et Shanklin, 1985). Cette fois, l'inquiétude des gouvernements et du public face à la situation a mené à un effort international, sous l'égide du Programme des Nations Unies pour l'environnement, qui a culminé, en 1987, avec l'adoption du Protocole de Montréal sur les substances qui appauvrissent la couche d'ozone. Au cœur de ce protocole, on trouve la réduction, puis l'interdiction, des CFC et autres SACO au cours des deux décennies suivantes. De plus, afin d'aider les pays en développement, on a prévu des mesures d'aide financière pour l'adoption de technologies ne faisant pas appel au SACO, ainsi qu'un délai de grâce de 10 ans pour se conformer aux exigences du protocole.

Le Protocole de Montréal a été un grand succès. Aujourd'hui, la production et la consommation de SACO ont été virtuellement éliminées dans les pays industrialisés et sont en voie de l'être dans les pays en voie de développement. Comme les SACO mettent des décennies à migrer vers les couches supérieures de l'atmosphère, on prévoit qu'il faudra probablement 50 ans avant que la couche d'ozone stratosphérique revienne à des valeurs normales.

Il est certain qu'une partie importante du succès du Protocole de Montréal est attribuable au fait que des solutions techniquement et économiquement viables existaient déjà au moment de son entrée en vigueur. Mais le problème de l'appauvrissement de la couche d'ozone montre que la communauté internationale peut coopérer pour obtenir des résultats concrets en matière d'environnement.

Tableau 2.4 – Substances appauvrissantes de la couche d'ozone
(Environnement Canada, 2002)

Substances	**Vie (années)**	**Potentiel d'appauvrissement de la couche d'ozone**
Bromochlorométhane Halon 1011	–	0,12
CFC-11 Trichlorofluorométhane	45	1,0
CFC-12 Dichlorodifluorométhane	100	1,0
CFC-113 Trichlorotrifluoroéthane	85	0,8
CFC-114 Dichlorotétrafluoroéthane	300	1,0
CFC-115 Chloropentafluoroéthane	1 700	0,6
TCC Tétrachlorure de carbone Tétrachlorométhane	35	1,1
Hydrobromofluorocarbures HBFC	–	0,02 à 14,0
Hydrochlorofluorocarbures (HCFC)	1,4 à 11,9	0,02 à 0,11
Bromure de méthyle	0,7	0,6
Méthylchloroforme 1,1,1-trichloroéthane	4,8	0,1
Halon 1211 Bromochlorodifluorométhane	11	3,0
Halon 1301 Bromotrifluorométhane	65	10,0
Halon 2402 Dibromotétrafluoroéthane	–	6,0

La pollution de l'air

Les précipitations acides, discutées plus tôt, sont un des problèmes les plus pressants en matière de pollution atmosphérique. Elles affectent non seulement le nord-est de l'Amérique du Nord, mais aussi la Scandinavie, le sud-ouest de la Chine et le Sud-Est asiatique. En 1991, le Canada et les États-Unis ont signé un accord sur la qualité de l'air visant à réduire les émissions de SO_2. Ces émissions sont maintenant réduites de plus de 50 % au Canada et d'environ 40 % aux États-Unis. Malgré ces progrès, selon un rapport récent, de 21 % à 75 % de l'est du Canada continue à recevoir des dépôts acides qui dépassent les charges critiques (les charges que le sol peut neutraliser). On estime qu'il faudrait réduire les émissions actuelles de 75 % pour protéger les écosystèmes de l'est du Canada (Service météorologique du Canada, 2004).

Un autre problème important en milieu urbain est le smog (une contraction des mots *smoke* et *fog*). Historiquement, le smog résultait des émissions de SO_2 provenant de la combustion du charbon. Un épisode particulièrement tragique de ce type de smog a frappé la ville de Londres en 1952, tuant directement 4 000 personnes en quelques jours et 8 000 personnes de plus dans les mois suivants (Wikipedia, 2008).

De nos jours, le smog est causé surtout par l'oxyde d'azote (émis par les véhicules) et les composés volatils organiques. Sous l'action des rayons du soleil, ces polluants forment de l'ozone troposphérique et des particules. Le smog affecte surtout les jeunes enfants et les gens souffrant de problèmes respiratoires. En 2005, on estimait à 5 900 le nombre de décès prématurés liés à la pollution atmosphérique dans les grandes villes canadiennes (Judek, Jessiman et Stieb, 2004). À ce coût humain s'ajoute le coût économique engendré par les heures de travail perdues et les services de santé requis pour ceux dont la santé est altérée.

Le bruit

Le bruit est un problème qui affecte particulièrement les populations des centres urbains densément peuplés. La circulation, la proximité des autoroutes, des chemins de fer ou des aéroports peuvent engendrer une quantité importante de bruit. Le contrôle du bruit est plus qu'une simple question de qualité de vie. La pollution sonore peut engendrer stress, hypertension et perte de sommeil qui peuvent, à leur tour, entraîner des problèmes physiologiques et psychologiques. Le bruit est devenu un enjeu important dans nos sociétés. Il est au cœur de la plupart des débats sur les transports et, plus récemment, de ceux sur le développement de la production d'énergie éolienne.

2.3.4 La lithosphère

La lithosphère est la croûte de la Terre. On en extrait du minerai pour la production d'énergie et de plusieurs substances. Elle agit aussi comme base matérielle de la biosphère.

Ressources et extraction

La croûte terrestre contient une variété de matériaux:

- des métaux comme le fer, l'aluminium, le zinc, le cuivre, l'or, l'argent et divers lanthanides;
- des sels comme le chlorure de sodium;
- des combustibles fossiles comme le charbon, le méthane (gaz naturel) et le pétrole;
- des roches sédimentaires, utilisées comme matériau de construction;
- des minéraux tels que l'amiante, la calcite, la dolomie, le spath fluor, le feldspath, le phosphate et le diamant;
- des éléments comme le béryllium, le brome et la silicone.

La lithosphère contient 99,99 % de tout le carbone sur Terre, surtout sous forme de roches.

La température de la croûte terrestre augmente avec la profondeur, ce qui en fait une source d'énergie potentielle. La température à une profondeur donnée dépend de plusieurs facteurs, dont la composition minérale et l'activité géologique. En certains endroits, comme en Islande, l'activité géologique favorise l'extraction de cette énergie thermique pour le chauffage des bâtiments (énergie géothermique).

Les combustibles fossiles sont aujourd'hui notre source principale d'énergie. Personne ne s'entend vraiment sur les réserves existantes de cette ressource. Les réserves connues ne sont pas non plus toutes exploitables. Certains gisements sont trop petits, trop difficiles à atteindre ou trop coûteux pour être exploités. On ne peut extraire tout le combustible d'un gisement exploité. Par la méthode traditionnelle des pompes mécaniques, on ne peut extraire que 20 à 40 % d'un gisement de pétrole. Par les méthodes de récupération assistée (plus coûteuses), on peut en extraire de 30 à 60 % (U.S. Department of Energy, 2008).

L'expression «réserves prouvées» est généralement utilisée pour estimer les gisements de pétrole, minéraux et minerai qui sont technologiquement et économiquement exploitables. Ce qui est disponible (extractible) dépend donc de l'état de la technologie et du prix de la ressource. C'est ainsi que les réserves d'une ressource peuvent augmenter sans effectuer de nouvelles explorations. Prenons l'exemple des sables bitumineux de l'Alberta. Ce gisement de bitume dont on peut extraire du pétrole est connu depuis longtemps, mais son exploitation était jusqu'à récemment non rentable. La hausse importante du prix du pétrole au cours de la dernière décennie permet maintenant l'exploitation économiquement viable de ces sables. Les réserves de pétrole qu'ils contiennent (estimées à 170 milliards de barils) se sont donc ajoutées aux réserves mondiales. Cependant, ces calculs font abstraction des coûts environnementaux associés à l'exploitation de cette ressource.

Pour combien de temps pouvons-nous encore compter sur les combustibles fossiles ? Il n'y a pas de réponse définitive à cette question. Dans les conditions actuelles (prix, technologie et taux de consommation) nous avons encore assez de pétrole pour une quarantaine d'années. Par contre, la consommation mondiale de pétrole a augmenté de 15 % entre 1997 et 2007 (et de 90 % en Chine) et continuera probablement à augmenter. Par ailleurs, de nouvelles réserves seront découvertes et de meilleures technologies d'extraction seront probablement développées. Malgré tout, nous devons nous attendre à une pénurie qui pourrait frapper dans les 50 prochaines années. En ce qui concerne le gaz naturel, les réserves prouvées seraient suffisantes pour une soixantaine d'années, quoique sa consommation augmente beaucoup plus rapidement (30 % au cours de la dernière décennie). Quant aux réserves de charbon, elles sont suffisantes pour encore deux siècles (BP, 2008), mais c'est malheureusement le type de carburant fossile le plus polluant dont nous disposons.

Le même scénario s'applique à l'extraction minière. Quand les prix montent ou que les technologies s'améliorent, on peut exploiter un minerai moins riche et ainsi augmenter les réserves. Comme le pétrole, les métaux sont non renouvelables. En revanche, les métaux sont aussi recyclables, donc non épuisables. L'augmentation des prix et les améliorations techniques peuvent aussi encourager le recyclage, ce qui réduit la pression sur la ressource.

L'extraction minière est une activité dangereuse à plusieurs égards. Les mines souterraines sont des environnements hostiles où les effondrements, explosions et feux sont relativement fréquents. L'eau pénètre dans les mines (surtout celles qui sont abandonnées), créant un ruissellement acide qui peut contaminer la nappe phréatique et les eaux de surface. L'extraction minière à ciel ouvert peut défigurer des paysages entiers et laisser des excavations stériles, atteignant des profondeurs de centaines de mètres. Les résidus de minerai (qui constituent parfois plus de 99 % du matériau extrait) non seulement constituent souvent une intrusion visuelle, mais ils peuvent aussi contribuer à la détérioration du sol et des ressources en eau environnantes.

La couche de surface

Les problèmes sont nombreux à la surface de la Terre. Des activités industrielles, certaines ayant même eu lieu il y a des siècles, ont pollué le sol et la nappe phréatique en divers endroits du monde. Dans plusieurs anciennes zones industrielles de villes comme Montréal, le sol doit être décontaminé à grands frais avant que soit entrepris tout nouveau développement. Les déchets chimiques et nucléaires constituent un risque énorme, surtout dans les régions géologiquement instables.

Dans la plupart des cas, les déchets domestiques sont aujourd'hui encore enfouis. Outre l'espace qu'ils occupent, les sites d'enfouissement polluent les eaux qui s'y infiltrent (le lixiviat) ; ils produisent des odeurs et de grandes quantités de méthane. Ce gaz doit être brûlé ou, idéalement, être valorisé à travers la production de chaleur ou d'électricité. Le lixiviat doit être capturé et traité.

L'agriculture aussi peut endommager le sol. L'excès de minéraux dans le fumier empoisonne graduellement le sol. Dans les prés où se nourrissent les vaches laitières, on trouve souvent une haute teneur en métaux lourds et en phosphates due à l'utilisation de fertilisants et à l'apport alimentaire externe (qui finit dans le sol par l'intermédiaire de la bouse). Certaines pratiques agricoles favorisent l'érosion des terres arables, ce qui peut mener à terme à la désertification des sols.

2.4 Questions de réflexion et de discussion

1. Sur Internet, cherchez de l'information sur les désastres météorologiques survenus au cours des deux dernières années. Combien pouvez-vous en trouver ? Estimez les dommages.
2. Quelles sont les priorités des politiques environnementales dans votre pays ? Quelles étaient-elles il y a dix ans ? Choisissez un pays sur un autre continent et trouvez de l'information sur ses priorités en environnement. Expliquez les différences.
3. Estimez la hausse moyenne du niveau des océans créée par une augmentation de 1 °C en supposant que la profondeur moyenne est de 5 km et que la température moyenne à l'origine était de 5 °C.

Chapitre

3

Le développement des sociétés humaines

Parler de développement durable nous amène naturellement à traiter du concept de développement. On imagine souvent le développement des sociétés humaines comme étant un processus linéaire, chaque société ayant traversé des étapes similaires à celles qu'ont connues l'Europe, l'Amérique de Nord ou le Japon par exemple. En fait, la réalité est plus complexe.

Ce chapitre propose un survol historique des processus de développement de différentes sociétés. Il se concentre sur le rôle qu'a joué la technologie sur le plan de l'organisation de ces sociétés et leurs interactions avec le système de maintien de la vie.

3.1 Une brève histoire du développement mondial

Le développement des sociétés humaines peut être divisé en quatre grandes étapes:

1. La chasse et la cueillette.
2. L'agriculture.
3. La production industrielle.
4. La production et la consommation à l'échelle mondiale.

Les sociétés ne passent pas par ces étapes au même rythme ou de façon strictement linéaire. Il y a parfois des barrières ou des bonds en avant. Et il arrive que le développement en certains lieux influence le développement en d'autres lieux.

3.1.1 Première étape : la chasse et la cueillette

La présence des humains est relativement récente sur cette planète. Ils sont apparus il y a environ deux millions d'années, alors que la biodiversité avait atteint un sommet. Les premiers humains étaient nomades et vivaient en groupes de 30 à 40 individus (Leakey et Lewin, 1992). Environ les deux tiers de leur alimentation consistaient en fruits et légumes sauvages qu'ils cueillaient et un autre tiers provenait de la viande d'animaux sauvages qu'ils chassaient. La seule source d'énergie était le feu et le chien était probablement le seul animal domestiqué.

Ce style de vie nomade exigeait de grands espaces pour assurer un approvisionnement suffisant en ressources alimentaires. Les chasseurs-cueilleurs se sont peu à peu dispersés sur toute la planète, occupant tous les environnements favorables et s'adaptant à ceux qui l'étaient moins. La densité de la population était très faible et dépendait essentiellement de la productivité des écosystèmes locaux. On estime que dans ces conditions la Terre pouvait subvenir aux besoins de 10 à 30 millions d'individus. Ceux-ci, généralement, n'avaient pas à travailler beaucoup pour assurer leur survie. Deux heures par jour suffisaient probablement, ce qui laissait amplement de temps pour d'autres activités. Les maladies contagieuses étaient inconnues, puisque les contacts entre groupes étaient trop rares pour leur permettre de se répandre.

Il ne faut cependant pas croire que la vie de ces premiers humains était idyllique. En fait, le danger était omniprésent pour ces nomades. Plusieurs mouraient de blessures infligées par les animaux sauvages. À défaut de mourir, ils souffraient de leurs blessures pour le reste de leur vie. Il n'était pas toujours possible de s'abriter de la chaleur, du froid ou des précipitations. La famine et la sécheresse faisaient aussi à l'occasion des victimes.

Ce mode de vie a dominé pendant plus de 50 000 générations et on trouve encore des humains vivant essentiellement de cette façon dans certaines parties du monde, comme l'Amazonie, l'Irian Jaya et les îles Andaman, dans le golfe du Bengale (Goodheart, 2000).

Être chasseur-cueilleur est un mode de vie durable au point de vue environnemental, puisque l'activité humaine est complètement intégrée aux écosystèmes. Toutefois, les écosystèmes terrestres ne pourraient subvenir aux besoins de plus de 30 millions d'individus dans ces conditions.

3.1.2 Deuxième étape : l'agriculture

Dans certaines régions du monde, la population des chasseurs-cueilleurs a augmenté jusqu'à dépasser la capacité écologique des habitats. Confrontés à une compétition pour la nourriture, les nomades de ces régions se sont sédentarisés en accaparant les lieux les plus productifs.

Les humains ont domestiqué la nature afin d'en améliorer la productivité. La domestication des plantes et des animaux a été au centre de ce qu'on appelle maintenant la révolution agricole. La dépendance directe à la nature s'en est trouvée réduite. On pouvait planifier (avec plus ou moins de succès) la production, mais la somme de travail demandée s'en trouvait augmentée.

Parmi les moyens d'augmenter la productivité, on trouve :

- la déforestation, pour faire place aux terres agricoles ;
- la construction de structures comme des bassins et des fossés pour retenir l'eau dans les régions où les précipitations sont saisonnières ;
- la construction de systèmes de drainage pour assécher les terres humides fertiles.

Les premiers impacts environnementaux causés par les êtres humains ont commencé à se faire sentir. Parmi les effets, on trouve :

- l'érosion des sols ;
- la salinisation des sols ;
- l'éradication locale des espèces animales perturbant la production agricole.

De plus, la sédentarisation a entraîné la spécialisation du travail. Les individus peuvent augmenter leur production en fonction de leurs compétences et des ressources disponibles localement. Mais aussi, avec la spécialisation du travail, apparaissent les inégalités sociales.

La production non agricole n'est plus attachée directement à la terre. Les premières villes sont apparues et sont devenues des carrefours pour le commerce ainsi que des centres de pouvoir politique et militaire. Comme il fallait construire et maintenir des infrastructures collectives (les murs d'enceinte, l'armée, les aqueducs et les égouts), on a créé les systèmes administratifs et les impôts, rendus possibles grâce à l'invention de l'écriture. Les villes sont aussi devenues des centres culturels.

Mais les villes ont besoin de la campagne environnante, qu'elles dominent, pour leur approvisionnement en nourriture. Le commerce au long cours est rare et confiné aux produits de luxe.

De nouvelles techniques sont développées (poterie, écriture, métallurgie) et de nouveaux phénomènes apparaissent :

- les guerres à grande échelle ;
- les épidémies ;

- les marchés de biens et de services;
- les routes commerciales;
- l'esclavage;
- la démocratie;
- les sciences;
- les religions institutionnelles.

Cette étape a duré 400 générations dans les sociétés qui sont passées à la production industrielle.

3.1.3 Troisième étape: la production industrielle

L'augmentation de la productivité a eu l'effet d'accélérer la croissance de la population. La population était sédentaire et cette croissance était inégale. Alors que les villes étaient nourries par les campagnes environnantes, leur production artisanale et manufacturière dépendait de la disponibilité de nombreuses matières premières. C'est ce qui explique que les échanges commerciaux ont augmenté.

On a commencé à utiliser de plus en plus les routes commerciales, réservées jusqu'alors aux objets de luxe, pour échanger des biens non périssables comme le bois et le blé. De nouveaux territoires ont été explorés et de nouvelles routes commerciales établies – la plus importante étant celle entre l'Europe et l'Asie.

On ne se limite pas au commerce. Les Européens, en particulier, commencent à émigrer vers les territoires américains où ils fondent de nouvelles communautés. Les populations indigènes sont décimées, victimes des maladies épidémiques que les Européens ont amenées avec eux et contre lesquelles ils n'ont aucune immunité. Ceux qui survivent sont conquis ou éliminés par la force, déplacés ou réduits à l'esclavage.

L'utilisation du charbon permet d'améliorer la productivité dans les villes. L'invention de la machine de Newcomen en 1711 et celle de la machine à vapeur en 1762 permettent l'utilisation du charbon non seulement pour le chauffage, mais aussi pour la mécanisation de la production. En Amérique du Nord, on commence aussi à harnacher des rivières pour fournir la force hydraulique nécessaire aux grandes manufactures qui se multiplient sur le territoire.

Dans le berceau de la révolution industrielle qu'est la Grande-Bretagne, c'est ironiquement un problème environnemental qui a conduit à l'adoption du charbon. Le charbon était connu, mais on lui préférait le bois, plus facile à obtenir, comme source d'énergie. C'est à la suite de la déforestation presque complète du territoire qu'on a fini par se tourner vers le charbon. Les premières machines à vapeur servaient en fait à pomper l'eau qui s'infiltrait dans les mines de charbon et en rendait l'exploitation difficile. Ainsi, le charbon alimentait les machines à vapeur, lesquelles facilitaient l'extraction du charbon. Un bel exemple de synergie entre deux technologies.

Avec l'arrivée du train et du bateau à vapeur, le charbon ainsi que les autres matières premières et marchandises pouvaient être transportés plus rapidement et efficacement. La disponibilité grandissante des combustibles fossiles et l'amélioration des systèmes de transport ont permis la production industrielle à grande échelle et à bas prix de marchandises basée sur un approvisionnement en matériaux de partout dans le monde.

Les relations commerciales que les pays européens avaient développées entre le XVIe et le XVIIIe siècle avec des sociétés agricoles avancées comme celles de l'Inde, de l'Indonésie et de la Chine ont commencé à changer. Les économies de ces régions ont été transformées pour assurer l'approvisionnement des puissances coloniales en ressources. Ce commerce colonial assurait non seulement un apport en matières premières pour la production industrielle, mais également l'apport de capitaux nécessaires à l'expansion de cette production.

Peu à peu, les grands pays européens se sont assurés de cet approvisionnement en prenant le contrôle de pays qui avaient été leurs partenaires commerciaux. Les principales puissances coloniales étaient :

- le Royaume-Uni dans le sous-continent indien, en Afrique de l'Est, au Nigeria, en Australie et au Canada ;
- les Pays-Bas en Indonésie ;
- la France en Afrique du Nord, en Afrique de l'Ouest et en Indochine ;
- le Portugal en Angola, au Mozambique et au Brésil.

De plus petits territoires étaient entre les mains de la Belgique, de l'Allemagne et de l'Espagne (après qu'elle eut perdu l'Amérique du Sud au début du XIXe siècle). La Russie a aussi étendu son pouvoir colonial sur l'Asie centrale et la Sibérie.

Avec l'émergence du système colonial, la relation commerciale est devenue une relation d'exploitation. La réduction à l'esclavage d'environ 15 millions d'Africains transportés de force vers les Amériques entre 1540 et 1850 est une des pages les plus noires de l'histoire humaine. Des fortunes ont été bâties avec ce « commerce ». Cette force de travail à bon marché a favorisé l'expansion des États-Unis (une ancienne colonie du Royaume-Uni). Les États-Unis ont envahi les Philippines en 1898 et exercé un pouvoir quasi colonial sur des régions comme l'Amérique centrale pendant une bonne partie du XXe siècle. Le colonialisme européen a atteint son apogée à la veille de la Deuxième Guerre mondiale, en 1939.

La production industrielle a commencé en Grande-Bretagne au XVIIIe siècle, pour ensuite s'étendre à différents pays de l'Europe continentale (Allemagne, Belgique, Autriche et France). À la fin du XIXe siècle, les États-Unis, le Canada, le Japon et les autres pays européens avaient entamé le processus d'industrialisation.

Le secteur des textiles fut le premier à adopter les méthodes industrielles. D'énormes filatures et usines de tissage, alimentées par des machines à vapeur ou par la force hydraulique, ont remplacé les petits ateliers familiaux disséminés sur le territoire.

Les aciéries, les mines de charbon, l'ingénierie et la construction maritime furent les secteurs suivants à s'industrialiser. En plus du charbon, le pétrole et le gaz naturel ont commencé à être exploités comme source d'énergie.

Les déterminants principaux de cette troisième étape étaient donc:

- l'introduction des combustibles fossiles comme source d'énergie;
- la croissance du réseau ferroviaire;
- la croissance du commerce international.

Au début du XXe siècle, de nouveaux secteurs de l'industrie sont apparus (équipement électrique, industrie pétrochimique, construction automobile). Cette étape de la production industrielle n'a duré que huit générations.

3.1.4 Quatrième étape: la production et la consommation à l'échelle mondiale

Au début du XXe siècle, la recherche et le développement (RD) sont devenus de plus en plus importants pour différents secteurs industriels.

L'industrie de la teinture fut la première à reconnaître l'importance des sciences (de la chimie, plus précisément). La recherche chimique a permis à cette industrie de produire des teintures synthétiques à meilleur coût et de développer de nouvelles couleurs pour l'industrie textile. La firme Bayer AG, à Leverkeusen en Allemagne, a été la première à se doter d'un laboratoire de chimie, mais elle fut rapidement imitée par ses concurrents allemands. Ces laboratoires allaient faire de l'Allemagne la première puissance de l'industrie chimique au début du XXe siècle.

L'émergence de l'industrie électrique a été en soi le résultat d'activités de recherche. General Electric, l'entreprise fondée par Thomas Edison, a été la première à se doter d'un service de recherche (Hughes, 1983). Elle a été suivie de près par Westinghouse (un concurrent américain) et plus tard par Siemens et Philips en Europe. DuPont, une firme américaine, connut beaucoup de succès dans la recherche sur la poudre à fusil et Courtaulds, au Royaume-Uni, dans le domaine des fibres.

Les entreprises dépendant de la recherche et développement ont eu tendance à fusionner, principalement parce que l'activité de RD devait se faire à une échelle que plusieurs petites entreprises avaient de la difficulté à atteindre. Chacune de ces nouvelles grandes entreprises a développé son propre territoire commercial. Un bon exemple de cette division du marché est celui de l'industrie chimique. Avant la Seconde Guerre mondiale, DuPont dominait différents secteurs de l'industrie chimique aux États-Unis (fibres, explosifs et réfrigérants). L'Amérique latine se présentait comme une zone d'expansion naturelle pour l'entreprise. DuPont arriva à y dominer le marché et y construisit plusieurs installations de production (Hounshell et Smith, 1988). Imperial Chemical Industries (ICI) agit de même, mais dans l'Empire britannique. IG Farben, entreprise formée de la fusion de plusieurs compagnies allemandes, dominait de son côté l'Europe centrale et de l'Est. Comme ces grandes entreprises étaient rarement en compétition les unes contre les autres, elles réduisaient leurs coûts en s'échangeant des brevets et les nouveaux produits qu'elles développaient (Aftalion, 1991).

Deux développements ont mis fin à cette coopération :

- Les gouvernements ont brisé les monopoles et les trusts, aux États-Unis en particulier. Les marchés protégés n'étaient donc plus assurés.
- Sous l'égide et la pression des États-Unis, la plupart des pays ont abandonné ou réduit les barrières tarifaires protégeant leurs marchés[1].

Si les entreprises devaient ainsi faire face à une plus grande concurrence sur le plan intérieur, elles pouvaient en revanche pénétrer le marché de leurs concurrents. Elles sont alors devenues des multinationales, ou « transnationales ».

Les économies d'échelle dans les grands secteurs industriels ont été l'un des moteurs les plus importants de la mondialisation. Dans les années 1970, les entreprises ont réalisé qu'il était financièrement plus bénéfique de se concentrer sur certaines technologies et certains marchés. Dans ces secteurs, l'entreprise pouvait être un gros joueur avec une influence significative sur le marché. Ainsi, les grands conglomérats industriels sont devenus à la fois plus grands, mais aussi plus restreints dans leurs activités. Grâce à cette stratégie, les entreprises pouvaient obtenir un meilleur rendement en réduisant les frais fixes de développement ainsi que les coûts d'amélioration des produits. Les multinationales issues de ce processus ne sont pas plus grandes ou plus petites que celles des années 1960, mais elles se concentrent sur certains marchés et certaines technologies.

La mondialisation ne signifie pas nécessairement plus de commerce international. Le commerce international ne connaît pas une croissance plus rapide que celui de l'économie mondiale dans son ensemble. En fait, le volume des transactions commerciales internationales était relativement plus élevé à l'époque coloniale, lorsque les biens manufacturés étaient produits par les puissances coloniales et les matières premières généralement issues des colonies.

Aussi, la mondialisation n'entraîne pas nécessairement une plus grande circulation des capitaux. Les grandes entreprises préfèrent généralement emprunter le capital dont elles ont besoin dans les pays où elles en ont besoin (Kleinknecht et ter Wengel, 1998).

En bref, la mondialisation veut surtout dire que les frais plus ou moins fixes de la conception d'une technologie sont amortis en vendant à l'échelle mondiale. Les produits ayant de faibles coûts de transport peuvent être vendus facilement partout dans le monde. Par contre, ceux dont les coûts de transport sont plus élevés sont produits dans chacune des grandes régions du monde.

Les entreprises qui ne peuvent faire des affaires à l'échelle mondiale ont le choix entre trouver des partenaires à l'étranger ou fusionner avec d'autres entreprises. Pour en témoigner, prenons le cas du voyageur d'il y a quelques décennies. Il lui était facile

1. Les raisons politiques derrière ce mouvement sont une combinaison d'idéologies du marché libre, d'anticommunisme et d'intérêts intérieurs des États-Unis.

d'acheter des souvenirs «locaux» pour rapporter à la maison. De nos jours, c'est plus difficile. Les souvenirs semblent tous pareils, peu importe où l'on se trouve dans le monde.

3.1.5 Intermède : de l'autarcie à la mondialisation – l'exemple d'Ibieca

Ibieca est un village rural situé à 23 km de la ville de Huesca dans le nord-ouest de l'Espagne. En 1996, ce village comptait 110 résidents permanents et 183 résidents temporaires (des citadins habitant Ibieca la fin de semaine).

En 1900, 90 familles vivaient à Ibieca. L'élément central du système social était la *casa*, la maison familiale, ses membres et son cheptel. Ibieca était plus une communauté de *casas* que d'individus.

Trois générations vivaient souvent sous le même toit. La prospérité d'une *casa* (son «succès») se mesurait à la grosseur de la maison. Deux étages pour la grande majorité, trois étages pour quelques familles plus riches et quatre étages pour la famille Solana, propriétaire de 300 hectares de terre.

Il y avait beaucoup d'iniquités dans le village. Les membres de *casas* sans terre, ou ceux des petites *casas*, travaillaient à salaire pour les plus grandes. Les *casas* de taille moyenne embauchaient ou offraient de la main-d'œuvre, selon la saison et la disponibilité de la main-d'œuvre au sein de la *casa*. Bien que cette iniquité provoquait parfois des conflits, il y avait généralement des liens de loyauté forts envers les «*amos*», les riches propriétaires terriens et employeurs[2].

Les *casas* pouvaient augmenter leurs revenus par certaines activités comme le commerce ou les services de transport. Le village dans son ensemble était pratiquement autarcique. La production et l'élevage permettaient d'obtenir :

- des céréales, dont on tirait la farine, le pain et le fourrage pour les animaux ;
- des raisins, pour la production du vin ;
- des olives, pour l'huile à cuisson et l'éclairage ;
- des fruits et des légumes ;
- des amandes ;
- des fleurs ;
- du roseau, pour faire des chaises et des paniers ;
- du chanvre ;

2. Durant la guerre civile (1936-1939), les habitants étaient divisés en deux groupes égaux : ceux en faveur des républicains qui contrôlaient la région et prônaient un meilleur partage des terres agricoles, et leurs opposants, qui favorisaient les forces conservatrices du général Franco.

- du bois à brûler et du charbon de bois;
- des glands;
- des matériaux de construction à base de terre;
- des ânes, des mules et des bœufs pour le transport et le labour;
- des moutons, pour la laine et la viande;
- des lapins et du porc pour la viande;
- des pigeons et des poulets pour les œufs et la viande;
- des chats et des chiens.

Les familles du village consommaient presque tout ce qu'elles produisaient et produisaient presque tout ce qu'elles consommaient. Seules les amandes étaient produites strictement à des fins commerciales, bien que les surplus d'autres produits fussent parfois vendus sur les marchés régionaux (avec les villages des Pyrénées qui ne pouvaient produire du vin, par exemple). Ce commerce était l'une des façons par lesquelles les villageois augmentaient leurs revenus.

Peu de déchets étaient produits. Chaque produit était récolté et même le grain renversé était récupéré. Toutes les parties du porc étaient transformées. Les chats se nourrissaient de souris et de rats, alors que les chiens recevaient les restes de table.

Les terres étaient divisées en parcelles. Cette pratique n'était pas nécessairement bénéfique sur le plan économique, mais son avantage était que les récoltes n'étaient pas toutes détruites en cas de conditions météorologiques extrêmes (gel ou grêle).

Après la guerre civile et la victoire des nationalistes de Franco en 1939, il était important d'assurer l'approvisionnement alimentaire de la population espagnole, surtout face à l'embargo commercial décrété par les Alliés lors de la Seconde Guerre mondiale. Les interventions de l'État et l'augmentation du prix du blé ont encouragé une transition vers la production de blé.

En 1950, les États-Unis ont reconnu l'Espagne comme un allié dans la guerre froide. L'embargo commercial fut levé et des prêts internationaux ont été rendus disponibles. Le gouvernement espagnol commença à offrir des prêts et des subventions aux agriculteurs pour qu'ils achètent de la machinerie et des bâtiments modernes. Des réservoirs ont été construits et la réattribution des terres a été encouragée pour créer de plus grandes parcelles.

À Ibieca, il y avait quatre tracteurs en 1958. En 1967, on comptait sept tracteurs et une moissonneuse-batteuse. En 1975, il y avait douze tracteurs et cinq moissonneuses-batteuses. Le passage à la monoculture et à la mécanisation du travail agricole a fait d'Ibieca un membre à part entière de l'économie mondiale. Il s'ensuivit aussi du chômage, la faillite des plus petites *casas,* et donc l'exode de nombreux habitants du village.

Pratiquement tout ce qui est produit aujourd'hui à Ibieca n'est pas consommé sur place et les habitants du village achètent à Huesca presque tout ce qu'ils consomment. Les maisons des villageois qui ont quitté le village sont maintenant des résidences secondaires pour les citadins (Harding, 1984).

3.2 Le développement des sociétés: les questions clés

3.2.1 Qu'est-ce que le développement?

Les étapes décrites précédemment constituent-elles vraiment du développement? Les manifestants altermondialistes répondraient sans doute non, et plusieurs autres personnes auraient aussi probablement des doutes.

Parler de développement sous-entend qu'il y a un but à atteindre. Le développement ne peut être mesuré qu'à travers une certaine forme de progrès. Sans objectifs, nous ne devrions parler que de «changements».

Les objectifs que poursuivent les humains diffèrent selon les traditions culturelles, les religions ou les idéologies, lesquelles agissent comme principes directeurs pour les individus et les communautés. Il y a par contre certains principes que la plupart d'entre nous partagent. Ainsi, le 10 décembre 1948, l'assemblée générale de l'Organisation des Nations Unies (ONU) adoptait et proclamait la Déclaration universelle des droits de l'homme.

ENCADRÉ 3.1 – Préambule à la Déclaration universelle des droits de l'Homme

Considérant que la reconnaissance de la dignité inhérente à tous les membres de la famille humaine et de leurs droits égaux et inaliénables constitue le fondement de la liberté, de la justice et de la paix dans le monde.

Considérant que la méconnaissance et le mépris des droits de l'homme ont conduit à des actes de barbarie qui révoltent la conscience de l'humanité et que l'avènement d'un monde où les êtres humains seront libres de parler et de croire, libérés de la terreur et de la misère, a été proclamé comme la plus haute aspiration de l'homme.

Considérant qu'il est essentiel que les droits de l'homme soient protégés par un régime de droit pour que l'homme ne soit pas contraint, en suprême recours, à la révolte contre la tyrannie et l'oppression.

Considérant qu'il est essentiel d'encourager le développement de relations amicales entre nations.

Considérant que dans la Charte les peuples des Nations Unies ont proclamé à nouveau leur foi dans les droits fondamentaux de l'homme, dans la dignité et la valeur de la personne humaine, dans l'égalité des droits des hommes et des femmes, et qu'ils se sont déclarés résolus à favoriser le progrès social et à instaurer de meilleures conditions de vie dans une liberté plus grande.

Considérant que les États Membres se sont engagés à assurer, en coopération avec l'Organisation des Nations Unies, le respect universel et effectif des droits de l'homme et des libertés fondamentales.

Considérant qu'une conception commune de ces droits et libertés est de la plus haute importance pour remplir pleinement cet engagement.

L'Assemblée générale proclame la présente Déclaration universelle des droits de l'homme comme l'idéal commun à atteindre par tous les peuples et toutes les nations afin que tous les individus et tous les organes de la société, ayant cette Déclaration constamment à l'esprit, s'efforcent, par l'enseignement et l'éducation, de développer le respect de ces droits et libertés et d'en assurer, par des mesures progressives d'ordre national et international, la reconnaissance et l'application universelles et effectives, tant parmi les populations des États membres eux-mêmes que parmi celles des territoires placés sous leur juridiction.

Source: Organisation des Nations Unies, 2008a.

Y a-t-il des éléments centraux du développement qui sont plus ou moins universellement valides? Spécialiste en éthique du développement, Denis Goulet a identifié trois valeurs ou éléments centraux du développement (Goulet Center for the Study of Development and Social Change, 1971):

- **Subvenir à la vie: la capacité de subvenir à ses besoins essentiels**. Chaque individu a des besoins essentiels qui doivent être comblés: alimentation, abri, santé, sécurité. Si ces besoins ne peuvent être satisfaits, nous sommes alors en présence de sous-développement absolu.
- **Estime de soi: être une personne**. Tous les peuples sont en quête d'une forme d'estime de soi, qu'on appelle identité, dignité ou authenticité. Lorsque l'estime ou le respect dépendait de facteurs autres que la réussite matérielle, il était possible de se résigner à la pauvreté sans se sentir méprisé [...] Aujourd'hui, le tiers-monde cherche à se développer pour gagner l'estime que l'on refuse aux sociétés vivant dans un état de «sous-développement» disgracieux. Nous pourrions ajouter que plusieurs pays ont une mauvaise estime de soi à cause du sous-développement, mais aussi à cause du mépris avec lequel leur culture est représentée dans les pays riches.
- **La liberté de la servitude: être capable de choisir.** Il ne faut pas réduire cet aspect à la liberté politique ou idéologique. Cela veut dire que les individus et les sociétés augmentent l'étendue des choix qu'ils peuvent faire et réduisent au minimum les contraintes externes. La croissance économique n'est pas importante de prime abord pour la richesse qu'elle crée, mais parce qu'elle crée de nouvelles possibilités de choix.

Un des éléments importants du développement, le seul qui compte d'ailleurs pour certains, c'est l'activité économique. Cette activité est mesurée à l'aide d'un indicateur, le produit national brut (PNB). Le PNB correspond à la valeur totale des achats de biens et services dans un pays donné au cours d'une année donnée. On l'exprime généralement en dollars américains ou en dollars américains par habitant afin de permettre la comparaison entre les pays.

Il est bon de savoir que le PNB est une mesure relativement imparfaite. Tout d'abord, on n'y comptabilise que les transactions commerciales. Les activités comme, par exemple, le travail domestique, le travail bénévole, le troc ou la production de biens pour sa propre consommation ne sont pas incluses, même si elles contribuent à la

« richesse » d'un pays. Également, les taux de change ne sont pas toujours réalistes. Le pouvoir d'achat d'un dollar américain est beaucoup plus grand en Inde qu'aux États-Unis. Cela est clairement illustré par l'index Big Mac (voir la figure 3.1), du magazine *The Economist,* qui permet de recalculer les taux de change en prenant ce célèbre hamburger comme s'il s'agissait d'un « étalon monétaire[3] ». Enfin, le PNB est une mesure de la production, pas du revenu ni de la richesse. Plusieurs pays pauvres ont contracté d'énormes dettes. Une portion importante de leurs revenus sert à payer l'intérêt sur leur dette.

Est-ce que la production matérielle devrait être le but ultime du développement ? On peut imaginer d'autres objectifs, comme :

- la participation de la population entière aux principaux processus de la société (politique, économie, culture) ;
- l'absence de discrimination raciale et sexuelle ;
- de bonnes conditions de vie pour toutes et tous.

De tels objectifs sont clairement exprimés dans les huit objectifs du millénaire pour le développement de l'ONU (Organisation des Nations Unies) :

1. Réduire l'extrême pauvreté et la faim.
2. Assurer l'éducation primaire pour tous.
3. Promouvoir l'égalité des sexes et l'autonomisation des femmes.
4. Réduire la mortalité infantile.
5. Améliorer la santé maternelle.
6. Combattre le VIH/sida, le paludisme et d'autres maladies.
7. Préserver l'environnement.
8. Mettre en place un partenariat pour le développement.

On peut aussi mesurer le progrès à travers des éléments comme :

- le taux d'alphabétisation ;
- le taux d'inscription à l'enseignement primaire/secondaire/universitaire ;
- le taux de chômage ;
- l'espérance de vie.

3. Il faut toutefois prendre note que le *Big Mac* n'est souvent vendu que dans les capitales des pays en développement et n'est consommé que par une minorité fortunée, notamment par les touristes.

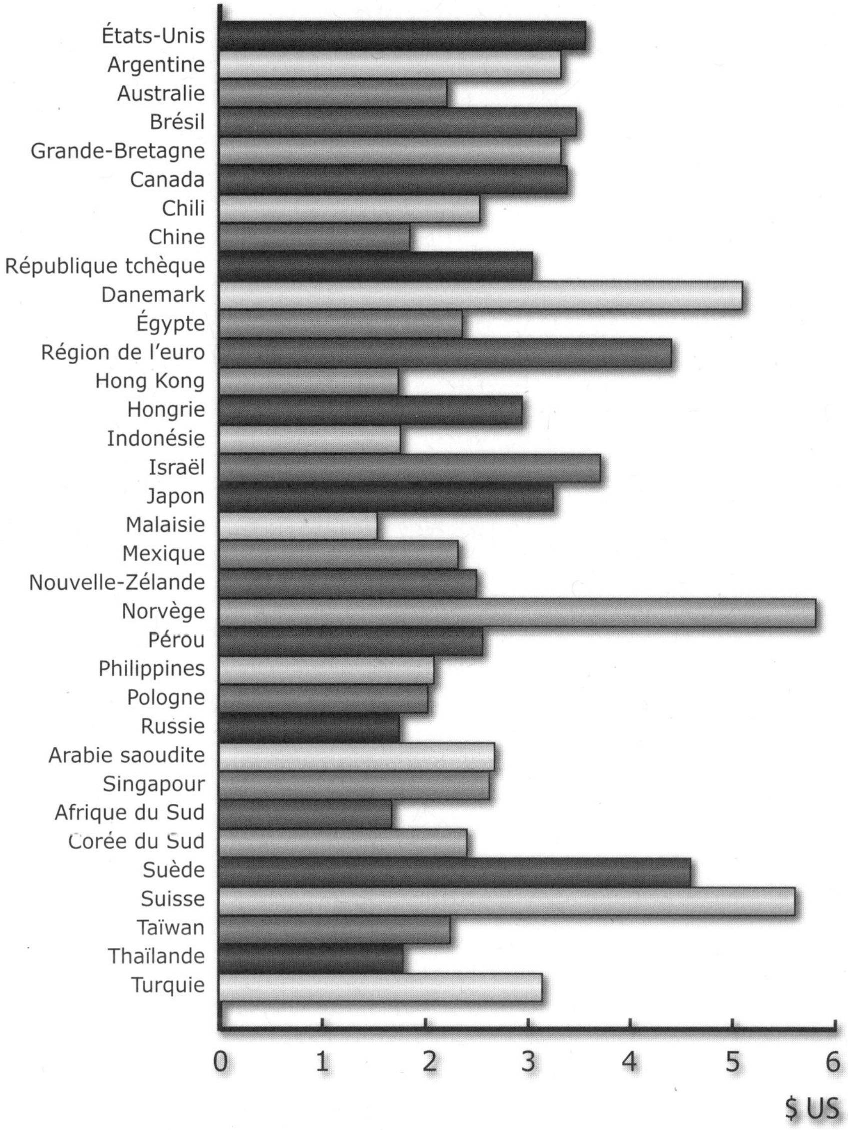

Figure 3.1 – L'index Big Mac, qui présente le prix (en $ US) du hamburger dans différents pays du monde et permet de comparer le pouvoir d'achat de différentes devises

Source des données : *The Economist,* 2008.

Chaque année, le Programme des Nations Unies pour le développement (PNUD) calcule une variété d'indices (développement humain, pauvreté, santé) sur la base de tels paramètres (Programme des Nations Unies pour le développement, 2008).

3.2.2 La croissance de la population

La croissance de la population est une des dimensions importantes de l'histoire humaine. La croissance exponentielle de la population a débuté avec la révolution industrielle. Cependant, la croissance la plus rapide a eu lieu dans la deuxième moitié du XXe siècle, alors que la population mondiale a doublé, passant de 3 milliards en 1961 à 6 milliards en 1999[4].

La croissance de la population ne se fait pas de façon uniforme. Elle est plus grande dans les pays de l'hémisphère Sud et les zones urbaines connaissent une croissance plus rapide que les zones rurales. À la fin du XXe siècle, la moitié de la population humaine vivait dans les zones urbaines, une proportion qui ne cesse de s'accroître. Les habitants des zones urbaines consomment en moyenne plus de ressources que ceux qui vivent à la campagne, surtout parce que beaucoup de zones rurales en sont encore à « l'étape de l'agriculture ».

Il y a un lien très fort entre le taux de natalité et la richesse. En 1992, Meadows et ses collègues ont conclu que les pays avec un PNB plus élevé ont un taux de naissance plus bas, alors que les pays ayant un PNB bas ont un taux de natalité plus élevé. La pauvreté et la croissance de la population sont intrinsèquement liées : la pauvreté favorise la croissance de la population et la croissance de la population accroît la pauvreté.

Les gouvernements des pays en voie de développement doivent faire face à un problème difficile. Pour les individus, un haut taux de reproduction peut paraître parfaitement rationnel. Les enfants constituent une main-d'œuvre à bon marché et ils peuvent aider la famille à survivre. Plus âgés, ils pourront s'occuper de leurs parents. Dans cette perspective, si le taux de mortalité infantile est élevé, le taux de reproduction doit être encore plus élevé.

À l'échelle mondiale, on observe que lorsque la mortalité infantile diminue, grâce à de meilleurs soins de santé ou à une meilleure alimentation, par exemple, le taux de reproduction diminue aussi, avec un certain retard. C'est ce qu'on appelle la transition démographique. Ce phénomène explique l'explosion de la population de la fin du XXe siècle : le taux de mortalité infantile a chuté rapidement après la Deuxième Guerre mondiale et le taux de natalité a fini lui aussi par chuter. Le taux de croissance annuel de la population est passé d'un maximum de 2,02 % en 1965-1970 à 1,17 % en 2000-2005. Malgré tout, pour les régions en développement, les niveaux de population actuels constituent un fardeau économique important et font en sorte que le revenu par habitant demeure bas.

---

4. En comparaison, il aura fallu attendre des débuts de l'humanité jusqu'aux années 1800 pour que la population mondiale atteigne son premier milliard.

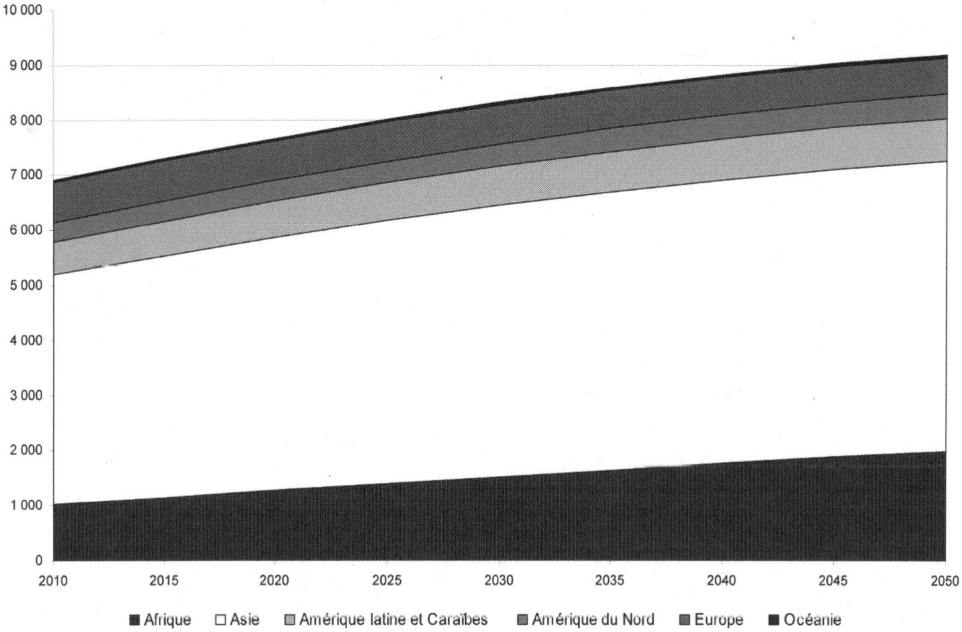

Figure 3.2 – Projection de la croissance de la population humaine, en millions, de 2010 à 2050

Source des données: Secrétariat de l'Organisation des Nations Unies, 2006.

Le déclin du taux de croissance de la population s'explique aussi par la pandémie de VIH/sida qui a réduit la croissance prévue de la population en Afrique subsaharienne ainsi que dans plusieurs autres pays (Département des affaires économiques et sociales, 2005). Ce ralentissement de la croissance n'améliore aucunement les possibilités de développement à long terme dans ces régions, puisque c'est la population dans la tranche d'âge la plus active qui est la plus affectée, ce qui fait de cette tragédie humaine un désastre économique.

Si le taux de natalité tend à décliner à l'échelle mondiale, c'est dans les nations industrialisées qu'il a chuté le plus. Certains pays européens, comme l'Allemagne, connaissent même un taux de croissance négatif. Le Canada et les États-Unis verront leur population augmenter surtout grâce à l'immigration. La figure 3.2 montre la répartition projetée de la population entre 2010 et 2050.

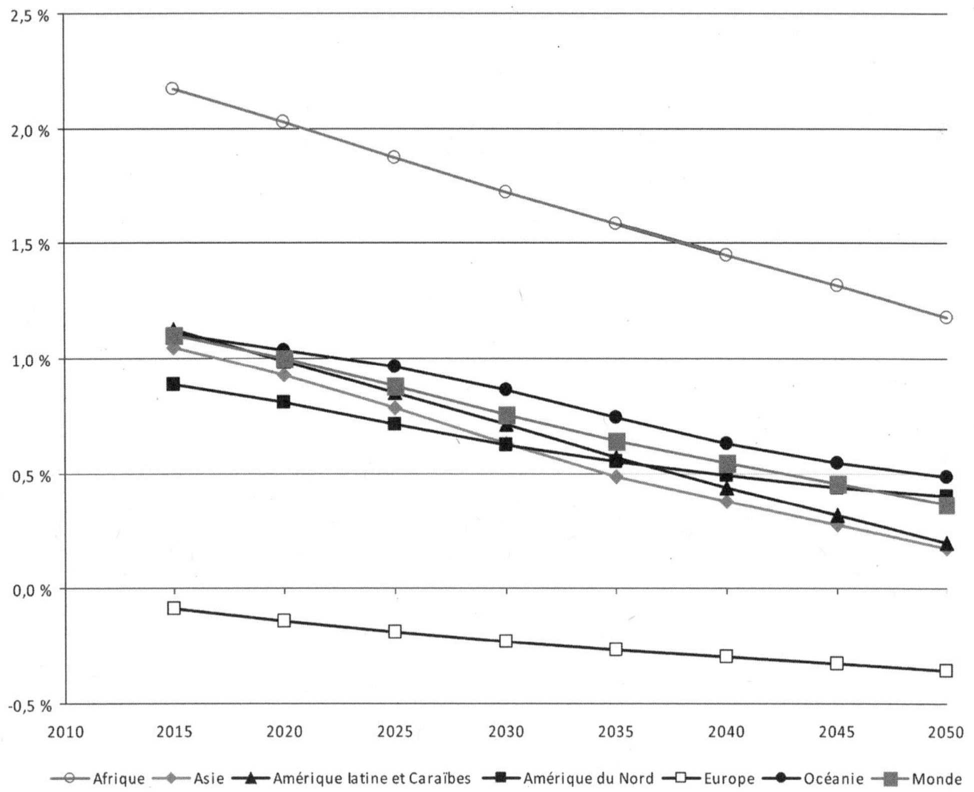

Figure 3.3 – Projection du taux de croissance moyen de la population de 2015 à 2050

Source des données: Secrétariat de l'Organisation des Nations Unies, 2006.

3.2.3 L'urbanisation

Tout au long de l'histoire, la distribution géographique de la population est devenue de plus en plus concentrée. La production autarcique a perdu de l'importance, et l'agriculture s'est mécanisée et industrialisée, exigeant donc moins de main-d'œuvre par unité de production. Une part croissante de la population s'est retrouvée dans les villes, employée par l'industrie manufacturière. C'est du moins ce qui est arrivé dans les pays développés aux XIXe et XXe siècles. Ainsi, en 1871, 19 % de la population canadienne vivait dans un centre urbain et 81 % dans les zones rurales. En 2001, ce rapport était complètement inversé, avec 80 % de Canadiens vivant dans des villes et 20 % en zone rurale (Statistique Canada, 2005). À l'échelle mondiale, on estime qu'en 2008, pour la première fois dans l'histoire, 50 % de la population humaine, soit 3,3 milliards d'individus, vivait en milieu urbain (contre 13 % en 1900) (North Carolina State University, 2007). Malheureusement, pour une grande partie de ces citadins, entassés dans des bidonvilles, la vie se déroule de façon précaire (Davis, 2006).

Tout au long de l'histoire, les villes ont aussi été les centres du pouvoir politique et offraient une protection à leurs habitants. Les citadins (spécialement les résidents des capitales) sont encore aujourd'hui des alliés politiques plus importants pour les gouvernements que les habitants souvent moins éduqués qui habitent loin des grands centres.

Ainsi, les citadins ont souvent joui de plus de privilèges que les paysans; c'est encore souvent le cas aujourd'hui à travers le contrôle du prix des aliments. Des denrées alimentaires à prix abordable sont un instrument de paix sociale pour les élus, et plusieurs gouvernements réglementent le prix des aliments. Dans ces conditions, il devient difficile pour les paysans qui produisent les aliments de s'assurer de revenus suffisants. C'est un des facteurs qui expliquent que beaucoup de ces paysans seront tentés de migrer vers les centres urbains, qui offrent des aliments à prix abordable et la possibilité de revenus plus élevés. Quand la famine finit par frapper, l'aide alimentaire internationale peut rendre la situation encore pire: cette aide est souvent distribuée dans les grandes villes. Elle maintient le prix des aliments à de bas niveaux et attire encore plus de paysans vers les villes.

Une grande ville a besoin d'infrastructures pour offrir des conditions de vie raisonnables. Historiquement, les villes avaient une surface maximum, déterminée par la distance qu'un habitant pouvait couvrir en une heure par le mode de transport dominant. Le transport est crucial pour toute ville, mais engendre aussi des problèmes: congestion, accidents, bruit et pollution.

La santé publique est aussi une question importante. Une forte densité de population favorise les épidémies. Encore aujourd'hui, plusieurs grandes villes n'ont pas de système d'égout adéquat, ni de sources d'eau potable fiables ou de système de santé approprié.

L'environnement social est un des défis les plus importants des grandes villes. Parce que plusieurs des migrants arrivant dans les villes ne se trouvent pas d'emploi, la structure sociale de la ville est souvent très faible. Des secteurs entiers sont contrôlés par des gangs violents qui parasitent l'économie et créent un climat qui condamne toute initiative qui pourrait contribuer au développement économique et social. Aussi, les nouveaux arrivants sont souvent victimes de la prédation économique des classes dominantes (Davis, 2006).

Dans les nations industrialisées, le transport s'est développé à un tel point que les habitants cherchent de plus en plus le calme et les grands espaces de la campagne, ou tout au moins des banlieues. La migration pendulaire (ou navettage) est devenue la norme. Les automobiles ou les transports en commun amènent les navetteurs à leur lieu de travail en environ une heure. La congestion routière, les pannes et retards de trains et métros sont devenus une nuisance constante. Cette dynamique fait en sorte que les centres urbains des pays industrialisés, autrefois densément peuplés, deviennent plus étendus sans vraiment que leurs populations croissent. C'est l'étalement urbain. Les zones rurales près des villes, avec leurs terres agricoles et leurs écosystèmes, sont les principales victimes de cet étalement.

3.2.4 Du bien collectif à la propriété privée

Historiquement, toute ressource qui était à un moment abondante finit par se faire de plus en plus rare. Dans le temps, il se crée des mécanismes pour contrôler la distribution et l'utilisation des ressources devenues rares. Ces dernières en viennent, finalement, à ne plus être gratuites.

Le concept de propriété privée des terres n'existait pas chez les chasseurs-cueilleurs. Il n'existe d'ailleurs toujours pas chez de nombreux peuples nomades. Quand les humains ont commencé à se sédentariser, les terres occupées sont devenues la propriété des familles.

Pendant plusieurs siècles, en Europe, les prés étaient des « champs communaux », possédés collectivement par les villageois. On y faisait paître toutes les bêtes du village. Sous la pression d'une population grandissante et pour maximiser ses revenus, chaque famille pouvait être tentée d'augmenter son cheptel. Le surpâturage finissait par ruiner le pré. La solution retenue pour régler ce problème a été de diviser les champs communaux en parcelles individuelles, lesquelles allaient devenir propriété privée (Hardin, 1968).

Des systèmes administratifs ont alors été instaurés pour gérer les droits de propriété des terres. Des systèmes similaires ont été mis en place pour l'utilisation des forêts. Les droits de chasse et de cueillette de bois et de fruits ont été remplacés par des droits privés. L'eau est devenue rare dans plusieurs régions et des conflits ont souvent éclaté entre les populations en amont et en aval d'un cours d'eau concernant l'utilisation de cette ressource. De tels conflits ont dû être réglés par des compromis scrupuleusement respectés concernant les quantités d'eau utilisées ainsi que la qualité de cette eau (pollution). Les conflits opposent parfois des régions d'un même pays, comme dans le cas du sud-ouest des États-Unis (Gertner, 2007), ou encore des pays différents, comme pour les eaux de la rivière Jourdain, que se partagent la Syrie, la Jordanie, Israël et la Palestine, ou encore les eaux du Tigre et de l'Euphrate que se partagent la Turquie, la Syrie et l'Irak (Gleick, Yolles et Hatami, 1994).

La tragédie des champs communaux suggère que notre consommation croissante d'une ressource rare conduira inévitablement à la propriété privée de cette ressource. C'est une conclusion qui n'est pas partagée par tous et qui fait l'objet de nombreux débats (Angus, 2008). Il existe tout de même aujourd'hui une tendance à s'appuyer sur la propriété privée et sur les mécanismes de marché pour gérer les ressources rares. Des systèmes légaux et administratifs doivent être créés pour gérer cette propriété privée. Par exemple, des traités internationaux réglementent les pêcheries pendant que certains pays imposent des quotas de prise. L'introduction de permis d'émission aux États-Unis peut être vue comme la privatisation de la capacité de la Terre à absorber les polluants[5]. Aux Pays-Bas, l'élevage du bétail est contrôlé par des droits échangeables de production de fumier. Le Protocole de Kyoto a introduit le concept d'un mécanisme international d'échange des droits d'émission de gaz à effet de serre (GES). Un tel mécanisme a été mis en place entre les pays de l'Union européenne (Commission européenne, 2008).

5. La ressource rare ici n'est pas matérielle. Il s'agit plutôt d'un service, limité, qui nous est rendu par les écosystèmes.

3.2.5 Industrie, conflits sociaux et aliénation

La production industrielle a entraîné un niveau de bien-être matériel sans précédent. Jamais tant de gens n'avaient consommé autant de richesses matérielles. Le système économique répond non seulement à nos besoins de base, mais aussi à beaucoup de nos désirs, c'est-à-dire à ces choses qui ne sont pas essentielles, mais qui contribuent, en principe, à notre qualité de vie et à notre bonheur.

Le succès du système industriel est basé sur la transformation des produits en marchandises. Les produits deviennent identiques et utilisables peu importe où ils sc retrouvent. Ainsi, un produit n'est pas fabriqué pour un consommateur déterminé, mais dans le but d'être vendu à un consommateur inconnu. Cette division de la production et de la consommation a différentes conséquences. Les travailleurs ignorent ce qui arrive à leur produit. L'acier qu'ils produisent peut, par exemple, servir à fabriquer les lits de l'hôpital local, ou encore se retrouver dans un sous-marin qui sera vendu à un pays de l'autre côté de planète.

Il en est de même pour les consommateurs. Ils n'ont souvent aucune idée d'où proviennent leurs produits. Un vêtement peut avoir été fabriqué par des enfants exploités, privés de toute éducation, ou par une coopérative de travail qui cherche à améliorer les conditions de vie de sa communauté.

Comme il est souvent impossible de savoir d'où proviennent les biens que nous achetons, il est difficile d'adopter des comportements responsables, d'établir une forme d'obligation morale entre les producteurs et les consommateurs. Nous dépendons des labels et marques de commerce pour nous sentir responsables envers nos congénères.

La division entre la production et la consommation a créé un autre phénomène – le chômage. Le chômage est un problème social important. C'est une situation dont il est parfois difficile de se sortir – la perte de revenu et de contacts sociaux peut réduire les chances de se trouver un nouvel emploi. L'échelle de la production industrielle moderne signifie que la fermeture d'un site de production peut avoir un impact profond sur la communauté locale. Créer des emplois significatifs et durables est donc un défi important, même dans plusieurs régions du monde industrialisé.

Des sites de production plus gros ont créé des organisations plus hiérarchiques. Les hiérarchies ne sont pas un phénomène nouveau, mais jusqu'à maintenant leurs effets étaient en général atténués par les relations interpersonnelles. À Ibieca, par exemple, il y avait des conflits importants entre les *casas* sans terre et les *amos*, mais ces conflits étaient apaisés par les relations interpersonnelles dans le village.

Les relations interpersonnelles comme facteur d'équilibre dans les relations hiérarchiques sont inexistantes dans la production industrielle. La situation était souvent différente dans les petites entreprises ou encore dans celles où les propriétaires étaient aussi les gestionnaires. Les propriétaires de ces entreprises se sentaient souvent investis d'une certaine responsabilité envers leurs employés. Aujourd'hui, sauf quelques exceptions, les gestionnaires professionnels ont pris la direction de ces entreprises et travaillent souvent sous la pression d'objectifs financiers à court terme (Chandler, 1977). Pour compenser les déséquilibres sociaux, il y a l'action des syndicats, l'intervention des gouvernements et parfois la pression des consommateurs qui sont apparus dans ce système.

Plusieurs objets consommés dans les pays riches, particulièrement les vêtements et les souliers, sont produits par une main-d'œuvre à bon marché dans les pays en développement. Pour réduire le chômage, les pays en développement tentent d'attirer les investisseurs en leur offrant des mesures incitatives dans ce qu'on appelle les zones franches industrielles. Ces zones sont exemptées des barrières douanières ou tarifaires, des quotas, et parfois même de l'obligation de respecter certains règlements locaux. On estime qu'environ 2700 de ces zones emploient plus de 63 millions de personnes. Les zones franches créent généralement de l'emploi dans des régions avec un fort taux de chômage. Mais, précisément à cause de ce chômage, les salaires sont très bas et l'activité syndicale est activement découragée, parfois par la violence. La main-d'œuvre des zones franches est essentiellement féminine et non qualifiée. Pour les entreprises qui s'y trouvent, la main-d'œuvre représente avant tout un coût qu'il faut réduire, plutôt qu'un actif à développer (Organisation internationale du travail, 2008).

3.2.6 Mondialisation et diversité ?

La mondialisation crée une RD plus efficace. Comme il y a moins de concurrents cherchant à développer des produits similaires, il y a donc moins d'efforts perdus. La production peut aussi être organisée de façon plus efficiente. Les grandes entreprises vendent leurs produits un peu partout dans le monde. Celles qui produisent seulement pour un marché local sont soit achetées, soit incapables de faire face à la compétition des grandes entreprises internationales. Ainsi, la mondialisation engendre un paradoxe semblable à celui du paradoxe de la biodiversité: la variété de produits qu'on trouve sur les marchés locaux a augmenté, mais la variété des produits disponibles à l'échelle mondiale diminue.

Prenons par exemple les téléviseurs. Entre 1950 et 1959, aux États-Unis seulement, il y avait 102 fabricants de téléviseurs. Le Canada en comptait sept. La plupart produisaient plusieurs modèles différents, lesquels étaient vendus surtout en Amérique du Nord. Les grands pays européens avaient aussi leurs propres fabricants de téléviseurs, bien que dans leur cas, il y eût certains échanges entre pays voisins (Genova, 2006). Aujourd'hui, le marché des téléviseurs a connu une croissance énorme, mais on ne trouve plus que 25 marques environ. Chez votre détaillant local de produits électroniques, vous avez plus de choix que dans les années 1950, mais ce choix est au moins à 50 % identique à celui de tout autre détaillant sur la planète.

La perte de diversité est considérable. Or, la diversité des produits que nous consommons fait partie de notre héritage culturel. Ne devrions-nous pas aussi valoriser la relation entre la production et la consommation, c'est-à-dire nous préoccuper de savoir qui a fabriqué nos produits, dans quelles conditions ces personnes l'ont fait et si elles gagnent un salaire décent ?

Il y a un siècle, les fermiers produisaient presque tout ce qu'ils consommaient. Aujourd'hui, il est devenu pratiquement impossible de savoir d'où viennent nos produits. Nous devons faire confiance aux gouvernements et aux entreprises quant à la sécurité de ces produits. De nombreux cas récents de contamination alimentaire dans le monde ont sérieusement érodé cette confiance.

Les produits ne sont pas des dispositifs neutres. Ils sont intimement liés à un monde social dans lequel ils acquièrent un sens. Cela veut dire que l'exportation de produits s'accompagne souvent de l'exportation d'un style de vie. Cette exportation des styles de vie est souvent renforcée par les campagnes publicitaires mondiales qui accompagnent le commerce des produits de marque. Internet facilite aussi l'exportation du style de vie consumériste des pays développés. Sans vouloir juger les systèmes de valeur derrière les styles de vie basés sur la consommation, il est intéressant de noter qu'il est encore possible d'observer des styles de vie où des éléments comme la solidarité, la frugalité, l'introspection et l'harmonie avec la nature jouent un rôle important.

3.2.7 L'iniquité structurelle

En 1820, le revenu par habitant en Europe de l'Ouest était 2,9 fois supérieur à celui de l'Afrique. En 1992, il était 13,2 fois supérieur (Programme des Nations Unies pour le développement, 2003). En 1999, le Programme des Nations Unies pour le développement concluait que 20 % de la population mondiale recevait 86 % des revenus mondiaux, que 60 % en recevait 13 % et les derniers 20 % se partageaient un maigre 1 % (Programme des Nations Unies pour le développement, 1999).

Malgré tout, la distribution des revenus entre les nations tend à devenir un peu plus égale à cause des taux de croissance de pays comme l'Inde et la Chine, qui ont atteint de 5 à 8 % par année au cours des dernières années.

Les revenus sont également loin d'être distribués de manière équitable à l'intérieur de chaque pays. Chaque année, le magazine *Forbes* publie la liste des citoyens américains les plus riches (Miller, 2007). Pour appartenir à ce club exclusif, en 2007 il fallait posséder au moins 1,3 milliard de dollars et les actifs totaux des 400 riches qu'on y citait étaient estimés à 1540 milliards de dollars. Le plus riche des riches, Bill Gates, possédait une valeur estimée à 59 milliards, soit plus que le produit national brut combiné des 50 nations les plus pauvres (Central Intelligence Agency, 2008).

La même année, on estimait que 37,3 millions d'Américains vivaient sous le seuil de la pauvreté, seuil qui est fixé à 10 590 $ pour un individu vivant seul et à 21 203 $ pour une famille de 4 personnes. Après une chute importante du taux de pauvreté dans les années 1960, le pourcentage de la population américaine vivant sous le seuil de pauvreté s'est stabilisé et se situait à 12,5 % en 2007 (United States Census Bureau, 2008). Au Canada, on estime que 7 % des familles et 11,3 % des personnes de moins de 18 ans vivaient sous le seuil de faible revenu en 2006[6].

Beaucoup de pays pauvres ont des dettes énormes. Dans les années 1970 et au début des années 1980, la hausse des prix du pétrole a créé de grandes fortunes. Au même moment, les possibilités d'investissement étaient limitées puisque l'économie mondiale était en récession. Les banques ont alors prêté cet argent à des pays en développement,

6. Au Canada, ce seuil se situait en 2006 à 11 472 $ pour une personne seule vivant dans un milieu rural et à 17 568 $ pour une personne seule vivant dans un grand centre urbain (Division de la statistique du revenu, 2008).

souvent pour répondre à des besoins à court terme. Après la récession, le prix des exportations de ces pays, composées surtout de matières premières, n'a pas augmenté comme on l'avait prévu. Par conséquent, les intérêts que ces pays avaient à payer les ont entraînés dans un cercle vicieux. L'incapacité à rembourser avait deux conséquences potentielles : d'une part, l'absence de monnaie forte pour acheter les équipements nécessaires afin de maintenir la production nuisait à l'économie ; d'autre part, le prix à payer par la population pouvait mener à la révolte. Les pays qui ont reporté le paiement des intérêts ont perdu la confiance des banques, ce qui a eu des conséquences graves pour le commerce.

En 1996, la Banque mondiale et le Fonds monétaire international ont mis sur pied l'initiative en faveur des pays pauvres les plus endettés (PPTE) afin de réduire leur dette. Cette action a été suivie en 2006 par l'initiative d'allègement de la dette multilatérale. Ces initiatives visent un allègement de dette de 70 milliards de dollars pour les 33 pays les plus endettés (The World Bank, 2008).

On a longtemps cru que les pays sous-développés se développeraient de la même façon que les pays industrialisés, que les technologies se « diffuseraient » graduellement vers les pays pauvres et leur amèneraient la richesse comme dans les pays industrialisés. Il y a de nombreuses raisons pour expliquer pourquoi les choses ne se passent pas ainsi :

- La technologie n'est pas l'élément central du développement. Elle n'est qu'un des éléments de la transition nécessaire pour offrir de meilleures conditions de vie.
- Les pays en développement ne peuvent emprunter la même voie que les pays industrialisés, simplement parce qu'il n'y avait pas de pays industrialisés il y a deux siècles, donc pas de compétition établie.
- Les technologies ne peuvent pas être simplement transférées d'une culture à l'autre. Elles incorporent la culture dans laquelle elles ont été créées (cette question sera explorée dans les chapitres 5 et 9). Elles sont aussi étroitement associées à certains styles de vie par des campagnes de marketing. À moins que tous les habitants de la planète ne décident de devenir des consommateurs de type occidental, le transfert de technologie sans égard à la culture réceptrice provoquera de nouveaux conflits.

3.2.8 Vers une société du savoir

Quelles seront les conséquences de la mondialisation croissante pour les différentes régions du monde ? Où se retrouveront les emplois et les usines ? Quelles régions en profiteront et lesquelles en souffriront ? Où la RD se fera-t-elle ? Les régions où se fera la RD prospéreront, puisqu'il s'agit d'une source d'emplois de haut niveau.

La RD est une activité de main-d'œuvre. Toutefois, le coût de cette main-d'œuvre n'est pas l'enjeu principal. Le succès de la RD se mesure à la capacité de développer des idées, de les breveter et de les amener sur le marché. La qualité de la main-d'œuvre en RD est beaucoup plus importante que la quantité. Il n'est pas suffisant de simplement embaucher plus de travailleurs. La RD a besoin de nouvelles idées, mais aussi d'un réseautage avec d'autres chercheurs travaillant dans les universités ou d'autres laboratoires, avec des clients qui utilisent ou utiliseront le produit et avec des fournisseurs capables d'améliorer la qualité de leur propre produit.

De tels réseaux de connaissances sont essentiels au succès de la RD. Les entreprises qui désirent établir leurs installations de RD cherchent avant tout à renforcer ces liens ou nœuds dans les réseaux de connaissances. Les grandes entreprises veulent faire partie de tous les liens dans les réseaux de connaissances. La direction, la production et le marketing doivent alors être en contact étroit avec la RD afin d'en intégrer les résultats et d'orienter les efforts.

La création de réseaux en RD vise à :

- établir des relations avec des chercheurs universitaires qui ont leurs propres réseaux ;
- encourager les interactions au sein même de l'entreprise afin de partager une vision stratégique unique ;
- coopérer avec les clients afin de bien comprendre leurs besoins ;
- coopérer avec les fournisseurs pour voir ce qu'ils ont de nouveau à offrir ;
- comprendre le contexte sociopolitique de la recherche.

Les coûts de la RD augmentent plus rapidement que les revenus moyens. Un facteur important est la complexité croissante de la technologie, qui fait que l'innovation est de plus en plus le résultat de la collaboration de plusieurs entreprises. Par exemple, les industries de l'électronique, des matériaux et de l'automobile travaillent ensemble sur de nouveaux équipements. Cette tendance à la collaboration fait qu'il est encore plus important pour une entreprise d'être située là où elle pourra facilement rencontrer ses partenaires.

C'est ainsi que la plupart des installations de RD sont situées près des sièges sociaux, dans des régions du monde où il se fait déjà beaucoup de recherche. Les régions qui sont déjà en retard à ce chapitre ont peu de chance de prospérer à cet égard. Même les régions qui sont marginales au sein des grands blocs économiques (Amérique du Nord, Union européenne, Japon) pourraient perdre cette activité économique.

De nouvelles activités économiques peuvent-elles être établies dans les régions les plus pauvres du monde ? Ce sera difficile.

- Créer de nouvelles industries demande en effet un capital de plus en plus important, qui n'est pas disponible dans ces régions.
- Les règles concernant la sécurité des produits, la protection de l'environnement, les conditions de travail et les échanges commerciaux créent des difficultés énormes pour les nouvelles entreprises qui veulent s'inscrire dans un secteur industriel existant. Les entreprises déjà établies, quant à elles, ont appris à travailler avec ces règles.

- Les gouvernements qui veulent aider les entreprises émergentes pourraient se voir accusés de pratiques commerciales déloyales.
- Les entreprises émergentes n'ont pas de marchés d'exportation bien établis.

Dans de pareilles circonstances, le succès pour les pays en développement ne peut venir que de politiques cohérentes à long terme qui se concentrent sur certaines régions ou certains secteurs industriels.

3.3 Questions de réflexion et de discussion

1. Prenez quelques minutes pour déterminer les pays d'origine des objets autour de vous. Combien de pays différents avez-vous trouvés ?
2. Pourquoi trouve-t-on moins de variété dans les produits à l'échelle mondiale, alors que la variété de produits disponible localement est en croissance ?
3. Quelles sont les raisons principales de l'urbanisation ?
4. Faites un bilan des avantages et des désavantages de la mondialisation. Est-ce qu'il y aurait moyen d'augmenter le bilan positif de la mondialisation ?

Chapitre

4

Le développement durable et les structures économiques, sociales et politiques

L'économie et le développement durable sont souvent perçus comme des réalités qui s'opposent. Dans ce chapitre, nous tenterons de voir jusqu'à quel point ils peuvent être en harmonie l'un avec l'autre.

Tout d'abord, nous nous intéresserons aux principes généraux de l'organisation économique ainsi qu'au développement de l'économie de marché. La thèse centrale est que tout marché nécessite l'intervention active des pouvoirs publics afin de bien fonctionner et d'assurer un équilibre en faveur du bien commun. La structure de ce type de marché permet la mise en place de différentes mesures favorisant une production et des produits plus « verts ».

Ensuite, nous verrons les processus d'élaboration des politiques publiques aux échelles nationales et internationale, particulièrement sur la façon d'aborder les dossiers qui requièrent une expertise technique et l'implication des parties prenantes.

Enfin, nous examinerons la question des changements sociaux et la façon dont les individus peuvent travailler au changement.

4.1 L'organisation de la production et de la consommation

4.1.1 L'organisation économique

Les processus de production d'une société peuvent être organisés selon les principes suivants:

- **Le marché**, qui repose sur l'interaction libre entre les consommateurs et les producteurs de biens et de services. La production et la consommation dépendent uniquement de la demande des consommateurs et de l'offre des producteurs. Les consommateurs et les producteurs visent, en principe, à optimiser leur propre ratio coûts-bénéfices. Les prix sont déterminés par le ratio entre la demande et l'offre sur les marchés. Des discordances sur les marchés peuvent entraîner de grandes fortunes d'un côté et de la pauvreté de l'autre.
- **La hiérarchie**, où c'est un acteur unique qui contrôle la consommation et la production de biens et services, ainsi que les prix. En principe, cet acteur ne doit pas avoir d'intérêt personnel et il doit guider l'économie pour le bien commun, en prévenant l'exploitation et l'inconduite sur les marchés. Ici, la liberté des individus à traiter sur les marchés est limitée. La hiérarchie était le principe dominant d'organisation économique dans les économies communistes et en Allemagne nazie. Ce principe dominait aussi l'organisation des économies de guerre des forces alliées (Royaume-Uni, États-Unis, Canada) lors de la Deuxième Guerre mondiale.
- **Les réseaux**, où la production, la consommation et les prix ne sont le résultat ni d'un marché complètement libre, ni d'une hiérarchie complète. Un contrôle des marchés permet d'éviter des résultats socialement inacceptables. L'État garantit des conditions sociales de base, des services de santé et d'éducation aux citoyens. En retour, ces derniers acceptent un niveau de taxation plus élevé pour financer ces services.

Ces principes d'organisation de l'économie ont des conséquences sur le système politique. L'économie de marché est souvent considérée comme un système qui peut se passer de toute forme d'intervention des gouvernements, ces interventions étant considérées comme de l'ingérence. C'est un malentendu. Sans force de loi, le marché est voué à disparaître. La protection de l'autonomie et de l'intégrité de chaque individu, que seuls les gouvernements peuvent garantir, est un préalable à l'existence du marché.

Les marchés peuvent être fortement influencés par l'action collective d'acteurs individuels, par exemple les trusts, les cartels et les syndicats. Ils peuvent aussi être manipulés par l'action délibérée d'un acteur riche ou puissant, voire par la diffamation. Ainsi, afin de se maintenir, chaque économie de marché a besoin de lois et d'organismes chargés de les appliquer. Vis-à-vis de leurs voisins, les économies de marché voudront peut-être se défendre contre les actions économiques ou guerrières. Or, le contrôle du commerce international, de l'immigration et de la défense est aussi une tâche gouvernementale. Il s'avère que dans le cas de certains produits ou services un marché complètement libre peut être difficile à maintenir. Par exemple, la construction de deux réseaux ferroviaires indépendants n'est généralement pas une solution efficace pour garantir la compétition dans cette industrie. C'est un peu la même chose avec les infrastructures électriques ou les systèmes d'aqueduc.

Le défi principal d'un gouvernement dans une économie de marché est de maintenir son impartialité face aux pouvoirs économiques qu'il doit contrôler. Toute entente entre le gouvernement et une entreprise doit être transparente. Dans une telle économie, les individus ont de grandes libertés et un bas niveau de taxation. Des incidents même mineurs peuvent mener des personnes à la ruine. Enfin, il n'appartient pas au gouvernement de s'occuper de la pauvreté, mais à des groupes privés comme l'Église, par exemple.

Une économie hiérarchique (ou économie contrôlée) n'a pas besoin de lois contre la manipulation économique. En principe, le contrôle de toute activité économique est du ressort du gouvernement. Mais il est facile d'abuser de cette autorité pour en arriver à exercer un contrôle complet sur les citoyens. Historiquement, l'économie hiérarchique n'a connu le succès qu'en temps de guerre. En situation de paix prolongée, cette forme d'organisation s'est retrouvée devant des discordances importantes entre l'offre et la demande. Ce système est basé sur l'idée qu'on peut contrôler rationnellement une économie, de façon centralisée. C'est son défaut principal. Il est permis de douter que jamais la sagesse et l'information nécessaires au contrôle centralisé d'une économie ne seront réunies.

Dans une économie organisée en réseau, aucun acteur ne possède un pouvoir absolu. Avec plus ou moins de succès, un contrôle public s'exerce sur les effets négatifs de l'économie de marché par l'intermédiaire des médias et par les menaces de recours judiciaires. L'introduction de nouvelles lois se fait généralement par consensus. La législation est nécessaire, principalement pour empêcher la mauvaise conduite des acteurs économiques. Par ailleurs, l'énorme quantité de tâches incombant à l'État fait de l'action gouvernementale concertée un rêve plutôt qu'une réalité. En effet, les différentes entités gouvernementales ont souvent des intérêts contradictoires. Une portion importante des intérêts de la société est institutionnalisée dans des organisations puissantes et interdépendantes. Le citoyen est ainsi mieux protégé contre l'infortune individuelle. Par contre, les changements de politiques sont difficiles à réaliser: le système au complet repose sur un ensemble complexe d'institutions, de règles et de réseaux d'acteurs.

4.1.2 La création de l'économie de marché

On imagine souvent que l'économie de marché est un système naturel qui a émergé spontanément. En fait, ce type d'économie a pris forme aux XIXe et XXe siècles.

Dans les sociétés médiévales, les producteurs n'étaient pas libres de toutes les décisions concernant la production. Les décisions importantes étaient prises par les guildes et, dans chaque communauté, seuls les membres d'une guilde pouvaient exercer un métier particulier. Les membres d'une guilde décidaient ensemble des prix, de la production et des normes de qualité. La guilde défendait les intérêts de ses membres auprès des autorités. Elle avait aussi le pouvoir d'appliquer des mesures disciplinaires à l'endroit d'un membre ayant transgressé les règles.

Les guildes ne contrôlaient pas que les métiers hautement qualifiés comme le tissage, la poterie, l'orfèvrerie ou la construction, mais aussi les métiers modestes comme le chargement des barges et des bateaux. Les individus ne pouvaient s'installer là où ils le voulaient. Il existait de nombreuses barrières commerciales entre les petits États de l'époque. Le système des guildes et ces barrières commerciales protégeaient les artisans contre les fluctuations externes majeures, comme l'arrivée massive de main-d'œuvre non qualifiée dans les villes, particulièrement lors de crises en agriculture. Sans la protection des guildes, de tels mouvements de population auraient pu ruiner les artisans.

Les guildes décidaient aussi de l'introduction ou non de technologies nouvelles. Leur conservatisme a fait en sorte qu'on les a souvent dénoncées comme étant des barrières au progrès. En 1776, l'économiste écossais Adam Smith a publié son célèbre livre *Recherche sur la nature et les causes de la richesse des nations*[1]. Considéré comme le premier traité d'économie moderne, cet ouvrage est un plaidoyer pour le libre-échange, qu'il présente comme étant dans l'intérêt de tous. Le libre-échange entraînerait la spécialisation des régions ou des nations vers les formes de production dans lesquelles elles ont un avantage concurrentiel. La production globale augmenterait, les prix baisseraient, au profit de tous.

L'argument de Smith présuppose que chaque pays possède un avantage compétitif dans au moins un domaine de production. Mais qu'en serait-il d'un pays qui ne posséderait aucun avantage compétitif, donc qui serait incapable de produire quoi que ce soit à meilleur prix que les autres pays ? Ce pays ne profiterait sûrement pas du libre-échange. La réponse à cette objection, la théorie des avantages comparatifs, a été formulée en 1817 par l'économiste anglais David Ricardo. Selon cette théorie, un pays peut profiter du commerce international en se concentrant sur la production où il détient l'avantage relatif le plus important. Cette théorie est illustrée par un exemple dans la figure 4.1. Dans cet exemple, on trouve deux groupes produisant du vin et du fromage. Le groupe de gauche est plus efficace que l'autre dans les deux types de productions. Malgré tout, la spécialisation dans le type de production où chacun possède un avantage comparatif ainsi que l'adoption du libre-échange engendrent un bénéfice (une augmentation de la « richesse ») pour les deux groupes.

---

1. Une version électronique de cet ouvrage est disponible à <http://classiques.uqac.ca/classiques/Smith_adam/smith_adam.html>.

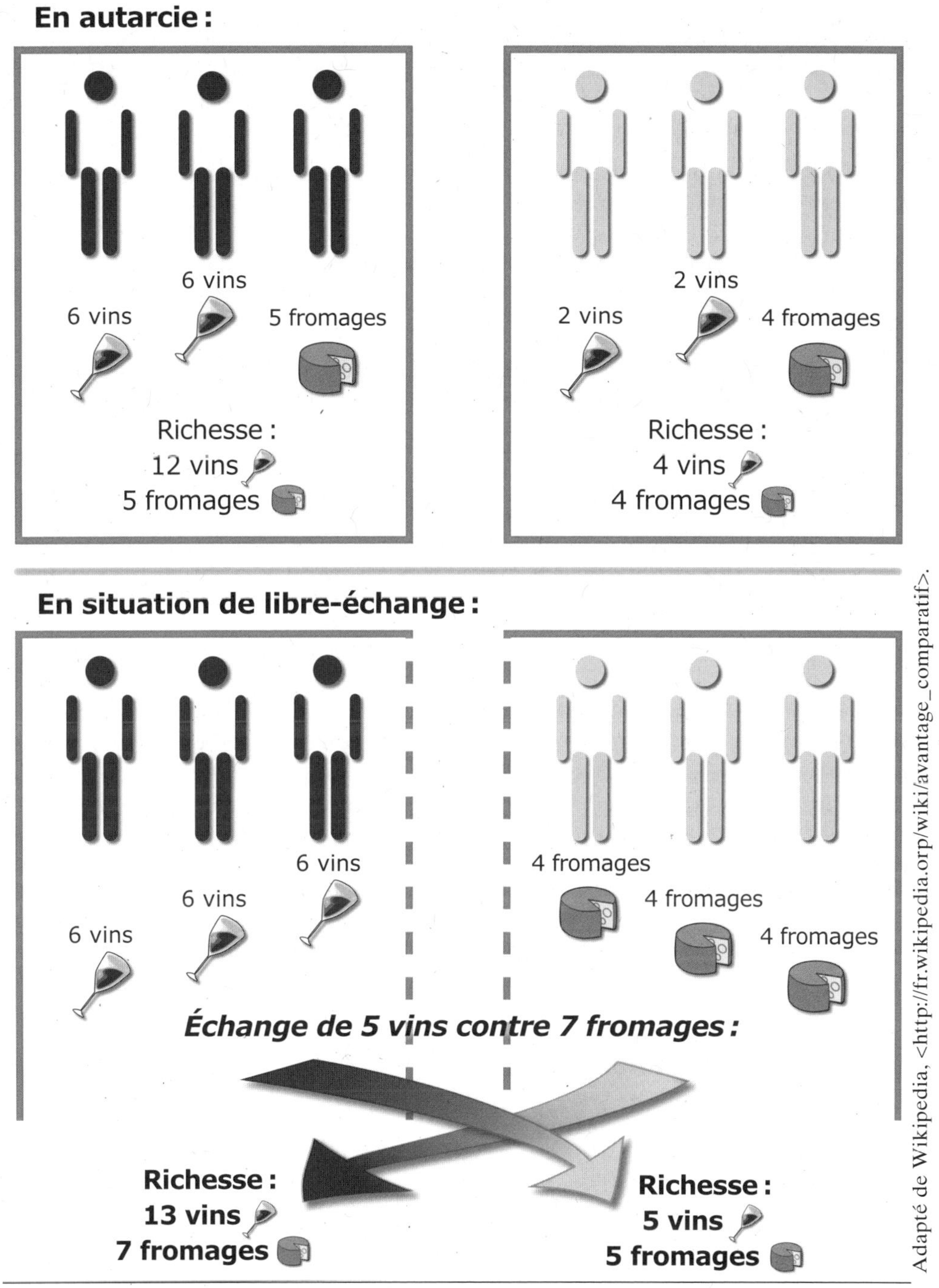

Figure 4.1 – Illustration du principe de l'avantage comparatif

Objet de nombreuses critiques, le système des guildes a disparu à la fin du XVIIIe siècle. Cette disparition a permis à la production industrielle de s'épanouir, ce qui allait engendrer, au XIXe siècle, une exploitation des travailleurs (y compris des enfants) sans précédent. En période de dépression, les salaires pouvaient chuter rapidement, les ouvriers devenant incapables de subvenir à leurs besoins.

Vers la fin du XIXe siècle, l'agitation sociale en réponse à ces conditions alimentait la ferveur révolutionnaire. Après la révolution de 1917, la Russie a adopté un système économique planifié et centralisé. Après la Deuxième Guerre mondiale, des pays comme la Chine, Cuba et le Vietnam ont aussi développé des économies planifiées. Les pays de l'Europe de l'Est, pour leur part, ont été forcés par l'Union soviétique à passer à une économie planifiée.

De son côté, l'économie de marché a une défaillance majeure. Elle est soumise à des cycles de développement. La croissance économique génère des revenus et des profits plus élevés, ce qui engendre une plus grande demande et donc plus de croissance. Une crise surgit inévitablement et l'économie entre en phase de déclin. Les revenus et les profits diminuent, la demande chute et ainsi de suite, jusqu'à la reprise. La récession économique des années 1930, à la suite du krach de 1929, a entraîné un chômage énorme dans la plupart des pays industrialisés. Cette crise a contribué à l'ascension et à la prise du pouvoir de mouvements antidémocratiques en Espagne et en Allemagne.

John Maynard Keynes a analysé ces cycles économiques dans son livre *Théorie générale de l'emploi, de l'intérêt et de la monnaie* (Keynes, 1942). Son analyse suggérait que des dépenses gouvernementales « anticycliques » pouvaient compenser les périodes de récession. C'est dans ces moments que doivent se faire des investissements dans les infrastructures. Malheureusement, les gouvernements ont souvent abusé de cette théorie pour augmenter les dépenses publiques. Pour eux, il était légitime en temps de crise d'augmenter les dépenses. Aussi, en période de croissance économique, les revenus de taxation étant élevés, il n'était pas nécessaire de réduire les budgets. Les dettes publiques énormes engendrées par cette dynamique limitent encore aujourd'hui les marges de manœuvre politiques des gouvernements. Ces dettes ont aussi rendu vulnérables aux pressions politiques des grandes institutions financières les gouvernements démocratiques des pays plus pauvres.

4.1.3 L'environnement et les marchés

La figure 4.2 montre le mécanisme du marché. La préférence des consommateurs est illustrée par la courbe de demande, qui indique que la demande descend alors que le prix monte. La courbe de l'offre montre que l'offre augmente avec le prix. L'intersection des deux courbes représente l'équilibre du marché. Cet équilibre se déplace lorsque les préférences ou la richesse des consommateurs changent, ou encore que les coûts de production fluctuent.

Une nouvelle taxe sur le produit ou un prix subventionné peut aussi déplacer l'équilibre. Dans le cas d'une nouvelle taxe, la courbe de l'offre se déplace vers le haut et un nouvel équilibre est établi. En principe, le nouveau prix d'équilibre est plus bas que le prix initial parce que la demande descend et que la concurrence est plus forte[2]. Dans le cas d'une subvention, la courbe de l'offre descend. Le nouveau prix d'équilibre est en principe plus élevé que l'original, puisque la concurrence est moindre du côté de l'offre.

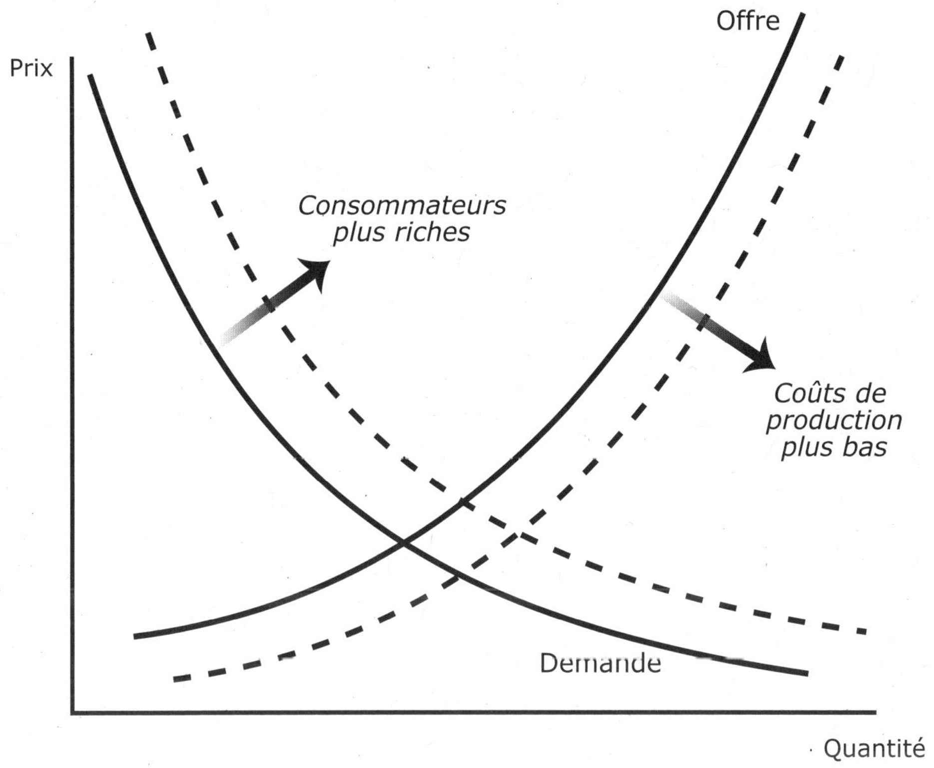

Figure 4.2 – Déplacement de l'équilibre de l'offre et de la demande sur le marché

Les courbes peuvent aussi servir à illustrer l'effet rebond. Si l'innovation permet de développer des produits montrant une meilleure performance environnementale, ces produits ne se vendront pas s'ils sont beaucoup plus chers. Il arrive cependant que les consommateurs soient parfois disposés à payer un peu plus pour se donner bonne conscience.

Si les nouveaux produits verts sont moins chers, la demande augmentera. Annoncer ces produits comme verts, pour faire appel à la conscience des consommateurs, peut contribuer à augmenter la demande.

2. La compétition prend ici la forme d'un produit de substitution qui n'est pas soumis à la taxe.

C'est ce qui est arrivé avec les ampoules fluocompactes. Même si elles coûtent plus cher à l'achat, elles consomment beaucoup moins d'électricité et durent beaucoup plus longtemps que les ampoules incandescentes traditionnelles. Il s'avère que, lorsque les consommateurs ont découvert ces avantages, ils ont commencé à utiliser ces ampoules fluocompactes dans de nouveaux usages, comme l'éclairage de jardin, réduisant du même coup une partie des bénéfices environnementaux. Un autre exemple classique est celui des véhicules automobiles. Plusieurs études démontrent que, lorsque la consommation en essence diminue significativement, le nombre de kilomètres parcourus augmente. Il en serait de même pour toutes les technologies consommatrices d'énergie (chauffage, climatisation, éclairage) (Herring et Roy, 2007).

4.1.4 Les limites du marché

Les économies hiérarchiques, centralisées, n'ont pas été capables de produire des biens de façon aussi efficiente que les économies de marché. L'Union soviétique a déclaré à maintes occasions dans les années 1950 et 1960 que non seulement elle rattraperait bientôt les économies occidentales, mais qu'elle les surpasserait en produisant de grandes richesses pour tous. Elle n'y est jamais arrivée. Les tablettes des magasins étaient souvent vides, les produits de base rationnés. L'efficience de la production était basse, tout comme l'efficience de l'utilisation des ressources. Les villes industrielles et minières russes sont souvent des enfers environnementaux (Walsh, 2003).

L'incapacité des économies planifiées à subvenir aux besoins fondamentaux de leurs citoyens suggère que le marché est un élément important de toute organisation. Mais dans le marché, même si tous les participants cherchent à optimiser leur propre ratio coût-bénéfice, le résultat n'est pas toujours optimal pour tous. Pire, l'optimum pourrait être hors d'atteinte pour la grande majorité.

La théorie du marché présuppose que les préférences d'un consommateur sont indépendantes du choix des autres. Souvent, ce n'est pas le cas. Certains produits sont plus intéressants si d'autres les achètent aussi. Qui voudrait être le seul à posséder un téléphone ou un télécopieur ? Les individus sont parfois obligés d'abandonner leurs produits ou services préférés à cause d'actions des autres. Par exemple, amener un enfant à l'école en voiture augmente les risques que les autres enfants soient victimes d'un accident près de l'école. Cela pourrait en effet encourager d'autres parents à aussi amener leurs enfants en auto. La situation optimale serait peut-être que personne n'amène ses enfants en voiture. Mais comment atteindre cette situation optimale ? Est-ce que les parents pourraient en arriver à s'entendre à ce sujet ?

C'est un exemple du dilemme du prisonnier. Des individus agissant de façon indépendante ne peuvent atteindre une situation optimale à moins de conclure une entente. Ce dilemme tire son nom du scénario où deux criminels sont arrêtés pour vol à main armée, un crime passible d'une sentence de dix ans de prison. Les policiers n'ont pas suffisamment de preuves pour qu'on trouve les deux hommes coupables de ce crime. Sans preuve supplémentaire, on pourrait seulement les accuser de possession illégale d'une arme à feu, un crime passible d'une peine d'un an. La police isole les deux criminels et offre à chacun une libération conditionnelle s'il aide à condamner l'autre. Si les deux coopèrent, ils iront en prison pour cinq ans. Pour les criminels, le silence est le choix optimal. Mais peuvent-ils se faire mutuellement confiance ? Examinez les options pour chacun des criminels (voir le tableau 4.2). Ne pas coopérer veut dire soit dix ans ou un an en prison. Coopérer mène à cinq ans de prison ou à la liberté. Ainsi, il peut sembler complètement rationnel pour chacun des prisonniers de coopérer avec la police, surtout s'ils ne font pas confiance à leur complice. Ils ne peuvent atteindre la situation optimale que s'ils se font mutuellement vraiment confiance.

Tableau 4.1 – Le dilemme du prisonnier

La sentence de chaque prisonnier dépend de sa décision et de celle de son partenaire

Prisonnier 2 / Prisonnier 1	Collabore avec la police	Ne collabore pas avec la police
Collabore avec la police	5 / 5	10 / 0
Ne collabore pas avec la police	0 / 10	1 / 1

Ce type de dilemme se présente lorsque nous avons à supposer ce que sera le comportement des autres avant de prendre une décision sur le geste que nous poserons. Par exemple, les appels lancés par les autorités publiques pour réduire volontairement la circulation automobile lorsqu'il y a du smog sont souvent sans effet. De nombreux conducteurs considèrent que leur propre contribution au problème est minime et que les autres conducteurs ne se priveront pas de leur voiture de toute façon.

Le dilemme du prisonnier montre très bien que le marché peut mener à un équilibre qui n'est pas nécessairement favorable au bien de tous les acteurs concernés.

La compétition sur les marchés n'est souvent possible qu'en offrant des solutions qui sont sous-optimales. Par exemple, les transporteurs aériens rivalisent souvent entre eux en offrant des billets au rabais aux passagers qui acceptent de faire un détour (comme un billet pour un vol de Montréal à Paris via Toronto, qui coûte moins cher qu'un vol direct). Ce genre de compétition n'est pas optimal pour l'environnement, puisque le nombre de passagers-milles augmente pour le même nombre de voyages.

Il y a un lieu où les mécanismes de marché échouent : dans la fourniture de biens publics, comme les routes, les ponts, les parcs, la santé publique et l'eau potable. En science économique, les biens publics sont ceux dont la consommation par un individu n'empêche pas l'utilisation par un autre (non-rivalité) et dont on ne peut empêcher la consommation par un individu (non-exclusion).

La science aussi peut être considérée comme un bien public quand elle n'a pas pour objectif direct de créer de nouveaux produits ou procédés. La beauté des édifices et des villes est un bien public – bien qu'on puisse souvent ne pas s'entendre sur sa valeur. Les organisations comme les églises et les organismes caritatifs fournissent parfois des biens publics. Leurs activités ne sont par contre qu'un complément aux responsabilités gouvernementales, pas un remplacement. La fourniture de biens publics exigeant des ressources, la qualité de ces biens est une question politique importante.

La propriété privée des produits est une des exigences des marchés. Or, ce type de propriété n'est pas toujours possible. Par exemple, par sa nature même, il est difficile de faire du savoir une propriété privée. Le savoir peut être reproduit à faible coût, particulièrement avec l'arrivée des technologies de l'information et des communications. Le savoir incorporé dans les produits innovants est souvent protégé par des brevets et la création est protégée par le droit d'auteur. Or, ces droits sont souvent enfreints impunément. Le savoir ne se trouve pas seulement dans les produits innovants ou de création, il s'incarne aussi fréquemment dans les individus qui composent une organisation. Quand ces individus quittent l'organisation, ce savoir est perdu – pas pour la société, mais pour l'organisation qui a payé pour sa création. Devant cette impossibilité de s'approprier complètement le savoir, les entreprises investissent dans la production de savoir à un niveau moindre que ce qu'on pourrait considérer comme optimal. On s'attend donc à ce que les gouvernements prennent la relève en utilisant des fonds publics pour stimuler la production de savoir.

Un groupe particulier peut aussi trouver trop onéreux ou risqué de développer ou d'acheter un équipement. À moins de coopérer entre eux, par exemple, des fermiers pourraient être incapables d'acheter des équipements qui peuvent améliorer la production.

Ce facteur joue un rôle encore plus grand en recherche et développement (RD). Les coûts sont non seulement astronomiques, mais il n'y a aucune garantie de succès. La fusion nucléaire ou l'exploitation minière extraterrestre sont des exemples de technologies que les acteurs du marché trouvent trop chers ou trop risqués pour y investir. Les gouvernements devront jouer un rôle si nous pensons que ces technologies doivent être développées.

Le prestige et la fierté nationale ne sont d'aucun intérêt pour le marché, même si elles sont la fondation même de certaines activités. La compétition entre les nations a joué un rôle essentiel dans des réalisations comme le premier avion civil supersonique, le *Concorde*, ou comme le programme Apollo et l'envoi d'astronautes sur la Lune par les États-Unis. S'il avait fallu compter sur le marché, les Jeux olympiques modernes n'auraient jamais eu lieu. Il a fallu le soutien des gouvernements, motivés surtout par des questions de prestige national.

Le marché produit parfois des résultats qui ne sont pas considérés comme socialement désirables ou acceptables, comme le fait que certaines personnes ne peuvent subvenir à leurs besoins. C'est l'élément politique le plus controversé de la dynamique des marchés. Est-ce que des gens devraient mourir de faim quand il y a suffisamment de nourriture disponible ? Est-ce que des gens devraient mourir parce qu'ils ne peuvent pas payer un médecin ou le médicament qui leur est nécessaire ? Il y a quelques années, les pays africains ont menacé d'enfreindre les ententes internationales sur les brevets pour forcer les entreprises pharmaceutiques à réduire leurs prix sur les médicaments contre le VIH. Si les prix n'avaient pas été réduits, des milliers de personnes seraient mortes. Un peu partout dans le monde, plusieurs gouvernements sont intervenus et ont mis sur pied des systèmes de santé publics pour assurer à leurs citoyens un niveau minimum de soins de santé.

Lorsque le chômage est élevé, les emplois peuvent devenir si rares que les salaires tombent sous le niveau de subsistance. Un salaire minimum légal a donc été établi dans plusieurs pays. On trouve également des mesures semblables dans des secteurs comme l'habitation et l'éducation. Ainsi, certains pays exercent un contrôle sur les loyers ou offrent des logements à loyer modique pour les tranches les plus pauvres de leur population. Souvent, l'éducation primaire et secondaire est gratuite. Et, dans nombre de pays, l'accès à l'éducation supérieure est basé sur les habiletés scolaires plus que sur la capacité à payer.

Les décisions des fournisseurs et des clients peuvent aussi affecter des tiers. Dans une ville densément peuplée, la décision d'un résident de s'acheter une voiture rend le stationnement plus difficile pour les autres résidents. Une solution est de privatiser un bien public, dans ce cas-ci les espaces de stationnement, ce qui entraîne des coûts de gestion et de contrôle pour empêcher le stationnement illégal.

Un dernier enjeu dans l'économie de marché est celui des coûts. La valeur marchande d'un bien reflète en principe des coûts de production optimisés. On présume qu'à prix égal les clients préféreront les produits dont la qualité est supérieure. Inversement, à qualité égale, les clients choisiront en fonction du prix le plus bas. En pratique, les choses sont plus difficiles.

- Le produit peut avoir une faiblesse ou un défaut caché. Dans leur recherche pour la meilleure qualité, les clients peuvent se faire duper et se retrouver avec un produit mauvais ou dangereux. Le niveau de qualité est particulièrement difficile à établir lorsqu'il s'agit d'acheter des conseils ou du savoir-faire.
- Un produit a souvent besoin d'entretien et de pièces. Une fois que le client a acheté le produit, il dépend souvent du fournisseur pour ce service. Le fournisseur peut exploiter cette situation de monopole en gonflant les prix. Les cartouches d'impression sont un bon exemple. Après avoir acheté une imprimante à bas prix, le client doit parfois acheter des cartouches à gros prix.
- Les producteurs peuvent réduire certains coûts liés à la production en les « externalisant », par exemple en jetant des déchets illégalement. Embaucher une main-d'œuvre étrangère à bas prix est un autre exemple d'externalisation des coûts sociaux. Dans ce cas, les problèmes d'intégration sociale sont pris en charge par le gouvernement. Par ailleurs, les risques pour la santé et la sécurité des travailleurs ne sont pas toujours pris en charge par les employeurs, donc ne sont pas inclus dans les coûts de production. Ce sont donc les travailleurs qui font les frais des coûts de production plus bas.

- Le marché engendre des coûts. Par exemple, des espaces de stationnement gratuits rendent inutile le recours aux parcomètres et à un système de contrôle. Ils sont donc plus efficients pour la société dans son ensemble. Toutefois, les individus tendent à consommer plus de ressources lorsqu'elles sont gratuites.

Bref, le marché ne garantit pas toujours les coûts de production les plus bas, surtout si l'on tient compte des coûts qui sont externalisés, c'est-à-dire les coûts qui ne sont pas supportés par le producteur ou le consommateur. Ce n'est qu'en tenant compte de ces coûts externes qu'un système économique plus durable pourrait idéalement garantir, à long terme, que tous les coûts liés à la production seront à leur niveau minimal (voir la section 4.1.7).

4.1.5 Marchés et émissions polluantes

Les émissions polluantes des industries sont généralement contrôlées par des permis ou des autorisations qu'émettent les administrations gouvernementales. Ainsi, les citoyens sont protégés (en principe) contre de trop fortes concentrations d'émanations toxiques, la contamination de l'eau ou tout autre risque industriel. La situation est plus difficile à encadrer lorsque l'impact des émissions ne se limite pas à l'échelle locale. C'est le cas des SO_2 et NO_X qui causent les pluies acides à l'échelle continentale ou des gaz à effet de serre qui causent les changements climatiques à l'échelle internationale.

Les entreprises d'un pays veulent être traitées de la même façon que leurs concurrents étrangers. Elles exigent donc les mêmes droits d'émission. Ainsi, c'est le pays qui permet le plus haut niveau de pollution qui établit les normes. Mais la pollution qui en résulte n'est souvent pas acceptable. On sait aussi qu'il pourrait être plus facile pour certaines entreprises que pour d'autres de réduire, à coût abordable, leurs émissions polluantes.

L'introduction de droits d'émission négociables crée un marché qui permet, en principe, d'optimiser les réductions d'émissions. L'entreprise qui arrive à réduire ses émissions à meilleur coût peut ensuite vendre ses droits d'émission inutilisés à une autre entreprise qui a plus de difficulté à réduire les siennes. Avec ces droits négociables, la réduction des émissions n'est pas simplement forcée par la réglementation, mais aussi motivée par le profit. La réduction des émissions par une entreprise peut devenir une activité profitable. Les entreprises qui veulent prendre de l'expansion doivent acheter des droits d'émission. Le coût de ces droits pourrait les encourager à investir dans des technologies qui permettent de réduire les émissions.

Les droits d'émission négociables semblent être une solution merveilleuse au problème des émissions polluantes de l'industrie, mais cette solution soulève quelques questions :

- Quelle sera la situation initiale ? Est-ce que chaque être humain aura les mêmes droits d'émission au départ ? Ou se basera-t-on sur la situation globale actuelle, dans laquelle la pollution du monde développé sera justifiée en lui attribuant des droits d'émission ?

- Si les droits sont répartis entre les pays, qui peuvent ensuite les répartir entre leurs entreprises, permettra-t-on les échanges internationaux ? Les pays pauvres pourraient alors décider de vendre leurs droits aux pays industrialisés, créant ainsi une barrière à leur développement futur (Roberts et Parks, 2007).
- Sera-t-il possible de mettre en place les infrastructures administratives et technologiques nécessaires ? Qu'en sera-t-il des pays qui ne se plient pas aux exigences internationales ?

4.1.6 Le marché et l'épuisement des ressources non renouvelables

Pourquoi devrait-on se préoccuper de l'épuisement des ressources non renouvelables ? Si une ressource devient rare, les mécanismes du marché feront en sorte que son prix augmentera. Paradoxalement, cela entraînera une plus grande disponibilité de la ressource, puisque de nouvelles sources pourront être exploitées profitablement. Pensons par exemple aux sables bitumineux de l'Alberta, dont l'exploitation, rentable au prix actuel du pétrole, ne l'était pas il y a une dizaine d'années. En outre, la rareté d'une ressource stimule le développement de substituts. C'est le cas des énergies renouvelables comparativement aux combustibles fossiles. C'est aussi le cas du meilleur système de recyclage au regard de la rareté des métaux.

Bien qu'il n'existe aucune garantie que nous trouverons les solutions, il semble probable que nous y parviendrons d'une façon ou d'une autre. Mais est-ce que les prix anticiperont les pénuries au point que nous aurons le temps de développer des substituts ? À quand le jour où les prix monteront avant que nous épuisions nos ressources non renouvelables ? Et de combien ? Combien de temps faut-il pour développer les nouvelles technologies qui pourront remplacer les anciennes ?

L'augmentation des prix pour les ressources non renouvelables

En général, les marchés sont déterminés par des changements à court terme. L'augmentation importante des prix du pétrole dans les années 1970 s'explique par la création d'un cartel efficace regroupant les pays membres de l'Organisation des pays exportateurs de pétrole (OPEP). Plus tard, le prix du pétrole a atteint un niveau record au début des années 1980, lors de la guerre entre l'Iran et l'Irak, avant de redescendre à un prix très bas à la fin des années 1990.

Le prix du pétrole est influencé par des événements ponctuels, comme les risques de conflit militaire au Proche-Orient, les hivers très froids aux États-Unis ou la réduction de la production dans le golfe du Mexique à la suite d'ouragans. Certains acteurs jouent aussi un rôle déterminant. L'Arabie saoudite, par exemple, possède environ le quart des réserves de pétrole connues dans le monde. La famille royale saoudite, qui contrôle le pays de façon autocratique, exerce donc une influence marquante sur le prix du pétrole. Ses besoins financiers et ses intentions politiques peuvent être décisifs pour le marché de l'or noir.

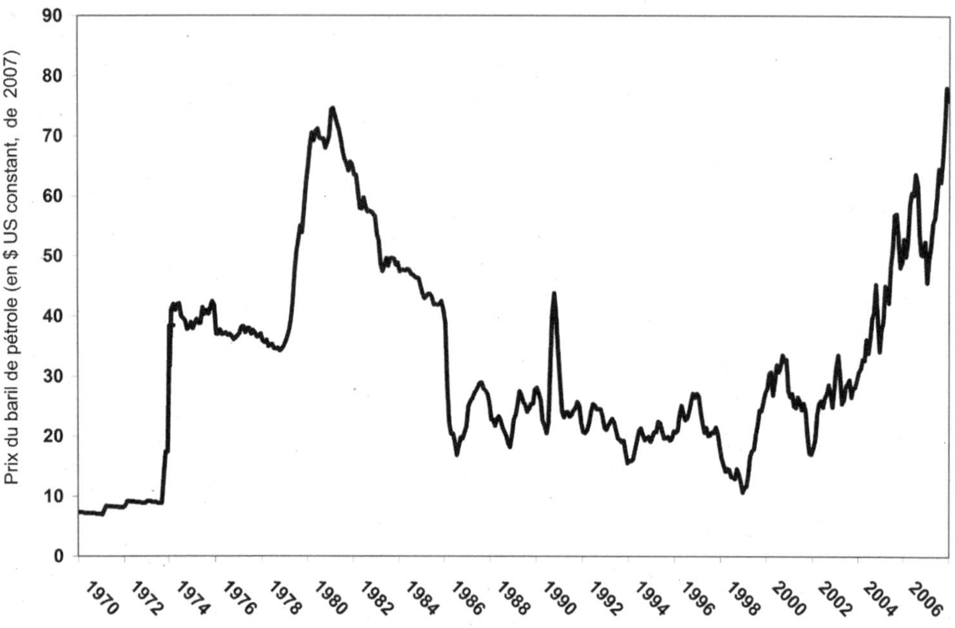

Source des données : Energy Information Administration, 2009.

Figure 4.3 – Évolution du prix du baril de pétrole de 1970 à 2006

Contrairement à ce que dicte le dogme économique, des pays peuvent décider d'augmenter la production quand les prix baissent ou de réduire la production quand les prix montent, de façon à maintenir un flux constant de devises étrangères pour boucler leurs budgets.

En ce moment, le prix des métaux n'est pas non plus déterminé par la menace d'une pénurie. Une baisse de la demande au début des années 2000 et l'effondrement de certains cartels miniers ont mené à une chute des prix des métaux. Au cours des dernières années, les prix ont augmenté en réponse à la croissance de la demande, particulièrement en provenance de la Chine et de l'Inde. Il reste à voir quelles seront les conséquences de la crise financière de 2008.

Le prix des matières premières ne reflète donc pas nécessairement un épuisement graduel. La menace d'un épuisement des ressources non renouvelables a augmenté dans les 30 dernières années, mais on ne peut conclure que cela a influé sur les prix. Et même si les prix sur le marché anticipent l'épuisement des ressources, on ne peut présumer que ces avertissements nous donneront le temps nécessaire pour élaborer des solutions convenables.

ENCADRÉ 4.1 – Un pari sur la rareté des minerais

En 1980, l'économiste Julian Simon et l'écologiste Paul Ehrlich discutaient de la rareté des minerais. Ehrlich avait prédit qu'une pénurie du minerai de différents métaux se ferait sentir dans les dix prochaines années, alors que Simon était sûr qu'il y avait une grande abondance de ces mêmes minerais.

Simon a proposé un pari à Ehrlich. Ce dernier pouvait choisir une quantité de cinq métaux valant 1000$ en 1980. Le gagnant recevrait du perdant la différence entre le prix des métaux en 1980 et en 1990 (après ajustement pour tenir compte de l'inflation). Ehrlich a accepté le pari et choisi le cuivre, le chrome, le nickel, l'étain et le tungstène.

En 1990, les cinq métaux avaient un prix (ajusté en fonction de l'inflation) inférieur à celui de 1980. Ehrlich a perdu son pari et envoyé à Simon un chèque de 576,07$. De multiples raisons permettent d'expliquer la baisse du prix de ces métaux:

- de nouvelles mines ont mis fin à une situation de quasi-monopole dans le cas du nickel;
- de nouvelles technologies ont réduit les coûts de l'extraction et de l'affinage;
- l'utilisation des plastiques et matériaux composites a augmenté au détriment des métaux;
- la fibre optique a remplacé le fil de cuivre;
- les céramiques ont remplacé le tungstène dans les outils de coupe;
- l'aluminium a remplacé l'étain dans les boîtes de conserve.

Cet exemple illustre bien que les prix des métaux sont déterminés par la surabondance ou la rareté sur les marchés.

Source: Tierney, 1990.

Les nouvelles technologies comme substituts

L'industrie du pétrole illustre bien les effets d'une augmentation rapide des prix sur le développement de solutions alternatives. Quand l'OPEP a augmenté le prix du pétrole de 400 % en 1973, on a pu observer les phénomènes suivants:

- Les consommateurs et producteurs de produits pétroliers ont augmenté leurs efforts pour trouver des solutions de remplacement.
- Les producteurs ont augmenté leurs efforts d'exploration et développé des façons de relancer l'extraction du pétrole dans des puits considérés comme « épuisés » ou non rentables.
- Les consommateurs ont remplacé le pétrole par d'autres combustibles et investi dans l'efficacité énergétique.
- Les activités des producteurs de pétrole ont permis d'augmenter énormément les ressources disponibles. Du côté de la consommation, l'innovation et le remplacement ont fait en sorte que la consommation a diminué en 1974-1975 et qu'elle n'a pas augmenté entre 1973 et 1986.

En 1972, on prédisait que la consommation de pétrole aurait doublé en 1982. Le fait que la consommation soit demeurée stable implique qu'elle a été en fait réduite de moitié grâce aux technologies développées et adoptées par les consommateurs. Mais ces technologies étaient dans l'ensemble relativement simples, comme l'adoption du gaz naturel et une meilleure isolation pour les bâtiments. L'énergie éolienne, qu'on présentait comme une source d'énergie alternative, s'est développée très lentement. En 2008, l'énergie éolienne ne constituait qu'environ 1 % de la production totale d'énergie sur la planète. C'est cependant la forme de production d'énergie dont la capacité augmente le plus rapidement à l'heure actuelle (27 % en 2007) (Progressive Policy Institute, 2008).

Ainsi, l'augmentation du prix d'une ressource non renouvelable engendrera des efforts qui mèneront à une augmentation des réserves et à une réduction de la consommation de cette ressource. Toutefois, ce sont des résultats relativement faciles, puisqu'ils seront obtenus par le déploiement et l'amélioration de technologies existantes. Il est fort peu probable qu'une augmentation des prix engendre à elle seule le développement rapide de solutions technologiques radicalement différentes.

4.1.7 L'internalisation des coûts

Une façon de rester compétitif sur le marché est d'être à l'affût des bonnes affaires. Une autre façon est de réduire ses coûts en les refilant à quelqu'un d'autre. L'environnement et la société souffrent souvent de cette « externalisation », laquelle est encouragée par un marché compétitif. Si ces coûts étaient comptabilisés dans le prix du produit, la consommation en serait sans doute réduite et plus d'argent serait disponible pour compenser et atténuer les effets négatifs sur l'environnement et la société.

Le prix d'un produit devrait donc refléter tous les coûts engendrés par sa production. Par exemple, les accidents de travail sont parmi les coûts sociaux de la production. Ces coûts ne sont pas toujours payés par les producteurs.

Les régimes totalitaires n'ont pas compensé les coûts sociaux engendrés par leurs projets monumentaux. Ainsi, la construction du canal de la mer Blanche en Union soviétique, entre 1931 et 1933, aurait causé des dizaines de milliers de morts parmi les prisonniers employés pour sa construction (Kwast, 2006).

La situation n'est pas si différente dans les économies de marché, où les travailleurs souffrant de maladies ou de blessures liées au travail ne sont pas toujours indemnisés. Ce n'est que récemment que les travailleurs de l'amiante souffrant de cancer ont commencé à recevoir des compensations. Au Canada, en 2006, 976 travailleurs sont morts d'un accident de travail, dont 206 au Québec, et le nombre de blessures avec perte de temps de travail a atteint 329 587 (Association des commissions des accidents du travail du Canada, 2008). Ces victimes ont été indemnisées, mais est-ce que la perte d'une vie ou l'atteinte chronique à la santé peuvent vraiment être compensées financièrement ? Et il n'y a pas que les accidents. Pensons également aux maladies du travail qu'il est difficile de lier directement à une cause précise. Comment indemniser les victimes de cancers causés par un incident comme celui de Tchernobyl en 1985 ? Comment distinguer ces victimes de celles qui souffrent d'un cancer « ordinaire » ? Les centrales au charbon de l'Amérique du Nord devraient-elles indemniser les victimes d'intoxication au mercure dans le Grand Nord canadien (Gravel, 2006) ?

Il est nécessaire de comptabiliser ces coûts externes dans le prix des produits et services. D'une part, c'est très difficile à faire. D'autre part, en pratique, les victimes sont rarement indemnisées. Et quand elles le sont, elles le sont par les gouvernements et non par les producteurs.

Aussi, les dommages à l'environnement sont difficiles à traduire en termes financiers. Il est possible de compenser des émissions de gaz à effets de serre par la plantation d'arbres, mais que faire dans le cas de l'extinction d'une espèce ou de la destruction d'un écosystème ?

L'internalisation des coûts est importante pour créer un encouragement économique à l'adoption de pratiques plus durables. Mais tout ne peut être compensé financièrement. L'internalisation des coûts ne peut remplacer complètement les lois et les règlements qui protègent l'environnement et la santé des travailleurs.

4.1.8 L'exemple du transport

Les coûts associés à l'utilisation d'une voiture incluent généralement le prix de la voiture, le carburant et les frais d'entretien. Les taxes payées par le propriétaire de la voiture servent à créer et à entretenir les infrastructures nécessaires. Les propriétaires de voiture sont aussi généralement obligés d'avoir une assurance pour couvrir les dommages qu'ils pourraient infliger à autrui.

Il n'existe généralement pas de lien entre la distance parcourue et le coût des assurances et des infrastructures payé par le conducteur. Il y a des pays et des régions où l'utilisation de certains ponts, tunnels ou autoroutes est sujette à de frais directs d'utilisation (péages), mais en règle générale, une fois les frais fixes payés, une augmentation des kilomètres parcourus n'entraînera pas une augmentation proportionnelle des coûts pour l'utilisateur. Quant aux coûts du stationnement, ils ne sont souvent pas supportés par les utilisateurs.

En 1995, on estimait que les accidents de la route faisaient environ 885 000 morts par année sur la planète (Organisation mondiale de la santé, 1995). Rien n'indique que la situation se soit améliorée depuis. Et le nombre de blessés est beaucoup plus élevé. Dans la grande majorité des cas, si les victimes sont indemnisées, ce sera par l'État.

Les véhicules automobiles sont devenus une source importante de pollution atmosphérique dans les villes et la pollution de l'air constitue un risque majeur pour la santé. Environ 1,1 milliard d'individus sur la planète sont exposés à des niveaux de pollution supérieurs aux normes de l'Organisation mondiale de la santé (OMS). Le problème est particulièrement grave dans les villes où roulent un fort pourcentage de voitures mal entretenues. Différentes études indiquent que la pollution atmosphérique causerait de

2 à 3 % des décès dans les villes, principalement par les maladies pulmonaires et cardio-vasculaires (World Resources Institute, 2008). Les conducteurs ne paient pas pour ces dommages causés par la pollution automobile.

On considère généralement le bruit de la circulation comme une nuisance, pas comme un coût. Néanmoins, cette nuisance a des conséquences financières réelles sur le prix de l'immobilier. Une étude danoise récente suggère que la valeur des habitations exposées à un bruit d'au moins 55 décibels baisse de 0,49 % pour chaque décibel d'augmentation du bruit (Bjørner, Kronbak et Lundhede, 2003).

Un autre problème: comment compenser les dommages occasionnés à l'environnement naturel? Les routes et autoroutes causent beaucoup de mortalité chez certains animaux. Elles forment des barrières qui découpent les habitats naturels en petites parcelles. Ce découpage est particulièrement dévastateur pour les espèces migratrices. Par ailleurs, les fuites et autres accidents où il y a présence de combustibles ou de produits chimiques peuvent avoir un effet négatif important sur la qualité des eaux de surface et sur la vie aquatique. L'éther méthyl-tertiobutylique (EMTB), un additif pour l'essence qui remplace le plomb, affecte de façon croissante les eaux souterraines. Lors d'une enquête du *US Geological Survey*, l'EMTB a été détecté dans 8,7 % des puits dont l'eau est destinée à la consommation humaine (United States Geological Survey, 2006).

À la fin de sa vie, une automobile devient un déchet. Son contenu en métal est généralement recyclé, mais il est encore rare que les autres matériaux le soient[3]. L'enfouissement de ces matériaux peut mener à la contamination des sols et de l'eau.

Une étude européenne estime que les coûts externes du transport à la fin des années 1990 étaient d'environ 8 % du produit intérieur brut (European Environmental Agency, 2001). Les automobiles ont engendré la majorité de ces coûts (58 %), suivies par les véhicules routiers lourds (21 %). Le transport routier dans son ensemble aurait engendré 92 % des coûts externes du transport, alors que la part du transport ferroviaire et maritime était minime. Les voitures, les camions et les avions ont les coûts externes les plus élevés par kilomètre parcouru. La popularité grandissante du transport automobile et aérien au détriment du transport en commun et ferroviaire augmentera donc les coûts externes du transport.

Comment peut-on comptabiliser tous les coûts liés au transport pour compenser ou éliminer la pollution, voire les soins de santé et les heures de travail perdues à cause de la pollution et des accidents? L'internalisation des coûts ne peut résoudre tous les problèmes et certaines conséquences demeurent inacceptables, peu importe la compensation. L'internalisation des coûts peut en revanche inciter à se tourner vers un transport plus durable:

- Elle peut nous encourager à voyager et à transporter moins en cherchant des solutions locales pour répondre à nos besoins.

3. En septembre 2000, le Parlement européen a adopté une directive concernant les véhicules hors d'usage qui vise à augmenter le taux de recyclage des pièces et matériaux automobiles. Voir Conseil de l'Union européenne, 2000.

- Elle peut encourager les consommateurs à choisir des solutions de transport plus durables.
- Elle peut encourager les producteurs à investir dans les solutions de transport durable, puisqu'elles seront comparativement moins chères une fois les coûts externes pris en compte.

Ainsi, des mécanismes flexibles de fixation des prix sont nécessaires pour internaliser les coûts du transport de façon efficace. De nouvelles technologies seront aussi nécessaires. Ces technologies permettraient, par exemple, de faire payer les utilisateurs en fonction du mode de transport utilisé, de la distance parcourue et du temps de la journée. Cette technologie devrait aussi donner une information suffisante aux consommateurs pour qu'ils puissent faire des choix éclairés.

Un tel système de facturation à l'utilisation engendrerait évidemment des coûts: le coût des équipements, leur exploitation et leur entretien, le coût des abus et des mécanismes de répression. Le système pourrait devenir contre-productif si ces coûts étaient trop élevés en comparaison des coûts globaux. Il faudrait de plus fixer des normes internationales pour éviter les problèmes transfrontaliers.

4.2 L'élaboration des politiques et les changements sociaux

4.2.1 L'évaluation des technologies

Ainsi que nous l'avons esquissé dans la section précédente à propos des transports, pensons à un système de facturation à l'usage. Ce système contiendrait fort probablement des données sur les déplacements d'un grand nombre de citoyens. L'accès à ces données pourrait être contrôlé par la loi, mais la protection de la vie privée demeurerait un enjeu majeur. Peu de gens s'opposeraient à la poursuite des utilisateurs abusant du système, mais que penseraient-ils d'un système d'amende automatique pour chaque excès de vitesse? Est-ce que les services de renseignement devraient avoir accès aux données? Cela pourrait aider à identifier et à surveiller les terroristes, mais pourrait aussi aider à surveiller les opposants politiques du gouvernement. Toutes ces questions devraient être étudiées en détail avant la mise en place d'un tel système.

C'est dans cette perspective qu'entrent en jeu l'évaluation des technologies, l'étude des conséquences sociétales réelles et potentielles des nouvelles technologies. L'objectif de l'évaluation des technologies est d'anticiper et d'analyser les développements technologiques afin de minimiser les conséquences négatives et de maximiser les retombées positives de ces développements pour la société dans son ensemble.

L'évaluation des technologies sert avant tout à aider les gouvernements dans leur prise de décision. Le premier organisme voué à l'évaluation des technologies était l'Office of Technology Assessment (OTA), fondé en 1972 par le Congrès américain[4]. Plusieurs organismes d'évaluation des technologies ont ensuite fait leur apparition, particulièrement en Europe.

Au Québec, la Commission de l'éthique de la science et de la technologie (CEST) a été créée en 2001. Sans être un organisme d'évaluation des technologies au sens strict, la CEST s'est tout de même penchée sur un nombre de technologies émergentes et elle a proposé des réflexions éthiques sur les nanotechnologies, les organismes génétiquement modifiés, le don et la transplantation d'organes par échanges et les nouvelles technologies de surveillance et de contrôle (Commission de l'éthique de la science et de la technologie, 2008).

Les organismes d'évaluation des technologies doivent souvent faire face à un dilemme. Devraient-ils s'immiscer dans les débats politiques sur des sujets controversés ou, au contraire, s'en tenir à des sujets qui ne soulèvent pas les passions, au risque de devenir invisibles (Dickson, 1984) ? À long terme, seule la seconde stratégie a des chances de succès, puisque seule une excellente réputation peut aider ces organisations à survivre aux attaques politiques. C'est une leçon que l'OTA a apprise à ses dépens, puisqu'il fut aboli par le Congrès américain en 1995.

Dans l'exemple d'un système d'internalisation des coûts de transport, la question n'est pas vraiment de savoir si le gouvernement entend abuser du système au détriment de la vie privée des citoyens. Il s'agit plutôt de savoir si les citoyens font confiance au gouvernement quand il leur dit qu'il n'abusera pas des données qui seront en sa possession.

Bien que l'internalisation des coûts – particulièrement par la facturation à l'usage – ne soit pas, en principe, une augmentation de taxe, c'est souvent ainsi qu'on la perçoit. C'est en fait une façon différente de recueillir les fonds nécessaires pour couvrir tous les coûts du transport.

Les grands changements de société qui visent le bien commun touchent nécessairement les intérêts de certains groupes et l'on se trouve rarement devant une situation où tout le monde gagne. La facturation à l'usage aurait un effet à la baisse sur la quantité générale d'utilisation des transports, ce qui nuirait aux intérêts de l'industrie automobile et pétrolière. Les organismes de transport en commun pourraient exiger de nouvelles infrastructures et de nouveaux équipements pour répondre à une demande croissante.

Il est parfois justifié de compenser financièrement une minorité qui s'oppose à une décision, mais l'introduction de nouvelles politiques serait impossible si tous les groupes qui sont affectés devaient être compensés.

4. Pour la méthodologie d'analyse de l'OTA, voir Wood, 1982.

4.2.2 L'élaboration des politiques publiques

Dans une démocratie politique, la majorité est souveraine. Cela ne veut pas dire qu'on peut négliger les intérêts et les droits des groupes minoritaires. Si c'était le cas, les démocraties deviendraient des dictatures de la majorité. Des mécanismes d'équilibre ont donc été établis :

- Les gouvernements sont généralement régis par des parlements bicaméraux. Au Canada, par exemple, le Parlement est composé de la Chambre des communes et du Sénat.
- Les groupes minoritaires peuvent avoir recours aux tribunaux s'ils jugent qu'on ne tient pas compte de leurs intérêts de façon appropriée.
- Les citoyens canadiens peuvent se tourner ultimement vers la Cour suprême si leurs droits ne sont pas respectés. Un recours semblable existe dans la plupart des démocraties.

Certaines questions de politique publique demeurent sans réponse durant plusieurs années. Parfois, elles ne figurent même jamais à l'ordre du jour du parlement d'un pays. Mais ces mêmes questions peuvent soudainement se retrouver au centre du débat politique. Par exemple, les règles de sécurité ne sont généralement pas un enjeu de débats politiques, à moins qu'une catastrophe n'ait eu lieu. Prenons les victimes de la route. Leur sort était une question de politique publique importante dans les années 1970, mais on les considère aujourd'hui comme le prix à payer pour la mobilité que nous offre l'automobile. Certaines idées concernant la facturation à l'usage des routes, développées dans les années 1970, commencent à refaire surface.

Qu'est-ce qui fait qu'on décide finalement de passer de l'idée à l'action ? La combinaison de conditions à trois niveaux est importante pour la mise en œuvre de possibilités d'action pour les décideurs :

- Le problème doit être reconnu comme important et digne d'attention. Les citoyens, les groupes d'intérêts et les médias jouent un rôle important à cet égard.
- Les experts ont cerné les options et les alternatives et sont capables d'offrir des pistes de solution.
- Le système politique, avec sa dynamique électorale, ses changements de gouvernement et de programmes, doit être capable de concilier la résolution du problème avec les politiques existantes. Il y a un impératif de cohérence. Ainsi, un gouvernement qui favorise la déréglementation aurait de la difficulté à s'occuper d'un problème qui requiert une nouvelle réglementation.

Les occasions se présentent lorsque la situation est favorable à une vision différente des choses. Elles sont souvent déclenchées par des événements importants comme une crise ou un nouvel accord international. Ces occasions sont le moment d'étudier sérieusement différents problèmes et différentes solutions (Kingdon, 1995).

L'attention de l'arène politique est souvent de courte durée. L'élaboration d'une politique se fait généralement en quatre étapes (Winsemius, 1986):

- la reconnaissance du problème;
- la formulation de la politique;
- la mise en œuvre de la politique;
- l'évaluation des résultats.

La phase de reconnaissance du problème peut être très longue s'il ne se crée pas de possibilités pour passer à l'action. Si une bonne occasion se présente, l'attention de la sphère politique sera importante pour la deuxième et la troisième phase. La quatrième étape n'intéresse guère les politiciens et le problème est généralement géré par l'appareil administratif.

4.2.3 L'élaboration des politiques internationales

Notre monde est composé d'États-nations souverains. Il n'existe pas d'autorité formelle au-dessus de l'État national. C'est par traité que les institutions internationales sont créées et dotées de pouvoir. Les États ont toujours le choix de participer ou de se retirer de ces institutions. Ils peuvent même dans certains cas refuser de se plier aux obligations des traités qu'ils ont signés. C'est ce que fait le Canada actuellement dans le cas du protocole de Kyoto.

L'Organisation des Nations Unies (ONU) est une entité où se discutent les problèmes internationaux. L'Assemblée générale est le forum où se rencontrent tous les États membres. Le Conseil de sécurité s'occupe des crises et des menaces de conflit armé. Le Conseil de sécurité est composé de cinq membres permanents qui ont un droit de veto (les États-Unis, le Royaume-Uni, la France, la Russie et la Chine) et de dix membres élus pour deux ans par l'Assemblée générale.

L'ONU et ses organismes sont responsables de la coordination des politiques internationales dans plusieurs domaines. Ces organismes incluent:

- la Convention-cadre des Nations Unies sur les changements climatiques (UNFCCC);
- l'Organisation des Nations Unies pour l'alimentation et l'agriculture (FAO);
- le Haut-commissariat des Nations Unies pour les réfugiés (HCR);
- le Programme des Nations Unies pour le développement (PNUD);
- le Programme des Nations Unies pour l'environnement (PNUE);
- l'Organisation des Nations Unies pour l'éducation, la science et la culture (UNESCO);
- le Fonds monétaire international (FMI);

- la Cour internationale de justice (CIJ);
- l'Organisation maritime internationale (OMI);
- l'Organisation météorologique mondiale (OMM);
- l'Organisation mondiale de la propriété intellectuelle (OMPI);
- l'Organisation mondiale de la santé (OMS);
- l'Organisation mondiale du commerce (OMC).

L'élaboration des politiques internationales dépend essentiellement du bon vouloir des nations. Bien que tous les États souverains soient en principe égaux, certains sont «plus égaux que d'autres». Il est pratiquement impossible d'en arriver à une entente internationale sans l'assentiment des nations les plus puissantes, en particulier les États-Unis.

L'échelle spatiale des problèmes est d'une importance cruciale. Plus l'échelle spatiale des causes et des effets est grande, plus les problèmes sont difficiles à régler. Si l'échelle spatiale des effets ne correspond pas à celle des causes, il y aura un conflit d'intérêts quant à la responsabilité et à la volonté de résoudre le problème. Les causes d'un problème sont souvent hors du contrôle des gouvernements locaux ou nationaux. Le tableau 4.2 offre des exemples de problèmes à différentes échelles spatiales.

Tableau 4.2 – Interactions des échelles spatiales des causes et effets

Causes / **Effets**	**Locales**	**Globales**
Locaux	A. La pollution des sols	B. Le trou dans la couche d'ozone au-dessus de l'Antarctique. Les aborigènes privés de leurs droits ancestraux à cause des lois internationales
Globaux	C. L'explosion d'une centrale nucléaire	D. Les changements climatiques causés par les GES

L'action des gouvernements locaux est appropriée pour le cas A. Dans le cas B, la communauté internationale peut indemniser les victimes. La Commission baleinière internationale, par exemple, a approuvé un quota de pêche à la baleine aux aborigènes du Grand Nord. Dans le cas C, la communauté internationale peut offrir son soutien pour aider à résoudre les causes locales d'un problème global. C'est ce qui est arrivé dans le cas de la forêt équatoriale (biodiversité) ou dans celui de la sécurité des réacteurs nucléaires en Europe de l'Est.

Le cas D est plus difficile à résoudre. Quels pays ou organisations contribueront à la solution? Quel pays jouera le resquilleur qui profite de l'effort des autres sans contribuer? C'est seulement s'il y a un vrai sentiment d'urgence au niveau international que tous les pays sont susceptibles d'agir. Dans le cas de la couche d'ozone, une action internationale rapide et concertée a été possible. La preuve de la destruction de la couche d'ozone par les CFC a été publiée en 1984 et le Protocole de Montréal a été signé en 1987 (Environnement Canada). La production et l'utilisation des CFC ont été interdites dès 1995 pour les pays industrialisés et en 2005 pour les pays en développement. Les pays en développement ont reçu de l'aide financière pour l'adoption des nouvelles technologies.

Un autre exemple intéressant est celui des débris en orbite, c'est-à-dire les matériaux laissés par les missions en orbite permanente autour de la Terre. Comme ces débris sont une menace croissante pour les missions spatiales, les organisations d'exploration spatiale sont prêtes à collaborer pour réduire la formation de nouveaux débris. Il leur est relativement facile de s'entendre puisqu'elles sont à la fois la cause et les victimes potentielles de ce problème.

4.2.4 L'évaluation sociale des technologies

La prise de décision publique suppose des arguments robustes qui démontrent que les décisions sont prises dans l'intérêt commun. Il faut aussi que les citoyens fassent confiance à ces arguments. Et comme aujourd'hui on fait moins confiance aux experts simplement en raison de leur statut, leurs arguments seuls sont insuffisants. De toute façon, les avis d'experts arrivent rarement à résoudre les controverses technologiques, car ces dernières reposent bien moins sur des questions de technique que sur des questions éthiques et sociales. Quels sont les risques encourus et quelles sont les conséquences potentielles ? Comment les gérer ? Qui est le plus susceptible d'en tirer profit ? Qui au contraire en souffrira ?

Jusqu'au milieu du XXe siècle, l'attitude des sociétés occidentales à l'égard du développement technologique était généralement positive. L'innovation et le développement technologique étaient perçus et présentés comme étant nécessairement positifs, le fer de lance du progrès économique et social. Divers phénomènes ont mis fin à cet optimisme technologique : le développement des armes nucléaires, la multiplication des problèmes environnementaux liés au développement industriel, les risques et les problèmes liés au développement des biotechnologies (les organismes génétiquement modifiés, le clonage), l'insécurité économique des travailleurs causée par les changements technologiques constants et, enfin, les risques pour la vie privée liés aux nouvelles technologies de l'information et des communications.

Les controverses autour de projets technologiques ou du développement de technologies génériques se sont multipliées. Qu'on pense par exemple à tous les débats sur l'énergie nucléaire, sur l'utilisation des organismes génétiquement modifiés en agriculture ou sur les technologies de reproduction assistée. Le Québec a connu sa part de controverses autour de certains projets, comme le projet de centrale électrique au gaz naturel Le Suroît (Bureau d'audiences publiques sur l'environnement, 2003) ou le projet de ligne à haute tension traversant le fleuve Saint-Laurent entre Portneuf et Lotbinière (voir l'encadré 4.2).

ENCADRÉ 4.2 – L'affrontement entre Hydro-Québec et Contestension Portneuf Lotbinière

En 1984, Hydro-Québec signe un important contrat d'exportation d'électricité vers les États-Unis. Afin de répondre à cette nouvelle demande, il lui faut devancer la construction d'une ligne à haute tension entre la Baie-James et le sud du Québec, la ligne Radisson-Nicolet-des Cantons (RNDC). Hydro-Québec obtient du gouvernement du Québec le droit de recourir à une procédure accélérée pour la conception et la construction de cette ligne, ce qui lui permet de contourner les lois et règlements de protection de l'environnement. Sans consulter les municipalités et citoyens concernés, le comité technique d'Hydro-Québec décide que la ligne de transport traverserait le fleuve en passant par les régions agricoles de Portneuf et Lotbinière. Ces régions sont aussi des lieux de villégiature à caractère historique reconnus pour la beauté de leurs paysages.

C'est par les médias que les élus municipaux et les citoyens de ces régions apprennent la nouvelle. Nombre de ces citoyens se mobilisent rapidement et forment des comités locaux pour lutter contre le projet. Ils sont soucieux de préserver leur qualité de vie, leurs terres et surtout le patrimoine paysager et historique de leurs régions. Tous ces comités finiront par former une coalition, le regroupement Contestension Portneuf Lotbinière.

Les actions de ces comités et du regroupement prennent diverses formes : pétitions, appuis populaires, manifestations publiques, campagnes de communication et de couverture médiatique, interférences avec le travail d'Hydro-Québec sur le terrain, rencontres avec le gouvernement provincial et les dirigeants d'Hydro-Québec. Contestension entame même une poursuite contre le gouvernement devant les tribunaux, demandant l'annulation du décret permettant la construction de la ligne.

À la suite des audiences publiques du Bureau d'audiences publiques sur l'environnement (BAPE), l'option d'une ligne sous-fluviale, solution qu'Hydro-Québec avait rejetée, est retenue. Un comité d'experts indépendants mis sur pied par le gouvernement conclut que cette option est réalisable et sécuritaire. Hydro-Québec obtiendra finalement la permission d'installer des pylônes et une ligne temporaire au-dessus du fleuve Saint-Laurent, le temps de terminer le tunnel où passera finalement la ligne permanente. Les travaux furent menés à terme en 1994.

Après ces événements, le regroupement Contestension élargira sa mission, devenant les Amis de la vallée du Saint-Laurent, un organisme voué à la protection des richesses environnementales du fleuve Saint-Laurent.

Source : Gauvin, 1992.

La deuxième moitié du XXe siècle est marquée par une démocratisation croissante des choix technologiques. Les experts, décideurs politiques et promoteurs ne sont plus les seuls engagés dans la prise des décisions. On assiste au contraire à la multiplication des « parties prenantes », c'est-à-dire des individus et des groupes qui ont des intérêts et se sentent concernés par la décision et qui demandent une voix au chapitre. L'Ordre des ingénieurs du Québec (OIQ) reconnaît d'ailleurs cette nouvelle réalité dans son analyse des changements dans le contexte de la pratique de l'ingénierie :

> Des contextes très différents sont définis par une multiplicité d'intervenants qui réagissent entre eux dans le cadre d'un projet. On entend par « intervenants », entre autres, les élus, les fonctionnaires, les élites nationales ou locales, les organisations à vocation communautaire, les groupes de pression. De même, on inclut dans ce groupe

les organismes publics de consultation qui assurent le déroulement des consultations sur un sujet donné, selon les normes prévues dans la loi. D'autres intervenants comme les associations patronales, les syndicats, les associations socioéconomiques et les citoyens exercent aussi leur influence sur les travaux d'ingénierie (Ordre des ingénieurs du Québec, 1990).

Diverses approches ont été développées et mises en pratique pour favoriser la participation des parties prenantes et rendre les mécanismes décisionnels plus accessibles et transparents. Au Québec, par exemple, il y a le Bureau d'audiences publiques sur l'environnement (BAPE), un organisme public indépendant dont un des rôles principaux, comme son nom l'indique, est de tenir des audiences publiques sur des projets techno-industriels ayant un impact sur l'environnement et d'adresser des recommandations au gouvernement (voir l'encadré 4.3). Certains gouvernements et organismes font appel aux panels de citoyens, une approche développée au Danemark dans les années 1980 (The Co-Intelligence Institute). Dans ces panels, des citoyens ordinaires sont invités à porter un jugement sur une controverse technologique après avoir étudié la question, particulièrement en consultant des experts.

Cet élargissement rend le processus décisionnel plus difficile que s'il était, comme autrefois, strictement réservé à un cercle restreint d'initiés fonctionnant en vase clos. Il renforce en revanche l'esprit démocratique de la société et favorise l'acceptation des décisions par la société.

ENCADRÉ 4.3 – Le Bureau d'audiences publiques sur l'environnement (BAPE)

Au Québec, la Loi sur la qualité de l'environnement prévoit que les projets susceptibles d'avoir des impacts importants sur l'environnement doivent être soumis à une procédure formelle d'évaluation et d'examen de ces impacts. Il s'agit généralement de projets miniers, routiers, industriels ou de production d'énergie.

Une fois réalisée par le promoteur du projet, l'évaluation des impacts est non seulement analysée par les experts du gouvernement, mais aussi rendue publique afin que toutes les parties intéressées puissent en prendre connaissance. C'est à ce moment qu'intervient le BAPE, un organisme public indépendant qui relève du ministère du Développement durable, de l'Environnement et des Parcs.

Le premier rôle du BAPE dans cette procédure est de rendre publique toute la documentation disponible concernant le projet, sur son site Internet et dans des centres de consultation répartis sur le territoire. Le BAPE tient un registre des questions et préoccupations soulevées lors de cette période d'information.

À la fin de cette période, tout citoyen ou groupe désirant plus d'information ou qui n'est pas favorable au projet peut faire parvenir au ministre responsable une demande d'audience publique. À moins que la requête ne soit jugée frivole, le ministre acquiesce à la requête et confie au BAPE le mandat d'organiser des audiences publiques.

Les audiences publiques sont dirigées par des commissaires indépendants, qui doivent aussi mener leur propre examen du projet. Dans leur examen, les commissaires du BAPE adoptent une vision large du concept d'environnement et ils s'intéressent aux dimensions biophysiques, sociales, économiques et culturelles du projet et de ses impacts. Les audiences sont l'occasion pour toutes les parties prenantes, individus ou groupes concernés et préoccupés par le projet, de venir poser des questions, d'exprimer leurs préoccupations et de présenter leur position. À la fin des audiences, les commissaires remettent au ministre du Développement durable, de l'Environnement et des Parcs un rapport qui doit être rendu public dans un délai de 60 jours. Ce rapport, basé sur l'enquête des commissaires et sur les opinions émises lors des audiences, contient des recommandations concernant le projet. Ces recommandations ne sont pas exécutoires et c'est au Conseil des ministres que revient la responsabilité finale du rejet ou de l'acceptation, complète ou conditionnelle, du projet.

4.2.5 Les outils pour la mise en œuvre des politiques publiques

Les gouvernements ont plusieurs outils pour la mise en œuvre de politiques publiques. Le plus connu est la législation. Les lois permettent d'interdire ou de limiter certaines activités et de punir les acteurs qui les enfreignent. Comme ce sont les parlements qui votent les lois, cela assure qu'en général elles ont l'assentiment de la société. L'adoption d'une loi peut cependant prendre des années et ce n'est pas toujours la meilleure solution. Interdire une activité n'a pas beaucoup de sens s'il n'existe pas de solution alternative acceptable.

Les subventions sont un autre outil pour les gouvernements. Elles permettent d'interférer avec le marché afin de réduire le coût de certains produits et d'en faciliter ainsi l'adoption[5]. Des taxes ciblées peuvent aussi augmenter le coût de certains produits et en réduire la consommation, par exemple les taxes sur les carburants fossiles ou les voitures.

La consommation de produits plus verts peut également être stimulée par la diffusion d'informations ou la promotion directe. Les gouvernements peuvent par exemple faire la promotion des transports en commun. La diffusion d'informations sur les façons d'économiser l'énergie peut inciter les citoyens à adopter des stratégies innovatrices d'économie d'énergie à la maison.

L'expérimentation locale et les projets pilotes sont une autre façon intéressante d'élaborer de nouvelles politiques, puisqu'elles permettent de voir comment les citoyens peuvent changer leurs comportements et adopter de nouvelles façons de faire en utilisant de nouvelles technologies.

Les petites communautés écologiques qui ont expérimenté différents types d'agriculture écologique et de production d'énergie verte peuvent par exemple nous apprendre des choses importantes sur la façon d'organiser des communautés plus durables. L'expérimentation avec des véhicules alternatifs électriques ou à l'hydrogène permettrait de déterminer si la technologie est viable, si les citoyens sont prêts à changer leurs comportements pour les utiliser et si la technologie peut être améliorée.

---

5. Par exemple, le programme écoÉNERGIE du gouvernement du Canada verse 1¢/kWh pour la production d'énergie électrique à partir de sources renouvelables. Voir Gouvernement du Canada.

4.2.6 Le changement social

Que peuvent faire les citoyens si les gouvernements ne semblent pas se soucier de leurs problèmes et de leurs préoccupations ? Comment les citoyens voulant améliorer la société peuvent-ils s'assurer qu'ils seront entendus ?

Comme nous l'avons souligné plus tôt, il n'est pas rare de voir des citoyens se mobiliser et contester l'autorité de l'État, en remettant en question ses décisions, ou en dénonçant son inaction. Sur le plan de l'environnement, les motivations du citoyen pour passer à l'action sont nombreuses. En tête de liste viennent les menaces potentielles à sa santé et sécurité (ou celles des siens), la préservation de sa qualité de vie, la protection d'une ressource valorisée ou les risques de perte économique. Les motivations peuvent aussi être plus altruistes, comme la solidarité envers une cause, ou basées sur des principes comme le respect du bien des générations futures et le souci de justice et d'équité (André *et al.*, 2003). Il faut aussi noter que l'activisme social et environnemental, peu importe ce qui le motive, n'est pas une activité gratuite. L'individu doit être prêt à y consacrer des ressources parfois précieuses (temps, énergie, argent), être prêt à contester l'autorité du pouvoir en place[6] et s'exposer parfois à l'opprobre de sa communauté. Ces éléments peuvent limiter le désir ou la capacité de passer à l'action.

Peu importe les ressources que les individus consacreront à la cause, leurs actions isolées ne sont pas susceptibles de changer le cours des choses et auront toujours un effet limité. L'action collective est beaucoup plus efficace. Le cas de la ligne à haute tension entre Portneuf et Lotbinière nous offre un exemple de l'émergence de regroupements spontanés d'individus face à un problème particulier (encadré 4.2). Les avantages de ces regroupements sont entre autres « de mieux définir et cerner le problème, d'en accroître l'importance aux yeux des autres intervenants, de légitimer la représentativité de la position défendue et de canaliser les efforts et énergie » (André *et al.*, 2003, p. 132).

On trouve aussi sur l'échiquier de l'activisme et de la contestation des groupes structurés qui défendent une variété de valeurs et d'intérêts. Dans le cas des groupes environnementaux, ces intérêts peuvent être regroupés en cinq catégories : santé et sécurité de l'être humain, qualité de vie, pertes économiques, protection de la diversité et choix de développement (André *et al.*, 2003). Le rôle de ces groupes n'est pas simplement de s'opposer ou de contester. Dans certaines circonstances, ils peuvent devenir des partenaires avec les gouvernements et les entreprises dans des démarches de protection de l'environnement, de développement international et de développement durable.

Le changement social qui sous-tend la démarche de développement durable se fait donc souvent dans un contexte de conflit, ce qui n'est pas surprenant. Le développement social de l'humanité a été marqué par les conflits et par une volonté de remettre en question le *statu quo*. Le conflit n'est donc pas seulement une réalité incontournable dans nos sociétés, mais aussi un processus nécessaire au progrès social. L'important est de s'assurer qu'en toute circonstance, et peu importe son échelle, ce processus sera encadré par des règles qui garantissent que toutes les parties sont entendues et respectées.

6. Pour certains individus, contester cette autorité peut vouloir dire vaincre une barrière psychologique. Par contre, dans certains pays, cette contestation peut entraîner des risques de représailles.

4.3 Questions de réflexion et de discussion

1. Les échanges commerciaux sont profitables si la différence dans les coûts de production est grande par rapport aux coûts de transport. De conditions climatiques, géographiques et sociales entraînent des coûts de production différents, ce qui affecte les échanges commerciaux. Quels autres facteurs influencent les échanges commerciaux internationaux ?
2. L'offre ne peut pas toujours répondre rapidement à la demande. Quels sont les effets sur le marché d'une demande qui augmente ou baisse rapidement ?
3. Discutez la réintroduction possible du système des guildes. Quels en seraient les avantages et les inconvénients principaux ?

Chapitre
5

La technologie
Problème ou solution ?

Pour plusieurs critiques, la technologie est à la base des problèmes environnementaux et sociaux de nos sociétés modernes[1]. Selon eux, la vie des individus est de plus en plus dominée par la technologie et il n'y a aucune possibilité pour ces personnes d'exercer une influence sur son développement. Il faudrait donc arrêter le développement technologique pour revenir à un monde plus naturel. Toute tentative de stimuler l'innovation pour produire des technologies durables est un exercice futile. Une telle stimulation pourrait même empirer les choses en augmentant la domination de la technologie. Les effets pervers et imprévisibles de la technologie pourraient aussi exacerber la situation.

L'histoire des technologies, pour sa part, nous offre une autre perspective. Le monde social n'est pas que dominé par la technologie ; il participe activement à son développement. Les différentes technologies ont été façonnées par le biais de conflits sociaux, comme celui entre les employeurs et les ouvriers par exemple, et elles reflètent l'ordre moral, social et politique de leur époque.

Plus que jamais, nous avons besoin d'améliorer l'efficience environnementale de la production de biens et services. L'innovation technologique doit donc être au cœur du développement durable. Ce chapitre explore le rôle de la technologie dans la société et sa relation avec la science – avec laquelle la technologie a tissé des liens très étroits.

1. Voir en particulier Habermas, 1984 ; Braun, 1995 ; Sale, 1995.

Les changements les plus profonds en science et en technologie ont pris place au cours des 500 dernières années. Nous présentons d'abord une courte histoire de cette période avant de passer à quelques réflexions théoriques.

5.1 La science et la technologie dans l'histoire humaine

5.1.1 La technologie médiévale

Au Moyen Âge, les technologies se diffusaient très lentement. Prenons par exemple la fabrication du papier. Les bases de cette technologie ont été développées en Chine au IIe siècle de notre ère. Il faut attendre le VIIe siècle pour que cette technologie arrive en Corée et au Japon. La fabrication du papier atteint l'Asie centrale au VIIIe siècle, et, de là, le monde musulman au Xe siècle. L'Europe commence à adopter cette technologie aux XIe et XIIe siècles, bien qu'on dénonce souvent celle-ci comme étant une technologie de l'ennemi musulman. Ce n'est qu'au XVe siècle, avec l'arrivée de la presse à imprimer, qu'on l'accepte finalement.

Dans la période médiévale, des innovations qui aujourd'hui feraient le tour de la planète en quelques années se diffusaient très lentement, restant même parfois confinées dans une région. La lenteur des transports et des moyens de communication n'explique qu'en partie cette situation. L'inventivité des individus ne faisait pas non plus nécessairement défaut. La résistance de l'Europe chrétienne à la technologie du papier illustre un aspect important de la société médiévale. Pour cette société où le salut était dans l'au-delà, le changement technologique avait relativement peu d'importance. Dans la pensée médiévale européenne sur l'ordre social et naturel, il était important que les gens et les choses demeurent « à leur place ». L'innovation technologique comme source de prospérité financière n'était pas encouragée. On tolérait les nouvelles technologies dans la mesure où elles pouvaient être absorbées par les institutions existantes. On ne les cherchait activement que dans des situations critiques (famine, conquête, inondation).

Le monde de la technologie était celui des artisans. Les artisans étaient généralement des hommes libres vivant dans les villes, organisés en guildes qui protégeaient leurs intérêts (voir le chapitre 4). Pour pratiquer leur art, ils avaient souvent besoin d'un permis du seigneur local. Les artisans étaient très fiers de leur art. Ils devenaient apprentis vers l'âge de 11 ou 12 ans, accédant au statut de compagnon environ sept ans plus tard.

La science européenne à l'époque médiévale évoluait dans un environnement très différent de celui de la technologie. Elle était basée sur la recherche de la vérité pour mieux comprendre la création de Dieu. Elle n'avait rien à voir avec la curiosité ou le désir d'améliorer la destinée de l'humanité. La philosophie cherchait les preuves de l'existence de Dieu et tentait de résoudre certains paradoxes apparents – comme le paradoxe entre la perfection de Dieu et l'imperfection du monde. L'étude du droit cherchait à réconcilier les pratiques commerciales et le droit divin. Les sciences aujourd'hui empiriques et expérimentales, comme la botanique, l'astronomie, la physique et la physiologie, faisaient partie de la philosophie. Elles servaient à expliquer le travail de Dieu et n'avaient aucune conséquence pratique.

Le monde des artisans et de la technologie n'avait rien en commun avec cette science. De tels savoirs ne leur étaient d'ailleurs d'aucune utilité. Les savants appartenaient au monde des dirigeants de l'époque – la noblesse, le clergé et la riche bourgeoisie.

Comme nous l'avons expliqué au chapitre 4, la concurrence dans le monde médiéval était étouffée par la structure de la production économique. La production agricole relevait d'une paysannerie contrôlée par la noblesse, et les artisans, organisés en guildes, ne produisaient qu'une variété limitée de produits. Ce système était plus favorable au maintien des traditions qu'à l'innovation pour un futur « meilleur ».

À cette époque, les changements technologiques étaient surtout le résultat d'influences extérieures. Les changements avaient lieu dans les sociétés où le vieil ordre divin était le plus remis en question. Ainsi, les croisés, de retour du Moyen-Orient, ont probablement ramené le moulin à vent avec eux au début du XIIIe siècle. Celui-ci était très avantageux dans les plaines basses qui n'avaient pas d'énergie hydraulique. Mais cette technologie ne s'est diffusée que très lentement à cause de son incidence sur la structure sociale : elle remettait en cause les droits de moulage traditionnel de la noblesse. Par contre, dans les terres basses du nord-ouest de l'Europe, le moulin à vent est devenu un moyen de plus en plus populaire et efficace pour pomper l'eau. Avec le niveau de la mer qui montait et les tourbières qui s'enfonçaient après des siècles d'utilisation agricole intensive, cette région avait grand besoin d'un système de pompage. On y introduisit le moulin à vent non pas pour développer une nouvelle activité économique, mais surtout pour protéger l'agriculture de conditions naturelles qui se détérioraient. Plus tard, la croissance de la population exigea une augmentation de la production agricole et, comme la plupart des terres arables étaient déjà occupées, on mit les moulins à contribution pour créer de nouvelles terres cultivables.

5.1.2 La Renaissance

La science européenne au Moyen Âge était plutôt en retard par comparaison avec les travaux savants du monde islamique de l'époque. Les ouvrages classiques grecs étaient étudiés dans les centres de savoir islamiques, mais pratiquement pas en Europe. C'est par l'intermédiaire des centres de savoir islamique en Espagne, reconquis aux XIVe et XVe siècles, que les savants européens furent exposés à la physiologie, à la philosophie et aux mathématiques d'origine grecque et arabe.

L'étude de l'ordre divin se faisait de façon de plus en plus empirique. Par exemple, Tycho Brahé, membre de la noblesse danoise, est devenu célèbre pour ses observations astronomiques très détaillées. Des divergences entre la théorie et la réalité furent mises à jour et des savants osèrent proposer des interprétations qui allaient à l'encontre de celles de l'Église. En 1543, Nicolas Copernic proposait une cosmologie héliocentrique. La défense de cette idée par Galilée a mené à une confrontation avec le pape Urbain VIII et à la condamnation du savant pour hérésie en 1633.

Ce n'est pas un hasard si cette confrontation coïncide avec la grande division religieuse de la christianité européenne. Les valeurs derrière ce schisme – l'empirisme, la rationalité et la conviction personnelle – divisèrent les institutions chrétiennes et sont demeurées de grandes sources de débat au sein des églises.

Les changements qui prirent place à la Renaissance, du XIVe au XVIe siècle, ont créé un climat social plus favorable à la technologie. La société était plus orientée vers l'individu, lequel pouvait désormais tenter de gagner pouvoir, propriété et statut. De nouveaux concepts de machine jaillissaient de l'esprit créatif des savants et de leur désir d'expression personnelle. Les travaux de Léonard de Vinci sont le plus bel exemple de cette nouvelle réalité.

Ces changements ont aussi alimenté un désir d'explorer le monde. Cette exploration fut grandement facilitée par le développement de nouvelles techniques de navigation et de construction de bateau. Des explorateurs européens, dont Christophe Colomb, se lancèrent à la découverte des Amériques. Vasco de Gama établit une route maritime entre l'Europe et l'Inde en 1497. L'équipage de Fernand de Magellan a complété la première circumnavigation de la planète en 1521, après un voyage de trois ans.

Alors que la science et la technologie évoluaient dans des mondes distincts, un des premiers exemples de leur rapprochement se trouve dans les travaux de Galilée au tournant du XVIIe siècle. Galilée fut le premier à démontrer que, si l'on fait abstraction de la résistance de l'air, l'accélération d'un corps en chute libre est indépendante de sa masse. Cela lui permit de calculer la trajectoire parabolique des projectiles. Ces tables de trajectoire sont devenues un outil précieux pour les artilleurs, leur permettant de déterminer avec précision l'angle de tir requis pour toucher une cible à une distance donnée.

Cette nouvelle science empirique a atteint son apogée avec les théories mécaniques d'Isaac Newton. Les théories de Newton, avec les mêmes équations, expliquaient le mouvement des planètes et celui des objets sur Terre. L'algèbre, développée simultanément par Newton et Leibniz, allait devenir un outil essentiel et puissant pour les ingénieurs modernes.

Les travaux de Newton ont servi au développement de nouveaux outils pour les navigateurs. Ils ont grandement aidé la Grande-Bretagne à devenir la puissance maritime dominante de l'époque. Mais dans l'ensemble, aux XVIIe et XVIIIe siècles, la science et la technologie vivaient encore dans des mondes séparés (Westfall, 1977).

Une grande partie de la technologie dépendait toujours des pratiques traditionnelles, lesquelles étaient transmises de maîtres à apprentis. Les universités n'ont pas joué un rôle important dans les changements scientifiques qui ont mené à la mécanique newtonienne. Elles se concentraient encore sur l'étude des textes classiques et ses étudiants appartenaient avant tout à la noblesse.

5.1.3 Le progrès scientifique et technique

Au XVIIIe siècle, il était encore très rare que des résultats de la recherche scientifique soient exploités commercialement, sous forme de produits et procédés nouveaux ou améliorés. Des changements technologiques qui auraient pu, en principe, être calculés grâce aux théories mécaniques étaient en fait introduits, sans théorie formelle, par des artisans. Les bâtisseurs de moulins à vent néerlandais ont grandement amélioré leurs conceptions au XVIIIe siècle, en ajustant l'angle de la voilure sur l'axe, mais ces efforts n'étaient basés sur aucun principe scientifique. Ce n'est qu'en 1759 que John Smeaton a corroboré la valeur de ces changements dans la conception des moulins du XVIIe siècle quand il a présenté les résultats des premières expériences scientifiques sur les voilures de moulin (Smeaton, 1759).

Un grand nombre de technologies clés ont été développées bien avant que les principes scientifiques derrière leur fonctionnement ne soient formulés. L'invention des premières machines à vapeur a précédé d'au moins un siècle la formulation des principes de thermodynamique qui permettent de comprendre leur fonctionnement. Comme l'a souligné un historien des sciences, « la science a une plus grande dette à l'égard de la machine à vapeur que la machine à vapeur à l'égard de la science » (Henderson, 1970).

La période des Lumières, c'est-à-dire le XVIIIe siècle, est la dernière phase de cette relation changeante entre la science et la technologie. L'idée d'une société rationnelle impliquait que la technologie devait être libérée du système des guildes, de ses règles et de sa tradition artisanale. C'est à cette époque que le philosophe Condorcet développa l'idée du progrès. En science, le progrès voulait dire une meilleure compréhension des phénomènes naturels. En technologie, le progrès voulait dire avant tout le développement de meilleurs outils et procédés pour augmenter le contrôle de l'homme sur la nature.

Ces idées peuvent nous sembler évidentes aujourd'hui. Cependant, pour la société chrétienne du XVIIIe siècle (comme pour d'autres religions), l'idée d'améliorer la vie sur Terre était étrange. La vraie récompense pour s'être bien conduit ne pouvait venir qu'après la mort.

La science ne s'est détachée que très lentement du dogme religieux. Avant que Charles Darwin ne publie sa théorie sur l'évolution des espèces, en 1859, les biologistes basaient leurs théories sur des fondements religieux. En 1800, par exemple, l'archevêque James Ussher a publié une chronologie de l'histoire de la Terre selon laquelle elle aurait été créée en l'an 4004 avant notre ère.

Avant le XIXe siècle, le processus d'innovation technique en était un d'essais et d'erreurs. Comme toute défaillance pouvait avoir des effets dramatiques, on hésitait souvent à abandonner des façons de faire éprouvées. Les églises, par exemple, étaient construites selon des règles empiriques qui sont demeurées inchangées pendant des siècles[2]. Découvrir qu'une construction serait instable était une catastrophe, étant donné les sommes énormes que les villes du Moyen Âge consacraient à ces structures. Un exemple particulièrement connu est celui de la tour de Pise.

Les États-nations qui sont apparus aux XVIIIe et XIXe siècles ont transformé l'économie européenne. L'autarcie locale a commencé à faire place au commerce national et impérial. Cette transformation exigeait la mise en place d'infrastructures comme les chemins de fer, les canaux, les routes, les ponts ainsi que les systèmes de contrôle et de gestion des eaux. Les manufactures et leur machinerie devaient être conçues pour produire efficacement de grandes quantités de biens.

Ces technologies n'étaient pas conçues selon les traditions locales (ainsi que le faisaient les artisans au Moyen Âge), mais en utilisant les règles universelles de la science. Ce désir de remplacer la tradition par une rationalité objective a entraîné la naissance d'une nouvelle profession, l'ingénierie.

Les ingénieurs recevaient une formation scientifique qui leur permettait de concevoir et de gérer les technologies selon des principes rationnels. Les premières écoles d'ingénierie sont apparues en France. L'École des ponts et chaussées fut fondée en 1747 et l'École des mines de Paris en 1783. Des écoles d'ingénierie furent créées au XIXe siècle partout en Europe et en Amérique du Nord. Ces nouveaux ingénieurs étaient dits «civils» pour les distinguer des ingénieurs militaires qui travaillaient depuis longtemps dans l'artillerie et la construction des fortifications[3].

À la fin du XIXe siècle, l'enjeu social dominait le débat public. La production industrielle avait entraîné la naissance d'un prolétariat urbain et suscité des conflits sociaux très vifs. Beaucoup d'ingénieurs étaient sympathiques à une vision politique où il incombait à l'État de faire progresser la justice sociale. La profession avait rationalisé les infrastructures et la production. L'idée d'une planification rationnelle des activités économiques lui apparaissait désormais très attirante. C'est devenu particulièrement évident dans les premières décennies du XXe siècle quand plusieurs nouvelles formes d'énergie (électricité, charbon, pétrole, gaz) sont devenues simultanément disponibles. De nombreux ingénieurs ont milité en faveur d'une gestion rationnelle, par l'État, de ces formes d'énergie, puisque la concurrence entre elles créait des inefficiences dans les infrastructures. En général, dans la première moitié du XXe siècle, la profession d'ingénieur était vouée à résoudre les problèmes de la société par la planification rationnelle.

---

2. Même si la technologie moderne prétend souvent que les outils scientifiques permettent d'établir à l'avance la rigueur d'une conception, il arrive que des problèmes surviennent. La construction des ponts est encore basée, en partie, sur l'essai et l'erreur, ce qui cause parfois des défaillances imprévues. C'est ainsi qu'en 1996 la Ville de Rotterdam a dû fermer un nouveau pont à cause d'oscillations provoquées par le vent dans ses haubans. En 2000, des oscillations provoquées par les piétons ont forcé la fermeture et la reconstruction partielle du Millenium Bridge, à Londres.
3. Le terme «ingénieur» désignait à l'origine (au XIVe siècle) le constructeur d'engins militaires, comme les catapultes.

5.1.4 La technoscience

Même s'ils avaient une formation scientifique, les ingénieurs n'étaient pas considérés comme des pairs par les scientifiques universitaires. On refusait souvent aux écoles d'ingénierie le droit d'offrir des programmes de doctorat et leur statut social était moindre que celui des universités. De leur côté, les universités au XIXe siècle se concentraient sur l'étude des textes classiques. La recherche en science naturelle portait sur des phénomènes intéressants, mais sans aucune utilité. L'activité universitaire intéressait peu l'industrie et le commerce.

C'est avec la chimie que les choses ont commencé à changer. En Allemagne, les chimistes ont mis au point des procédés pour la production de colorants textiles synthétiques à partir de goudron de houille. Bayer AG, en Allemagne, fut la première entreprise à se doter d'un laboratoire de recherche destiné à la création de nouveaux produits chimiques. L'organisation et la réalisation de la recherche dans ce contexte étaient en soi une innovation (Meyer-Thurow, 1982). Les concurrents de Bayer ont rapidement suivi son exemple.

Dans les années 1890, à la suite des inventions de Thomas Edison, on assista à la naissance de l'industrie électrique. L'entreprise fondée par Edison, General Electric, créa en 1900 le premier laboratoire de recherche industrielle aux États-Unis, à Schenectady. Parmi les recherches importantes effectuées dans ce laboratoire, notons celles qui ont permis à Irving Langmuir d'obtenir le prix Nobel de chimie en 1932.

ENCADRÉ 5.1 – L'invention du nylon

À la fin de 1926, DuPont a décidé d'entreprendre un programme de recherche fondamentale. Charles Stine, vice-président de l'entreprise et instigateur de ce programme, expliquait ainsi les raisons justifiant cette décision :

> La recherche fondamentale aide à prédire la direction du développement de l'industrie chimique. La recherche appliquée de pointe permet d'atteindre les objectifs que pointe la recherche fondamentale. La croissance de l'industrie (et non sa simple expansion) dépend donc de la recherche fondamentale. C'est la philosophie de base de la recherche fondamentale.

Selon Stine, la recherche fondamentale permettait aussi d'améliorer les relations université-industrie et créait des consultants spécialistes pour la recherche appliquée. La grande différence avec la recherche universitaire, selon lui, était qu'à l'université la découverte était un objectif suffisant en soi.

DuPont a recruté des chercheurs universitaires et leur a donné la liberté de poursuivre les travaux qu'ils croyaient potentiellement utiles. Wallace Hume Carothers, un chimiste de l'université Harvard, a été embauché en 1928 à titre de directeur du groupe de chimie organique. Carothers a hésité longtemps avant d'accepter ce poste, parce que la recherche industrielle était tenue en basse estime dans le monde universitaire. Chez DuPont, il a commencé des travaux sur la théorie macromoléculaire des polymères – un sujet alimentant d'innombrables débats en chimie à l'époque. Carothers a réussi à produire des polymères à longue chaîne en utilisant des réactions chimiques bien connues. Ses travaux ont mené à de nombreuses publications qui démontraient que les polymères étaient des molécules ordinaires, seulement plus longues.

À l'origine, Carothers devait faire de la recherche fondamentale et DuPont l'encourageait à publier ses résultats. En 1930, une nouvelle administration l'a poussé à concentrer ses travaux sur le développement de nouveaux produits à base de polymères. Carothers a accepté, en exigeant qu'on lui permette toujours de publier ses résultats. DuPont a accédé à cette demande à la condition d'avoir le temps de breveter ses découvertes.

En 1931, Carothers a annoncé la possibilité de produire des fibres utiles à partir de matériaux complètement synthétiques. En 1935, DuPont a décidé de commercialiser le polyamide-6,6 parce que les matériaux de base étaient très économiques. Cette fibre était produite dès 1937 dans une usine pilote.

Les barrières technologiques à la production étaient énormes. La fabrication demandait des matériaux de base d'une pureté sans précédent et le filage devait se faire d'une façon radicalement différente des procédés traditionnels. Environ 230 ingénieurs ont travaillé à ce projet et plus de 200 brevets ont été accordés simplement pour les innovations techniques liées au processus de production.

À la fin de 1938, DuPont lançait le «nylon». Le produit, comparable à la soie mais beaucoup moins cher, est rapidement devenu un succès commercial. Pendant la Deuxième Guerre mondiale, une grande partie de la production fut réquisitionnée pour la fabrication de parachutes. Ce n'est qu'après 1945 que reprit la production des fameux bas de nylon.

Carothers n'a pas été témoin du succès du produit qu'il avait inventé. Victime d'une profonde dépression, il s'est enlevé la vie en avril 1937. Bien qu'il fût le premier chimiste industriel à être admis au sein de la prestigieuse National Academy of Science, il était convaincu que sa carrière de scientifique était un échec.

Source: Mulder, 1991.

L'entreprise DuPont, au Delaware, s'est dotée d'un laboratoire de chimie à la même époque. DuPont a fait fortune durant la Grande Guerre grâce à la poudre sans fumée qu'elle avait inventée à la fin du XIXe siècle. Ce succès encouragea DuPont à investir davantage dans la recherche fondamentale. Les frictions entre la recherche universitaire et la recherche industrielle, qui répondent à des impératifs différents, n'ont toutefois jamais été complètement éliminées. L'histoire de la découverte du nylon chez DuPont offre un exemple intéressant du développement de la technoscience (voir l'encadré 5.1).

Un autre laboratoire important où la recherche appliquée a côtoyé la recherche fondamentale était celui de Bell. Ses chercheurs ont obtenu six prix Nobel en physique au cours du XXe siècle, dont celui de 1956 pour l'invention du transistor.

La science avait prouvé sa valeur pour les milieux industriels et militaires. La recherche scientifique était devenue un élément important dans le développement de nouveaux produits et procédés.

Durant la Seconde Guerre mondiale, des physiciens aux États-Unis étaient persuadés que le régime nazi en Allemagne travaillait à developper la bombe atomique. Ils ont convaincu le célèbre physicien Albert Einstein de demander au président américain, Franklin Roosevelt, de mettre sur pied un programme de recherche pour développer cette arme. Les meilleurs physiciens alliés et des centaines d'ingénieurs ont travaillé à ce programme, connu sous le nom de projet Manhattan. Le 16 juillet 1945, sur le site d'essais dans le désert d'Alamogordo, avait lieu la première explosion d'une bombe atomique. Plusieurs années plus tard, le physicien Robert J. Oppenheimer décrivit ainsi l'événement :

> Nous savions que le monde ne serait plus jamais le même. Quelques personnes ont ri, certaines ont pleuré. La plupart étaient silencieux. Je me suis souvenu d'un passage dans un texte sacré hindou, le Bhagavad-Gita. Tentant d'impressionner le Prince, Vishnou prend sa forme à bras multiples et dit : « Maintenant, je suis la Mort, le Destructeur de monde. » Je crois que c'est ce que nous pensions tous d'une façon ou d'une autre (Rhodes, 1986).

La bombe atomique fut larguée sur les villes de Hiroshima et Nagasaki, les 6 et 9 août 1945 respectivement, forçant la capitulation du Japon. La physique avait perdu son innocence. Plusieurs des scientifiques qui ont travaillé au projet Manhattan, dont Oppenheimer, sont devenus militants dans le mouvement de contrôle des armes atomiques, en particulier par le truchement du *Bulletin of the Atomic Scientists*.

De nos jours, les sciences naturelles continuent à contribuer au développement technologique. En retour, la technologie est devenue essentielle à la recherche scientifique. Les accélérateurs de particules, le télescope spatial Hubble, les superordinateurs et les microscopes de tous genres sont des technologies sans lesquelles la science moderne serait impossible.

5.1.5 La technocratie

De nouveaux problèmes ont émergé dans les économies de marché industrielles de la deuxième moitié du XXe siècle. Avec de grands pans de la société désormais « rationalisés », une proportion importante de la population se sentait aliénée par la complexité des systèmes technologiques dont elle faisait partie. La production industrielle était souvent organisée selon les principes de la « gestion scientifique du travail » élaborée par l'ingénieur Frederick W. Taylor (Taylor, 1967). Cette méthode est caractérisée par une parcellisation extrême du travail en gestes simples et répétitifs et par un contrôle serré des temps d'opération faites par un travailleur. En 1913, Henry Ford fut le premier à combiner cette organisation du travail avec la chaîne de montage pour produire le célèbre modèle T. Cette approche permettait entre autres de remplacer les artisans qualifiés par des ouvriers sans qualification particulière, facilement remplaçables et interchangeables.

Les villes devaient grandir pour accommoder une population urbaine croissante et améliorer les conditions de vie des classes ouvrières. Si la gestion rationnelle des espaces intérieurs et extérieurs permettait une utilisation efficiente de cette ressource, elle a conduit à une uniformité extrême de l'environnement bâti.

Les critiques se firent de plus en plus nombreuses au cours des années 1960. Les ouvriers et leurs syndicats dénonçaient les effets abrutissants du travail sur la ligne de montage. La pollution, la destruction des écosystèmes et l'épuisement des ressources, qu'on appelait le « prix du progrès », devenaient de plus en plus perceptibles. Les progrès en technologie menaient à la fabrication d'armes de plus en plus destructrices, créant un risque croissant pour l'humanité.

Au début, ce sont les produits de la technologie que l'on critiquait pour leurs effets négatifs. Mais bientôt ce fut la technologie elle-même, comme système, qui devint l'objet de ces attaques. On accusait la « pensée technologique » d'être basée sur un principe de domination de la nature et des hommes. Les sociétés occidentales étaient vues comme des technocraties, gouvernées par des experts.

On condamnait l'attitude technocratique parce qu'on la considérait comme étant non démocratique. Elle cherchait à contrôler les gens plutôt que d'interagir avec eux. On l'accusait aussi d'avoir une vision à court terme et d'être incapable de prendre en compte les problèmes émergents liés à la surproduction de pollution et de déchets et à la surexploitation des ressources naturelles.

Cette attitude se manifestait particulièrement dans le concept de la réponse technologique (*technological fix*), consistant à adopter des solutions technologiques pour répondre aux problèmes sociaux, au lieu d'adopter une approche légale, politique ou organisationnelle. C'est ainsi qu'en 1966 le physicien américain Alvin Weinberg suggérait que le problème d'approvisionnement en eau en Californie pouvait être réglé en construisant des centrales nucléaires pour faire fonctionner des usines de dessalage de l'eau de mer, plutôt que de tenter de réduire ou contrôler la consommation. Aussi, il soutenait que la solution aux problèmes de l'enseignement primaire était l'introduction des ordinateurs en classe, au lieu d'une meilleure formation des enseignants ou la réduction de la taille des classes (Weinberg, 1966).

On accusait les ingénieurs et leur technologie de créer ces problèmes et, surtout, de nuire à la société. En réaction, les ingénieurs s'intéressèrent beaucoup moins aux enjeux sociaux qu'ils ne l'avaient fait durant la première moitié du XXe siècle et eurent tendance à se retirer de la société. Pour plusieurs ingénieurs, la politique était irrationnelle et les politiciens travaillaient plus à leur réélection qu'au bien commun.

La controverse sur l'énergie nucléaire qui prit place dans la plupart des pays industrialisés à compter des années 1970 illustre bien cette perspective. Selon les « technocrates », la seule façon de faire face à la demande croissante en énergie était de construire des centrales nucléaires. Ce progrès avait toutefois un prix. Il y avait le problème non résolu des déchets nucléaires, le risque de catastrophes importantes, le risque de répandre la technologie pour la fabrication d'armes nucléaires[4] et les menaces à la liberté engendrées par les mesures de sécurité nécessaires pour protéger les centrales nucléaires contre des attaques éventuelles.

4. C'est ainsi qu'un réacteur canadien vendu à l'Inde en 1964, à des fins « pacifiques », a servi à produire le plutonium pour construire la première bombe atomique de ce pays (Milhollin, 1987).

Beaucoup d'individus et d'organisations n'étaient pas prêts à courir ces risques. Entre-temps, il s'est avéré que la croissance de la demande en électricité dans la plupart des pays n'a pas été aussi forte qu'on l'avait prévu. C'est l'accident de la centrale nucléaire de Tchernobyl, en 1986, qui mit fin au débat. L'argument technocratique selon lequel il n'y avait qu'une solution aux problèmes d'énergie s'est donc révélé faux.

Piqués par les critiques des environnementalistes, les ingénieurs ont ignoré la question de la durabilité quand elle fut introduite par la commission Brundtland en 1987 (voir le chapitre 1). Bien que le développement durable puisse être facilement interprété comme un nouveau défi pour les ingénieurs, ces derniers se sont montrés plutôt sceptiques et ont perçu le concept comme une nouvelle menace pour la profession.

Au cours de la dernière décennie, beaucoup d'efforts ont été mis en place pour faire en sorte que les ingénieurs s'impliquent à nouveau dans les défis auxquels la société doit faire face, comme le développement durable. Reste à savoir si les ingénieurs sauront relever ces défis en évitant les pièges de la technocratie.

5.2 La dynamique du changement technologique

Pour la plupart d'entre nous, la technologie ne soulève pas d'interrogations. Elle est tout simplement là, constituant la façon la plus efficace ou pratique de répondre à nos besoins. Mais comment est-elle apparue? Grâce à la chance? À l'ingénuité? Ou a-t-elle été déterminée par l'état de l'économie? Est-il possible à quiconque, technologue ou pas, d'influencer le cours du développement de la technologie vers le développement durable?

5.2.1 Le déterminisme technologique

Un des plus grand critiques de la technologie moderne a été le philosophe français Jacques Ellul (1921-1994). Adoptant une perspective historique, Ellul cherchait à comprendre comment la technologie médiévale se distinguait de la technologie issue de l'attitude rationaliste des ingénieurs au XXe siècle (Ellul, 1990). À son avis, ces technologies variaient en plusieurs points. La technologie médiévale peut se décrire de la façon suivante:

- Elle avait une sphère d'application restreinte. Souvent basée sur des ressources locales spécifiques, elle était rarement transférable.
- Elle dépendait de ressources limitées et de compétences bien développées, comme pour la fabrication et la réparation d'outils.
- Elle était essentiellement locale, fournissant des solutions spécifiques ancrées dans la culture et la tradition locale.

Cela voulait dire que dans l'ensemble les individus et les communautés locales étaient capables d'influencer et de déterminer les technologies qu'ils utilisaient. Il existait alors un certain degré de liberté technologique.

Selon Ellul, la technologie moderne possède les caractéristiques suivantes:

- **L'automatisme des choix technologiques.** Il n'y a qu'une meilleure façon de régler chaque problème et la technologie qui accompagne cette solution semble incontournable partout sur la planète.
- **L'auto-accroissement.** Les nouvelles technologies renforcent la croissance d'autres technologies, ce qui mène à une croissance exponentielle.
- **L'insécabilité.** La technologie forme un tout qu'on doit accepter complètement, avec ses bons et ses mauvais côtés.
- **La cohésion.** Les technologies utilisées en différents lieux et différents domaines ont beaucoup en commun.
- **L'universalisme.** La technologique est omniprésente.

Pour Ellul, cela voulait dire que la technologie moderne détruisait la liberté humaine. À son avis, le futur de l'humanité était sombre et il n'y avait aucun moyen de revenir en arrière.

Ellul n'est pas le seul à présenter une vision dystopique de la société technologique. La plus connue est sans doute celle du roman *Le meilleur des mondes*, d'Aldous Huxley (1963). Publié en 1932, ce roman présente un monde futur où tout est organisé selon les principes de la ligne de montage et où les individus sont contrôlés par l'endoctrinement, des antidépresseurs et des hallucinogènes.

L'argument d'Ellul est une des inspirations de Theodore Kaczynski. Mathématicien de formation, Kaczynski, mieux connu sous le nom de «Unabomber», est tristement célèbre pour une campagne de terreur qu'il a menée dans les années 1980 et 1990 en envoyant des colis explosifs à différentes compagnies aériennes et à des établissements de recherche (crimes pour lesquels il a été condamné à la prison à vie). En 1995, il rendait public un texte, intitulé *La société industrielle et son avenir* (Kaczynski, 1995), dans lequel il expliquait qu'il était possible aux individus de participer à la société moderne uniquement en acceptant ses technologies. Ces technologies sont souvent présentées comme créant plus de liberté, mais, selon Kaczynski, elles nous rendent en fait de moins en moins libres (voir l'encadré 5.2).

Les analyses d'Ellul et de Kaczynski font complètement abstraction des bénéfices importants que nous tirons de la technologie. Le nombre d'individus vivant dans des conditions relativement bonnes sur la planète est sans précédent dans l'histoire humaine. La critique de l'aliénation créée par la technologie n'est pas sans fondement, mais elle est très partielle. Elle conduit à des conclusions extrêmes qui ne sont pas justifiées. Nous avons sacrifié certaines libertés, mais en avons gagné de nouvelles. Le débat sur l'énergie nucléaire montre très bien que le développement des technologies n'est pas un parcours menant à une destinée inévitable. La technologie peut refléter des choix sociaux, surtout quand les citoyens participent activement au débat, plutôt que de laisser les experts prendre toutes les décisions.

ENCADRÉ 5.2 – Technologie et liberté: une vision dystopique

Une avancée technologique qui paraît à première vue ne pas présenter de danger pour la liberté se révèle souvent très menaçante au bout d'un certain temps. Par exemple, prenons les transports motorisés. Un homme à pied pouvait pratiquement aller où bon lui semblait, à son rythme, sans s'occuper des règles du Code de la route. Il était indépendant des structures technologiques. Quand les véhicules à moteur sont apparus, ils semblaient pouvoir donner plus de liberté à l'homme. Ils n'empiétaient pas sur la liberté du piéton, personne n'avait d'automobile s'il n'en voulait pas, et celui qui choisissait de posséder une automobile pouvait voyager beaucoup plus vite qu'un homme à pied. Mais l'introduction de ces engins a rapidement changé la société de telle façon que la liberté de se déplacer s'en est trouvée restreinte. Quand les automobiles deviennent trop nombreuses, il devient nécessaire de réglementer leur usage. Dans une voiture, tout spécialement dans les zones densément peuplées, personne ne peut se déplacer à son rythme, le mouvement est dicté par celui du flot de la circulation et par les règles du Code de la route. L'utilisation de la voiture est aussi liée à différentes obligations: permis de conduire, enregistrement, assurance, etc. De surcroît, l'utilisation d'un moyen de transport motorisé n'est plus simplement une option. Depuis l'introduction de ces engins, la conformation de nos villes a tellement changé que la plupart des gens ne vivent plus à proximité de leur travail, des zones commerciales et des lieux de loisir, ce qui fait qu'ils dépendent de l'automobile pour le transport. Ou bien ils utilisent les transports publics, auquel cas ils ont perdu encore plus de leur liberté de déplacement. Même la liberté du piéton a été considérablement restreinte. En ville, il est continuellement obligé de s'arrêter aux arrêts et aux feux qui servent principalement à gérer le trafic automobile. À la campagne le trafic rend la marche extrêmement dangereuse et déplaisante le long des grands-routes. (Notez le point important que nous avons illustré avec le cas du transport motorisé: quand un nouvel artefact technologique est introduit en tant qu'option qu'un individu peut refuser ou accepter, il ne RESTE pas souvent optionnel. Dans la majorité des cas, la nouvelle technologie change la société de telle façon que les gens se trouvent CONTRAINTS de l'utiliser.)

Source: Kaczynski, *Manifeste de l'Unabomber*, 1995, paragraphe 127.

La perspective optimiste sur la technologie est fondamentalement similaire à celles d'Ellul et de Kaczynski. Elle peint un portrait rose d'un futur technologique inévitable, indépendant de la volonté humaine. L'argument type se présente ainsi:

- La quantité de connaissances scientifiques ne cesse de croître.
- Le développement technologique peut utiliser ces connaissances scientifiques ainsi que la technologie existante.
- Cela mènera à de meilleures technologies, qui à leur tour stimuleront la croissance scientifique et le développement de nouvelles technologies.
- Les citoyens doivent s'adapter à ces nouvelles technologies.

Ce type de raisonnement, qu'il soit optimiste ou pessimiste, s'appelle le déterminisme technologique. L'état du développement technologique détermine la nature de la société, plutôt que l'inverse. Cette vision déterministe du monde est particulièrement évidente dans la caractérisation des périodes de l'histoire, comme l'âge de pierre, l'âge de bronze ou l'âge de l'automobile.

Le déterminisme technologique est un argument discutable. Il présume que le lien entre la science, la technologie et la société est unidirectionnel. Comme le révèle l'exemple de la machine à vapeur, la technologie n'est pas simplement le résultat de l'application de principes scientifiques. De nombreuses analyses montrent aussi que la création des technologies n'est pas un processus à solution unique (« optimale »), mais le résultat de choix explicites – une caractéristique qui selon Ellul ne se trouvait que dans les technologies traditionnelles. On ne peut cependant pas rejeter complètement le déterminisme technologique.

5.2.2 Le constructivisme social

Une perspective diamétralement opposée au déterminisme technologique est le modèle de la construction sociale des technologies. Dans ce modèle, les technologies sont présentées comme des constructions sociales. Ce sont les demandes et les intérêts de différents groupes sociaux qui déterminent les technologies. Un concept central de ce modèle est que les individus peuvent attribuer différentes significations à un artefact (un objet de fabrication humaine). La voiture, par exemple, peut être à la fois un moyen de transport et un symbole de statut ou de style de vie pour son propriétaire. Pour le piéton, la voiture peut être un danger ; pour le gestionnaire public, un objet de taxation.

Différents groupes peuvent donc essayer d'influencer le développement d'une technologie selon leurs intérêts. Parfois ces intérêts convergent, parfois ils divergent. Dans le second cas, on se retrouvera souvent devant une controverse.

Les artefacts technologiques possèdent une certaine stabilité, une certaine inertie, puisqu'ils reposent sur l'expérience passée et sur les connaissances existantes. Les changements technologiques ne coïncident donc pas toujours avec les demandes rapidement changeantes de la société. Ils sont à la traîne. Mais l'inverse existe aussi : il peut être long pour les sociétés de s'adapter aux possibilités de nouvelles technologies.

Ces délais produisent des interactions dynamiques entre la technologie et la société. Alors que certaines technologies échouent et que certaines demandes de la société demeurent sans réponses, une dynamique de coévolution émerge. Le modèle socioconstructiviste est exploré plus à fond au chapitre 9.

Le débat entre les « déterministes » et les « constructivistes » n'est pas que d'intérêt théorique. Pour les déterministes, toute tentative d'influencer la technologie et la science pour des raisons éthiques ou politiques est inutile. Pour les constructivistes, la société est sans cesse active dans le développement du futur des technologies. Pour eux, l'idée d'influencer le cours du développement technologique vers la durabilité est réaliste.

5.2.3 Le déterminisme technologique et le socioconstructivisme comme étapes récurrentes du développement technologique

Entre ces deux positions extrêmes, certains concepts permettent d'intégrer les deux thèses, à savoir celle des déterministes selon qui le développement technologique est autonome et celle des constructivistes qui soutiennent que le développement technologique est déterminé par des choix sociaux. Ces concepts cherchent à rendre compte de situations différentes, celles où le développement technologique est déterminé principalement par des forces sociales et celles où la société semble exercer peu d'influence.

La stabilité des technologies peut être expliquée par les différents environnements dans lesquels celles-ci sont ancrées :

- **L'environnement socioéconomique**. Une technologie doit correspondre aux demandes et exigences des groupes sociaux concernés. Par exemple, pour un véhicule, le prix, le statut, le confort, la sécurité, la vitesse, etc. Une nouvelle technologie doit donc répondre aux attentes et résoudre des problèmes que les acteurs sociaux souhaitent régler.
- **L'environnement physique**. Chaque artefact est adapté à d'autres artefacts, infrastructures technologiques, système d'entretien, sources d'énergie, etc. Toute nouvelle technologie doit être compatible avec ces conditions. Par exemple, un nouveau véhicule automobile doit fonctionner avec le système routier existant, utiliser une source d'énergie aisément disponible, avoir des mécanismes de contrôle familier et satisfaire divers critères de performance.
- **La base de connaissances technologiques**. Les technologies reposent sur des règles et des savoir-faire existants. La trajectoire à donner à l'innovation dans un domaine technologique particulier fait généralement consensus au sein de la communauté responsable. L'émergence de nouvelles technologies est conditionnée par l'état des connaissances et par ce que les communautés chargées de les concevoir et de les construire croient possible et souhaitable de réaliser. Les changements technologiques radicaux requièrent donc des changements importants dans les courants de pensée majoritaires des communautés technologiques. L'autre solution est de briser leur pouvoir en créant des communautés technologiques alternatives qui peuvent les remplacer.

Comme de grands bouleversements simultanés dans ces trois environnements sont très rares, les innovations radicales sont aussi exceptionnelles. Par exemple, même si elle était technologiquement possible, une solution alternative radicale au moteur à combustion dans l'automobile devrait aussi être socioéconomiquement viable et adaptée aux infrastructures existantes.

Les forces qui favorisent la stabilité technologique font en sorte que la technologie évolue généralement de façon incrémentale et sur de longues périodes. Comme dans l'évolution chez les êtres vivants, certaines technologies peuvent disparaître ou se séparer en différentes « espèces » adaptées à des conditions particulières.

Dans les systèmes technologiques contemporains, les institutions sociales et les équipements technologiques forment une toile continue. Toutes les tentatives de distinguer clairement entre les dimensions «sociale» et «technique» de ces systèmes sont futiles. Cela est particulièrement évident dans le cas d'accidents, où l'on cherche souvent, en vain, à déterminer si les causes sont humaines ou techniques. La distinction entre les facteurs humains et techniques est avant tout une question de perspective. Est-ce l'équipement qui est mal adapté aux humains qui le font fonctionner, le gèrent et en font l'entretien? Ou, au contraire, est-ce que ce sont les humains qui ne peuvent répondre aux exigences créées par les équipements avec lesquels ils doivent travailler?

Ainsi qu'on l'a souligné plus haut, les changements technologiques sont parfois lents et à la traîne derrière les changements rapides de la société dans son ensemble. À l'opposé, la créativité des technologues peut aussi conduire à l'invention de nouveaux produits et systèmes qui révolutionnent la vie sociale. Pensons par exemple au téléphone cellulaire et à l'ordinateur personnel. Cela ne signifie pas que toutes les technologies révolutionnaires sont acceptées par la société. Plusieurs nouvelles technologies n'ont en effet jamais été acceptées et d'autres ont pour ainsi dire été oubliées. L'aviation civile supersonique a disparu avec la mise au rancart du *Concorde* en 2003. La mémoire à bulles magnétiques, la technologie informatique révolutionnaire de la fin des années 1970, n'a jamais réussi à pénétrer les marchés et elle est aujourd'hui moribonde. Dans le cas de l'énergie nucléaire, la question de l'acceptation demeure ouverte. À l'inverse, certaines technologies qui ont changé notre monde ont souvent été perçues à l'origine comme des «gadgets» sans importance. En 1876, bien peu de gens croyaient que le téléphone était plus qu'un gadget scientifique, y compris Elisha Gray, qui avait inventé un appareil téléphonique semblable à celui d'Alexander Graham Bell[5]. Cette année-là, la société de télégraphie Western Union avait d'ailleurs refusé d'acheter le brevet de Bell pour la modique somme de 100 000$ (Flatow, 1992).

La technologie et son environnement sociétal se situent dans une relation de coévolution. Ils s'adaptent l'un à l'autre, tout en ayant beaucoup de discordances. Ces discordances apparaissent souvent lorsqu'il se produit des changements rapides d'un côté ou de l'autre. Prenons par exemple l'évolution accélérée des technologies de l'information dans les années 1980 qui eut des répercussions majeures sur les emplois et le marché du travail. Ou, encore, les demandes actuelles pressantes pour des technologies durables auxquelles l'industrie peine à répondre sans délai.

En somme, les technologies qui permettent de résoudre les problèmes environnementaux sont des produits du passé et du présent. Elles relèvent des normes et des valeurs de la société, ainsi que de l'expérience et des paradigmes des technologues.

Ces technologies forgent notre futur tout en reflétant les normes et intérêts contemporains. Le développement des technologies durables dont l'humanité a besoin est donc un défi important pour toute notre civilisation, pas seulement pour les technologues.

---

5. C'est Bell qui a obtenu le brevet sur le téléphone parce qu'il avait déposé sa demande de brevet deux heures avant Gray.

5.3 Technologie, idéologie et responsabilité

5.3.1 Controverses et choix politiques

Les décisions en matière de technologie sont aussi importantes pour le futur à long terme de la société que toute autre question politique actuelle. Bien que les médias ne se concentrent que très rarement sur les technologies, à moins qu'il n'y ait un accident majeur, les décisions prises quant à leur conception, à leur développement et à leur déploiement auront un impact déterminant. Pensons par exemple aux décisions prises aujourd'hui relativement à la production d'électricité. Elles impliquent des investissements qui seront amortis sur plusieurs décennies et il sera donc très difficile de modifier cette technologie pendant cette période.

Les décisions sur la technologie ne sont pas neutres. La technologie est une question politique, même dans le cas des technologies durables. Prenons par exemple les problèmes environnementaux créés par les pratiques agricoles actuelles. Doit-on s'orienter vers l'agriculture biologique, laquelle requiert davantage d'espace, ou vers l'agriculture extensive à haute technologie ? Chacune de ces approches a ses avantages et ses inconvénients, favorise certains groupes et certains intérêts et est porteuse de certaines valeurs et visions sur la façon dont doit fonctionner la société. Une question similaire s'est récemment posée au Québec dans le cas de l'énergie éolienne. Alors que la société québécoise dans son ensemble était favorable à l'éolien, d'importants débats ont eu lieu sur la meilleure façon de développer cette filière. Le gouvernement a choisi de confier ce développement à des entrepreneurs privés, mais plusieurs groupes auraient préféré que ce développement se fasse directement par Hydro-Québec ou par des coopératives locales. Il n'y a aucun doute que ce choix aura une incidence sur la forme que prendra le développement de la filière éolienne au Québec, sur son efficacité, sa rentabilité, son acceptabilité, ses impacts économiques et environnementaux.

Un exemple canonique de technologie « politique » est celui des routes scéniques (*parkways*) construites dans les années 1920 à Long Island, à l'extérieur de la ville de New York, pour desservir entre autres le tout nouveau parc de Jones Beach. Tous les passages supérieurs enjambant ces routes ont été conçus pour avoir seulement trois mètres de hauteur libre. Robert Moses, responsable des travaux, voulait ainsi éviter toute circulation lourde sur ces routes, y compris celle des autobus. Les raisons de cette décision reflètent les préjugés raciaux et les partis pris sociaux de l'époque. Les blancs des classes riches et moyennes, propriétaires de voitures, pourraient utiliser ces routes pour leurs loisirs et se rendre au travail. En revanche, les pauvres et les Noirs, qui utilisaient généralement les transports en commun, n'y auraient pas accès. L'accès au parc de Jones Beach s'en trouvait donc ainsi très limité pour ces groupes. Moses s'est assuré que cet accès demeure limité en s'opposant fermement à ce qu'on étende le service de train de banlieue jusqu'au parc (Caro, 1974).

La technologie devient objet de débat social lorsque la dimension politique d'une décision est révélée. Mais c'est souvent après coup qu'elle devient évidente parce que cette nature politique est souvent cachée. Les controverses publiques entourant un projet ennuient grandement les décideurs et les promoteurs, mais, disons-le, elles sont nécessaires à la qualité démocratique du processus décisionnel. Elles stimulent l'examen des arguments et aident ainsi à rendre les enjeux plus clairs pour les citoyens (Mazur, 1981 ; Rip, 1986).

Dans ces controverses, le **dilemme du contrôle** est souvent un élément important. Ce dilemme survient parce qu'il est très difficile, sinon impossible, de contrôler une technologie aux premières étapes de son développement puisqu'on n'en sait pas assez sur ses conséquences négatives pour en justifier le contrôle. Cependant, une fois que la technologie est bien établie et que ses conséquences deviennent évidentes, elle devient très difficile à contrôler (Collingridge, 1980).

Une des deux façons de résoudre ce problème consiste à déterminer, dès la phase de conception, les effets négatifs qui pourraient se produire éventuellement. Or, cette approche ne peut fonctionner, selon Collingridge, l'histoire démontrant qu'il est impossible de prédire tous les effets potentiels d'une technologie. Il propose plutôt une approche capable de gérer cette ignorance partielle. Cette approche consiste à s'assurer que les technologies demeurent flexibles, ouvertes, en mesure de s'adapter aux impératifs de contrôle qui pourraient survenir. Elle soulève évidemment d'autres questions. Quelles dimensions de la technologie devraient être flexibles, et comment devraient-elles l'être ? Les normes et les valeurs guidant l'évaluation des effets sont souvent peu claires et changent dans le temps.

Les controverses publiques peuvent nous aider à mieux comprendre les technologies et leurs effets. Durant de tels événements, de nombreux rapports couvrant toutes sortes de détails techniques sont rédigés. Malheureusement, ces rapports cherchent rarement à alimenter la discussion ou à favoriser les échanges d'arguments. Les parties concernées cherchent plutôt à discréditer leurs opposants en mettant l'expertise de ces derniers en doute ou en démontrant que leur opinion relève de leur idéologie et de leurs intérêts (Nowotny, 1979). En pratique, on ne met jamais fin à de telles controverses par des arguments technoscientifiques.

Toutefois, un argumentaire technoscientifique robuste est essentiel à toute crédibilité publique et politique. Les politiciens sont parfois amenés à trancher dans les controverses technologiques. Mais comme ils sont souvent intimidés par les débats vigoureux entre les diverses factions et entre les experts, les controverses se terminent souvent à la suite d'événements externes (comme la controverse sur l'énergie nucléaire à la suite de l'accident de Tchernobyl) ou, encore, elles se terminent graduellement (Nelkin, 1984).

5.3.2 La responsabilité des ingénieurs et des scientifiques

Les scientifiques et les ingénieurs ont une responsabilité importante dans la prise de décision publique sur les questions technoscientifiques. Ils sont souvent les premiers à identifier les dangers associés à un développement technoscientifique particulier. Par exemple, ce sont les scientifiques qui, les premiers, ont reconnu les dangers potentiels des techniques de transfert d'ADN (c'est-à-dire l'introduction du matériel génétique d'une espèce dans des organismes d'une autre espèce, en particulier des bactéries). Robert Pollack, un virologiste américain, fut le premier à partager ses craintes avec ses collègues. Cette discussion a mené à un moratoire volontaire sur les expériences de transfert d'ADN, jusqu'à ce qu'une réunion internationale, en 1975, permette d'établir les règles de sécurité de base à respecter dans l'utilisation de cette technique (Fredrickson, 2001).

Comme l'expertise est un gage de crédibilité dans les débats publics, il est important que les groupes qui possèdent peu de moyens, comme les groupes communautaires, les regroupements de citoyens et les ONG, aient aussi accès à l'expertise scientifique et technique. Certaines universités, particulièrement en Europe, ont répondu à cette demande en créant des « ateliers des sciences » (*Science shops*) dont le rôle est de fournir à ces groupes l'expertise dont ils ont besoin (Sclove *et al.*, 1998).

La responsabilité scientifique des ingénieurs et des scientifiques peut être la source de dilemmes moraux. L'ingénieur ou le scientifique qui dénonce une situation au nom de l'intérêt public va à l'encontre de l'intérêt de l'employeur, de l'industrie privée ou des organisations publiques. Il joue son emploi, voire sa carrière. Les codes de conduite adoptés par les associations professionnelles peuvent guider ces individus dans l'analyse des dilemmes auxquels ils sont confrontés et les aider à choisir les actions appropriées. Les codes de conduite comme celui de l'IEEE (Institute of Electrical and Electronics Engineers) (voir l'encadré 5.3) sont strictement volontaires. Au contraire, les codes de déontologie comme celui de l'Ordre des ingénieurs du Québec (OIQ) ont force de loi, ce qui crée une obligation d'intervention encore plus grande lorsque la santé ou la sécurité du public sont concernées (Gouvernement du Québec, 2009).

5.3.3 La science et la technologie dans le quotidien des nations industrialisées

Les citoyens des pays industrialisés sont devenus complètement dépendants de la technologie[6]. Ils en sont toutefois très peu conscients. Ce n'est qu'en cas de problème que cette dépendance devient évidente. Ce peut être lors d'un inconvénient mineur, comme la fermeture temporaire d'un pont, ou encore devant un problème majeur, comme une interruption étendue et prolongée de l'alimentation électrique. Dans certaines circonstances, une telle interruption peut entraîner un effondrement complet de l'ordre social. C'est ce qui est arrivé par exemple en 1977 quand une interruption de courant a frappé la côte du nord-est des États-Unis. Le tout s'est terminé par des actes de violence et de pillage généralisés dans la ville de New York[7]. Des événements météorologiques extrêmes comme l'ouragan Katrina qui a frappé la Nouvelle-Orléans en 2005 ou la tempête de verglas qui a paralysé une partie du Québec en 1998 nous rappellent notre dépendance aux infrastructures technologiques.

6. Ce qui ne veut pas dire que les sociétés agricoles ou de chasseurs-cueilleurs n'ont pas une certaine dépendance à la technologie. Dans ce cas, il s'agit avant tout de technologies artisanales limitées mais robustes, dont la maîtrise est bien partagée par toute la communauté.

7. Il faut noter que cette panne est arrivée à un moment de tensions sociales importantes. Des pannes similaires en 1965 et en 2003 n'ont pas entraîné d'incidents semblables.

ENCADRÉ 5.3 – Code d'éthique de l'IEEE

Nous, membres de l'IEEE, conscients de l'importance qu'ont les effets des technologies sur la qualité de vie partout dans le monde, et acceptant une obligation personnelle envers notre profession, ses membres et les communautés que nous servons, nous engageons à respecter les plus hauts standards éthiques et de conduite professionnelle et convenons :

1. d'accepter la responsabilité de prendre des décisions d'ingénierie en accord avec la santé, la sécurité et le bien-être du public, et de divulguer promptement tout facteur qui pourrait mettre le public ou l'environnement en danger ;
2. d'éviter tout conflit d'intérêts réel ou apparent, lorsque c'est possible, et, en présence de tel conflit, d'en avertir les parties concernées ;
3. d'être honnêtes et réalistes dans nos déclarations et estimations basées sur les données existantes ;
4. de rejeter la corruption sous toutes ses formes ;
5. d'améliorer la compréhension de la technologie, de son application appropriée et de ses conséquences potentielles ;
6. de maintenir et améliorer nos compétences techniques et de n'entreprendre des tâches technologiques pour les autres que si nous sommes qualifiés par formation ou expérience, ou après la divulgation des limitations pertinentes ;
7. de chercher, accepter et offrir une critique honnête des travaux techniques, de reconnaître et corriger les erreurs, et de reconnaître la contribution des autres ;
8. de traiter toute personne avec équité, sans égard à la race, à la religion, au sexe, aux handicaps, à l'âge ou à l'origine nationale ;
9. d'éviter de nuire à autrui, d'endommager sa propriété, sa réputation ou son emploi par des actions fausses ou malicieuses ;
10. de porter assistance aux pairs et collègues dans leur développement professionnel et de les aider à respecter ce code de conduite.

Source : IEEE, 2008.

La technologie a donc envahi nos vies et bien peu parmi nous songeraient à s'en plaindre. Si nous comparons la vie dans les pays industrialisés à celle d'il y a 100 ou 200 ans, il n'y a aucun doute que la technologie a grandement contribué à l'amélioration de notre qualité de vie au quotidien. Les gens sont plus nombreux, vivent mieux et plus longtemps. Cela ne veut pas dire qu'il n'y pas de revers à notre civilisation technologique.

Les développements technologiques du XXe siècle ont facilité bien des choses, mais ont aussi favorisé l'adoption, par beaucoup d'entre nous, d'un style de vie sédentaire propice aux maux dits « de civilisation », comme le diabète, l'obésité et les maladies cardiovasculaires. Nos ancêtres avaient sans doute bien raison de célébrer toutes ces innovations qui réduisaient le dur labeur à la maison, à l'usine et dans les champs, qui augmentaient la productivité agricole et éloignaient le spectre de la famine. Aujourd'hui, ironiquement, c'est la surabondance qui tue. Nous devons aller au gym pour faire l'exercice physique que nos occupations quotidiennes ne comportent plus. « Trop, c'est comme pas assez », nous dit l'adage populaire.

L'automobile est un élément central du style de vie sédentaire des habitants des pays industrialisés. Mais l'automobile fait plus que nous encourager à la sédentarité. En 2003, 6 061 personnes sont mortes et 222 455 ont été blessées sur les routes au Canada (Direction de la sécurité routière et de la réglementation automobile, 2006). Les accidents de la route sont devenus une question politique importante dans les années 1970 et le nombre de victimes de la route a diminué radicalement au cours des décennies suivantes. Ainsi, le nombre de morts sur les routes du Québec est passé d'environ 2 200 en 1973 à 610 en 2001, alors que le nombre de véhicules et de conducteurs a presque doublé. Les raisons qui expliquent ce bilan positif sont nombreuses : sensibilisation, nouvelles lois, contrôles plus sévères, amélioration des technologies automobiles (Table québécoise de la sécurité routière, 2007). Bien que la sécurité routière soit toujours une question jugée importante, nous semblons accepter les accidents de la route et leurs victimes comme le prix à payer pour une société plus mobile.

Les technologies ne sont pas que des outils et des appareils. L'utilisation d'une technologie présuppose certaines connaissances sur quand et comment l'utiliser. Nous l'apprenons rapidement, souvent sans nous en rendre compte. Mais si cet apprentissage est très long ou trop difficile, certains individus n'acquerront jamais le savoir-faire nécessaire. Les problèmes liés à cet apprentissage (ou à une mauvaise conception) deviennent évidents quand les gens font des erreurs. Vers la fin des années 1990, la Société de transport de Montréal a introduit des détecteurs de mouvement pour contrôler l'ouverture des portes arrière des autobus. Très différent des systèmes précédents et souffrant d'un long délai entre la détection du mouvement et l'ouverture des portes, ce système a longtemps semé la confusion chez les utilisateurs.

Les artefacts techniques prescrivent certains comportements – autrement ils sont inutiles. On appelle **scripts** ces prescriptions implicites[8]. La série télévisée « Catweazle », diffusée dans les années 1970 par Radio-Canada sous le titre « Temporel », illustre très bien ce qui arrive quand on ne connaît pas ces scripts. Dans cette série, Catweazle est un sorcier du XIe siècle qui se retrouve accidentellement au XXe siècle. Les situations comiques émergent quand il plaque ses propres scripts sur des objets du quotidien. Ainsi, un masque de soudeur devient un casque magique, et sa façon de l'utiliser est de le porter en criant des formules magiques.

Un élément intéressant de cette série est que Catweazle interprète les fonctions de tous les artefacts techniques en utilisant la magie comme cadre de référence. Dans ce cadre, tous les objets sont enchantés. C'est un cadre de référence qui est complètement absent chez l'homme moderne dans l'interprétation des artefacts. Le téléphone est un instrument technoscientifique dont le fonctionnement s'explique par des lois scientifiques, bien que peu d'entre nous soient capables de formuler une telle explication. Une interprétation magique ou religieuse des lois de la nature n'a pas sa place dans le

8. Le concept de script ne veut pas dire qu'il n'est pas possible de contourner les comportements dictés par un artefact technologique, ni même de détourner l'artefact du type d'utilisation auquel on le destinait. La culture du *hacking* est un exemple particulièrement évident de ce type de détournement.

monde moderne[9]. Les orages sont des phénomènes que la météorologie peut expliquer et prédire. La foudre s'explique pareillement grâce aux lois de l'électromagnétisme. La science a évacué le magique du quotidien. Il n'y a plus de récompense ni de punition divine. Il n'y a que les lois de la nature et le hasard.

Dans notre monde moderne, les histoires de miracles et de bêtes fantastiques (comme le monstre du Loch Ness) sont reçues avec beaucoup de scepticisme. Les objets volants non identifiés (OVNI) semblent être une version de ces mythes réinterprétée dans notre cadre technoscientifique. Malgré tout, la récurrence de ces histoires semble pointer vers de nouveaux problèmes et dégager un malaise issu du succès même de la science et de la technologie :

- Qui sommes-nous comme êtres humains ? Est-ce que notre vie est simplement déterminée par la combinaison des gênes à notre conception et par les aléas de l'existence qui s'ensuit ? Et, si c'est le cas, qu'est-ce que cela fait de nous ?
- En 1997, un groupe de chercheurs réussissait pour la première fois à cloner un mammifère (la brebis Dolly). Les humains peuvent aussi, en principe, être clonés. Depuis 1978, on peut concevoir des embryons humains en éprouvette. On peut aussi soumettre ces embryons au dépistage génétique. Nous sommes donc de plus en plus en mesure de sélectionner nos descendants. Où cela nous mènera-t-il ? Est-ce que nous voulons des enfants parfaits ?
- L'année de la naissance de Dolly, la brebis clonée, le superordinateur *Deep Blue* d'IBM réussissait à vaincre aux échecs le champion mondial Garry Kasparov. Que signifie cet événement pour nous ? Est-ce que les humains ne sont qu'une étape dans l'évolution, destinés à être remplacés par des entités plus intelligentes ?

Répondre à ces questions est hors de la portée de ce livre – si en fait, il est possible d'y répondre. Ce qui est clair, c'est que la science et la technologie nous touchent d'une façon si profonde qu'elles font naître des questions fondamentales en chacun de nous.

9. Ce qui n'empêche pas certains groupes, particulièrement aux États-Unis, d'expliquer certains phénomènes, comme l'origine de la vie, par l'intervention divine.

5.4 Questions de réflexion et de discussion

1. Consultez l'histoire de votre établissement d'enseignement (ou de celui où vous avez reçu votre formation universitaire de premier cycle).

   a) Qui l'a fondée ?

   b) Quel rôle devait jouer cet établissement à l'origine ? En quoi son programme de formation était-il nouveau ou différent à cette époque ? En quoi se distingue-t-il d'un établissement similaire fondé à une époque différente ?

2. Qu'est-ce que le dilemme du contrôle ?

   a) Pourrait-on échapper à ce dilemme en rendant les technologies plus flexibles, capables de répondre à des changements futurs ou de nouvelles connaissances ?

   b) Quelles seraient les conséquences d'une telle stratégie sur le développement de nouvelles technologies ?

   c) Discutez de ce problème dans le contexte des organismes génétiquement modifiés ou du développement des nanotechnologies.

3. Les ingénieurs ont une responsabilité individuelle face au public dans leurs activités quotidiennes, mais ont-ils collectivement une responsabilité, voire un pouvoir, dans la direction que prend le développement des technologies ?

Chapitre

6

Mesurer la durabilité

Ce chapitre aborde les façons de mesurer la durabilité. La mesure des changements dans le capital social, naturel et économique est complexe et il n'existe pas de méthode unique et standardisée pour mesurer la durabilité. Il est cependant possible d'observer quelques caractéristiques communes dont les origines remontent à la Conférence des Nations Unies sur l'environnement et le développement qui a eu lieu à Rio de Janeiro en 1992.

Différentes perspectives sur la durabilité ont des conceptions distinctes de la relation entre le développement humain et la nature. Pour mesurer la durabilité, il faut intégrer des sphères qui, traditionnellement, étaient mesurées séparément.

Si nous mesurons la durabilité, c'est avant tout pour suivre l'évolution de variables et d'indicateurs dans le temps. De cette façon, nous pouvons savoir où nous nous trouvons et où nous allons. Cela nous aide à définir des cibles à atteindre et à déterminer la distance à parcourir avant d'arriver là où nous voulons nous retrouver.

Également, la comparaison entre les pays et les régions est importante. Les indicateurs et les indices nous aident aussi à définir les problèmes et à développer des pistes de solution.

Pour mesurer la durabilité, les éléments suivants sont nécessaires :

- un cadre méthodologique approprié ;
- des données contrastantes et fiables ;

- une stratégie de communication adaptée ;
- un système d'évaluation permanent.

6.1 Principes généraux

Le développement durable ne se réalise pas de façon passive. Des décisions doivent être prises, des stratégies doivent être définies afin d'orienter le développement. Il faut adopter une ligne de conduite qui sera communiquée à tous les acteurs concernés. Certains de ces acteurs, comme les décideurs régionaux et municipaux, doivent être capables d'identifier les problèmes qui les concernent, d'envisager des solutions appropriées et de prendre les bonnes décisions.

Il est important que la prise de décision soit basée sur des données exactes. Il est donc nécessaire de créer des systèmes d'information qui intègrent les principes et les approches du développement durable. L'information générée par ces systèmes doit être facilement accessible afin de favoriser la participation du public.

À cause de la complexité du développement durable, ces systèmes d'information ne peuvent jamais offrir une vue d'ensemble complète qui révèle en même temps tous les aspects pertinents. Il faut éviter qu'un déluge d'information ne paralyse les décideurs. L'emploi d'indicateurs permet de faire face à cette complexité en offrant une vue d'ensemble sur différents segments de la réalité.

Les stratégies pour mesurer la durabilité devraient permettre de suivre la dynamique des problèmes et d'évaluer les conséquences des solutions proposées. De cette façon, les systèmes d'information constituent la base d'une méthode plus appropriée pour la prise de décision.

6.1.1 Les indicateurs et les indices

Les **variables** sont les caractéristiques d'un système que l'on peut mesurer. Les **indicateurs** sont des phénomènes distincts qu'on ne peut pas mesurer directement. On les obtient en combinant différentes variables. Un exemple d'indicateur serait l'intensité en énergie, laquelle est définie comme étant la consommation d'énergie par personne ou par dollar de PIB (produit intérieur brut). Les indicateurs devraient donner suffisamment d'information pour permettre une évaluation objective de la situation. Cette évaluation se fait généralement en comparant l'indicateur à une valeur seuil.

> Les indicateurs jouent plusieurs rôles. Ils peuvent mener à de meilleures décisions et à des actions plus efficaces en simplifiant, clarifiant et rendant disponible l'information aux décideurs. Ils peuvent aider à incorporer les savoirs des sciences physiques et sociales dans le processus de décision, et peuvent aider à mesurer et calibrer le progrès vers les objectifs de développement durable. Ils peuvent offrir une alerte

rapide afin d'éviter des revers économiques, environnementaux ou sociaux. Ils sont aussi utiles pour communiquer des idées et des valeurs (Organisation des Nations Unies, 2007, p. 3).

Les **indices** sont des valeurs qui communiquent de l'information générale sur un problème particulier. Ils sont obtenus par l'agrégation de différents indicateurs et variables que l'on présume être des composantes du phénomène à l'étude. Ainsi, l'indice du développement humain permet de mesurer ce développement à travers des indicateurs comme la santé (espérance de vie à la naissance), l'éducation (taux d'alphabétisation) et le niveau de vie (PIB par habitant). L'analyse du cycle de vie (ACV, voir le chapitre 8) est un exemple d'indice portant sur les produits.

6.1.2 Les indicateurs de durabilité

Les indicateurs de durabilité sont des outils qui communiquent de l'information sur des phénomènes complexes comme le PIB, les émissions de CO_2 par personne, etc. Ils peuvent être calculés par période ou par territoire et permettent d'évaluer le progrès d'une région, d'une ville ou d'un pays par rapport à un objectif donné.

Pour permettre une évaluation efficace des politiques, la valeur désirée (ou désirable) d'un indicateur doit être clairement exprimée. À cette fin, le gradient de valeurs (de bon à mauvais) d'un indicateur peut prendre différentes formes:

- **Échelle nominale.** Une telle échelle comporte seulement deux valeurs, par exemple oui ou non. Elle fournit très peu d'informations significatives, mais engendre facilement un consensus. Alors qu'on peut être divisé en évaluant l'efficacité d'une politique de développement durable, il est facile de s'entendre sur le fait qu'elle existe ou pas.
- **Échelle ordinale.** Cette échelle est basée sur une hiérarchie d'états. On peut s'attarder, par exemple, à la qualité de la participation du public dans un pays ou territoire. L'échelle pourrait comprendre les niveaux suivants: élection, droit de savoir, droit d'être consulté, droit de faire appel devant les tribunaux, procédure de codécision, chaque niveau étant jugé supérieur au précédent. Pour fonctionner convenablement, la hiérarchie d'une telle échelle doit être explicite et la distance relative entre les différents états doit être bien définie. Par contre, il est difficile de s'entendre sur ces distances. Celles-ci sont souvent basées sur des jugements éclairés, mais subjectifs (est-ce que la «distance» entre l'élection et le droit de savoir est la même qu'entre le droit de faire appel et la codécision ?) (Spangenberg, 2002).
- **Échelle cardinale.** Cette échelle donne de l'information quantitative. Si des objectifs de développement durable sont liés à une cible quantitative, la distance de cet objectif peut être mesurée. De tels indicateurs sont aussi parfois appelés des indicateurs de performance. Les indicateurs cardinaux sont à favoriser, mais, au besoin, les indicateurs ordinaux sont acceptables.

En règle générale, un bon indicateur doit avoir les qualités suivantes (Spangenberg, 2002) :

- **Général.** Il ne doit pas dépendre d'une situation, d'une culture ou d'une société particulière.
- **Représentatif.** Il doit être vraiment représentatif du phénomène que l'on veut caractériser.
- **Sensible.** Il doit s'adapter rapidement et clairement aux changements du phénomène étudié.
- **Robuste.** Il ne doit pas devoir subir de modifications substantielles lors de changements mineurs dans la méthodologie ou d'améliorations de la base de données.

Les indicateurs de développement durable doivent être dotés d'une valeur de référence ou d'un seuil de durabilité qui constitue l'objectif à atteindre. Une fois cet objectif fixé, le processus d'évaluation, qui mesure les tendances durables et non durables, peut commencer.

ENCADRÉ 6.1 – Les principes de Bellagio

En novembre 1996, l'Institut international du développement durable a réuni un groupe d'experts internationaux pour développer un ensemble de principes dans le but de mesurer le développement durable. L'objectif de ces principes, connus sous le nom de principes de Bellagio, est d'aider à évaluer le progrès de nos démarches de développement durable.

1. Vision et objectifs

Une vision claire du développement durable et des objectifs définissant cette vision doit guider l'évaluation des progrès vers le développement durable.

2. Perspective globale

L'évaluation des progrès vers le développement durable doit :

- comporter un examen du système dans son ensemble et de ses éléments constituants ;
- porter sur la situation des sous-systèmes sociaux, environnementaux et économiques, leur état ainsi que la direction et le rythme de l'éventuelle modification de cet état, de même que de leurs composantes, et sur l'interaction entre ces composantes ;
- examiner les conséquences tant positives que négatives de l'activité humaine d'une manière propre à en déterminer les inconvénients et les avantages pour les systèmes humains et environnementaux en termes monétaires et non monétaires.

3. Éléments fondamentaux

L'évaluation des progrès vers le développement durable doit :

- prendre en considération l'équité et la disparité au sein de la population actuelle et entre les générations actuelles et futures, au regard de préoccupations telles que l'utilisation des ressources, la surconsommation et la pauvreté, les droits de la personne et l'accès aux services, selon les circonstances ;

- se pencher sur les conditions écologiques indispensables à la vie;
- porter sur le développement économique et les autres activités non rémunérées qui contribuent au bien-être humain/social.

4. Portée adéquate

L'évaluation du progrès vers le développement durable doit:

- couvrir un horizon temporel assez étendu pour que s'y insèrent les échelles de temps propres aux humains et aux écosystèmes, de façon à répondre aux besoins des générations actuelles et futures tout en permettant la prise de décisions à court terme;
- définir un champ d'études assez vaste pour que soient prises en considération les répercussions tant locales qu'éloignées des interventions sur les personnes et les écosystèmes;
- tirer avantage des conditions historiques et actuelles pour prévoir l'avenir — où nous voulons aller, où nous pourrions aller.

5. Centres d'intérêt pratiques

L'évaluation des progrès en faveur du développement durable doit se fonder sur:

- un ensemble explicite de catégories ou un cadre structurel comportant des liens entre, d'une part, la vision et les objectifs et, d'autre part, des indicateurs et des critères d'évaluation;
- un nombre limité de points clés à analyser;
- un nombre limité d'indicateurs ou de jeux d'indicateurs afin que les progrès apparaissent clairement;
- la normalisation des mesures chaque fois que les circonstances le permettent afin de rendre les comparaisons possibles;
- la comparaison des valeurs des indicateurs avec les objectifs, les valeurs de référence, les champs, les seuils ou l'orientation des tendances, selon les besoins.

6. Ouverture

L'évaluation des progrès vers le développement durable doit:

- rendre les méthodes et les données utilisées accessibles à tous;
- rendre explicites tous les jugements, hypothèses et incertitudes dans les données et les interprétations.

7. Communication effective

L'évaluation des progrès vers le développement durable doit:

- être conçue de façon à répondre aux besoins de la clientèle et des utilisateurs;
- mettre à profit des indicateurs et d'autres outils stimulants propres à retenir l'attention des décideurs;
- privilégier dès le début la simplicité des structures et le recours à un langage clair et simple.

8. Vaste participation

L'évaluation des progrès en faveur du développement durable doit:

- encourager la participation générale de groupes populaires, professionnels, techniques et sociaux clés, notamment des jeunes, des femmes et des peuples autochtones, afin d'assurer la reconnaissance de valeurs différentes et en évolution;
- garantir la participation de décideurs de façon à assurer une prise directe avec les politiques adoptées et les interventions en découlant.

9. Constante évaluation

L'évaluation des progrès vers le développement durable doit:

- permettre le développement de capacités d'évaluation permanente aux fins de l'établissement des tendances;
- être itérative, souple et adaptable au changement et à l'incertitude, compte tenu de la complexité des systèmes et des fréquentes modifications qui leur sont apportées;
- permettre l'ajustement des buts, cadres et indicateurs en fonction des idées nouvelles;
- favoriser l'apprentissage collectif et la rétroaction à la prise de décision.

10. Capacité institutionnelle

Pour garantir la permanence de l'évaluation des progrès vers le développement durable, il convient:

- de répartir clairement les responsabilités et de fournir un soutien constant aux responsables du processus décisionnel;
- de fournir la capacité institutionnelle indispensable à la collecte des données, à leur gestion et à la documentation;
- d'appuyer le développement d'une capacité d'évaluation locale.

Source: Institut international du développement durable, 2008.

6.2 Les cadres méthodologiques

Les indicateurs du développement durable sont généralement présentés en tableaux structurés, l'objectif étant alors d'articuler un cadre cohérent qui facilite la visualisation de l'information. L'utilisation de cadres est essentielle pour l'application correcte d'un groupe d'indicateurs.

Il n'existe pas à l'heure actuelle de cadre universel offrant des règles concrètes concernant la conception, le développement ou le choix d'indicateurs. De nombreux facteurs, comme l'état de développement d'un pays, déterminent la visualisation de la réalité et les échelles d'application des indicateurs (locales, régionales, nationales, globales). Les principaux modèles de cadre méthodologique pour la conception, l'intégration et la présentation d'indicateurs sont décrits dans les sections qui suivent.

6.2.1 Les modèles PER et FPEIR

Le modèle pression-état-réponse (PER) est utilisé par les institutions internationales, particulièrement l'Organisation pour la coopération et le développement économiques (OCDE). Dans ce modèle, on considère que « les activités humaines exercent une **pression** sur l'environnement, ce qui affecte la quantité et la qualité des ressources naturelles (**état**) ; la société répond à ces changements par des politiques environnementales, des politiques économiques générales ou sectorielles et des changements dans ses habitudes (**réponse sociétale**) » (Linster et Fletcher, 2004). Dans ce modèle, les indicateurs sont structurés selon trois catégories de base :

- **Pression.** Les activités humaines qui créent des pressions sur les systèmes naturels, comme la production de gaz à effet de serre et de polluants, l'extraction des ressources, etc. Les indicateurs de cette catégorie sont donc souvent liés à la production et à la consommation.
- **État.** Les changements dans la quantité et la qualité des ressources naturelles, ainsi que la mesure de ces changements dans le temps. Cela nous donne l'état du système naturel. La température globale moyenne, la liste des espèces en voie de disparition et la concentration de substances toxiques sont des exemples d'indicateurs dans cette catégorie.
- **Réponse.** Les réponses, en matière d'actions ou de politiques, en réaction aux changements détectés dans le système naturel. Le taux de recyclage ou l'adhésion à des ententes internationales sont des exemples d'indicateurs dans cette catégorie.

Une version élargie de ce modèle est le modèle FPEIR (force motrice–pression–état–impact–réponse), illustré dans la figure 6.2.

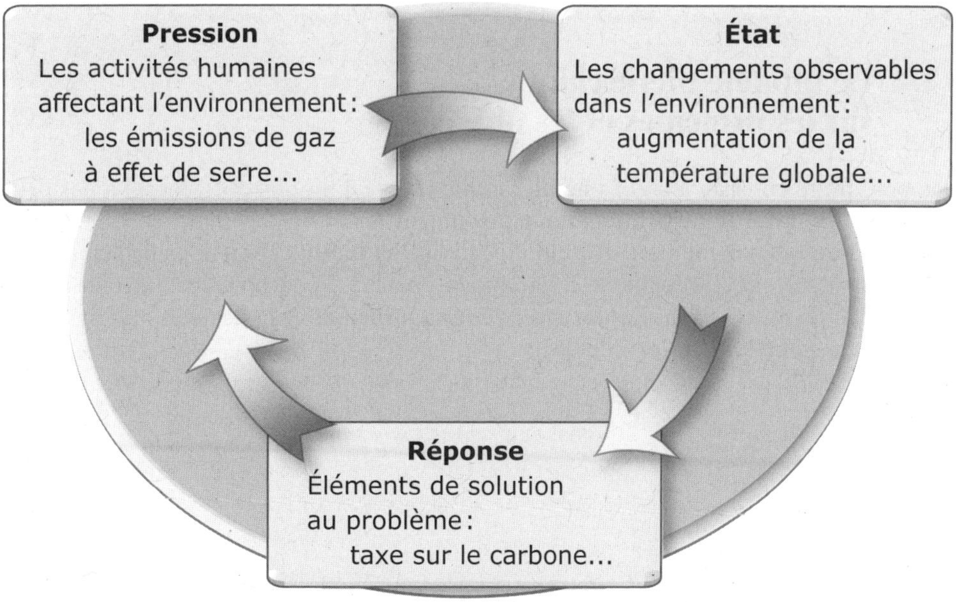

Figure 6.1 – Le modèle PER (avec l'exemple des changements climatiques)

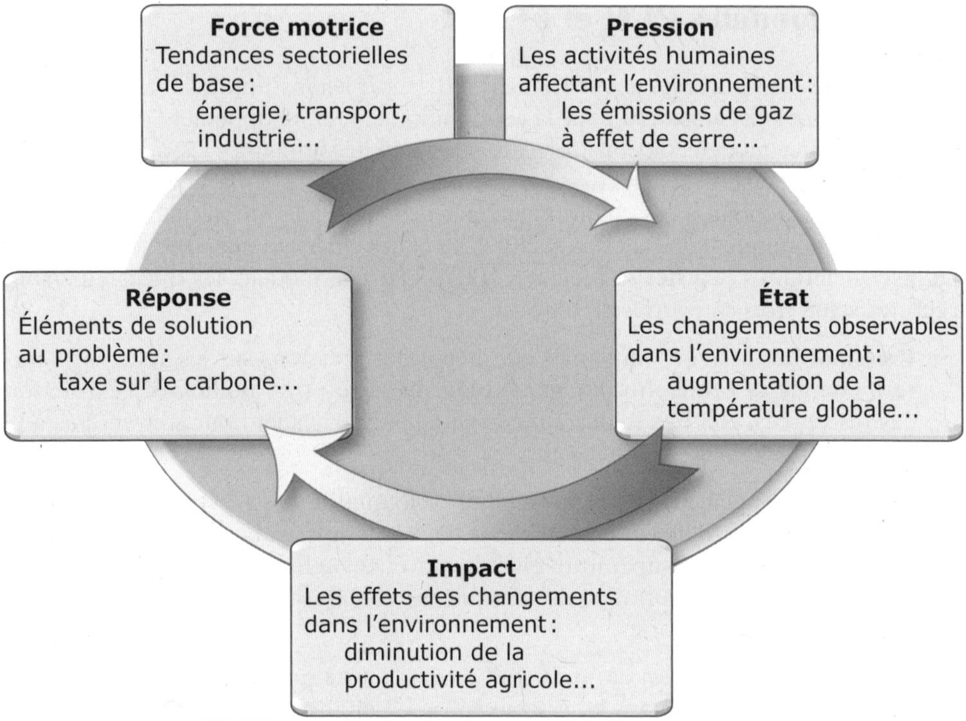

Figure 6.2 – Le modèle FPEIR (avec l'exemple des changements climatiques)

6.2.2 Le modèle hiérarchique basé sur les principes et les objectifs

Une possibilité consiste à créer une hiérarchie qui va d'un objectif général à des principes et à des critères particuliers pour finalement arriver à des indicateurs. De cette façon, l'ensemble des indicateurs peut être divisé en modules selon les principes dont ils découlent. Le développement économique durable, l'éco-efficience et l'utilisation durable des ressources sont des exemples de ces principes organisateurs. La figure 6.3 présente un exemple d'un tel modèle.

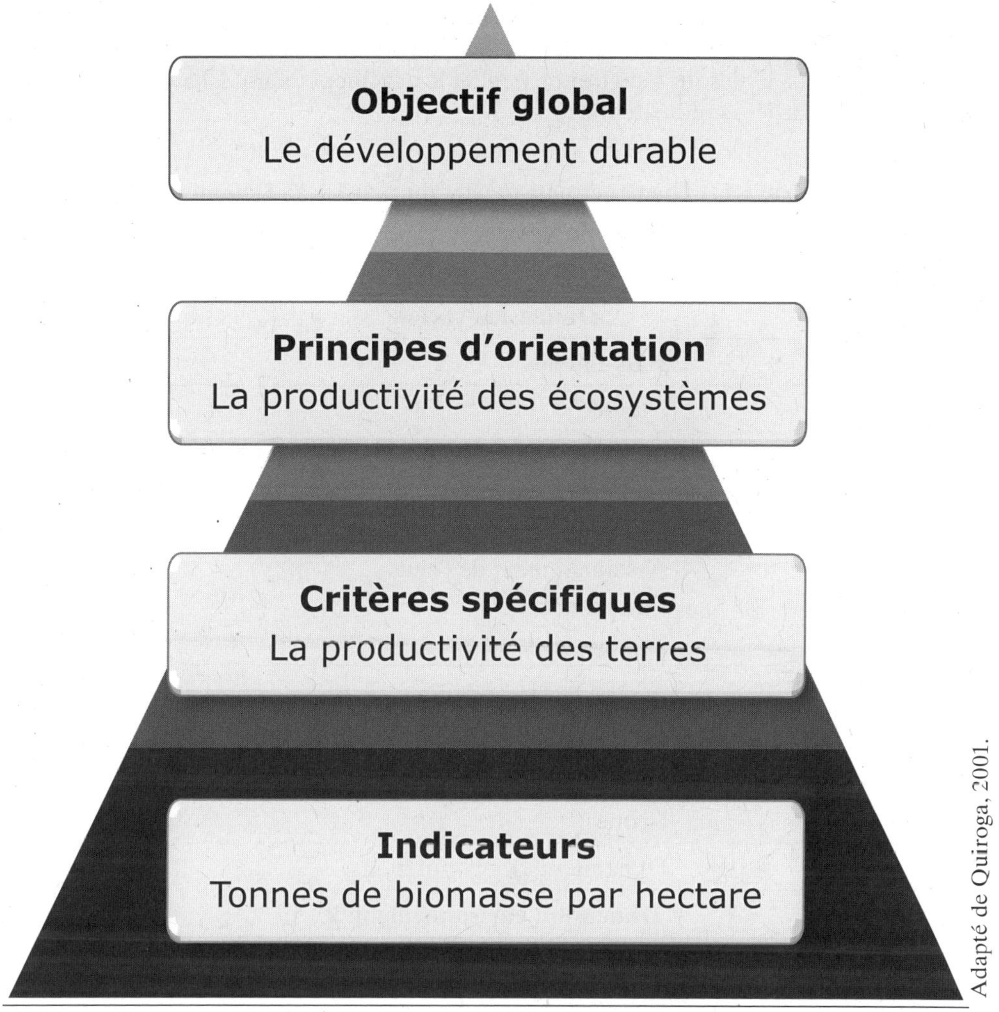

Figure 6.3 – Le modèle hiérarchique

6.2.3 Le cadre de thèmes et de sous-thèmes

Ce cadre, conçu par la Commission mondiale des Nations Unies sur le développement durable, comporte quatre dimensions à haute priorité, soit les dimensions environnementale, sociale, économique et institutionnelle.

Chacune de ces dimensions est divisée en 15 thèmes et 38 sous-thèmes qui reflètent les priorités établies par Action 21, adoptées lors du Sommet de la Terre en 1992 (Conférence des Nations Unies sur l'environnement et le développement). Chaque sous-thème mène à un ou plusieurs indicateurs.

Tableau 6.1 – Thèmes et sous-thèmes du cadre de la Commission du développement durable des Nations Unies
(Organisation des Nations Unies, 2007)

	Dimension sociale
Thèmes	**Sous-thèmes**
Justice	Pauvreté Équité
Santé	État nutritionnel Mortalité Assainissement de l'eau Eau potable Prestations-maladie
Éducation	Niveau de scolarité Taux d'alphabétisation
Logement	Conditions de vie
Sécurité	Crime
Population	Dynamique des populations
	Dimension environnementale
Thèmes	**Sous-thèmes**
Atmosphère	Changements climatiques Couche d'ozone Qualité de l'air
Sol	Agriculture Forêt Désertification Urbanisation
Océans et littoral	Zones côtières Pêcheries
Eau	Quantité d'eau Qualité de l'eau
Biodiversité	Écosystèmes Espèces

Dimension institutionnelle	
Thèmes	**Sous-thèmes**
Cadre institutionnel	Stratégies de développement durable Coopération internationale
Capacité institutionnelle	Accès à l'information Infrastructure de communication Science et technologie Préparation et capacité de réaction en cas de désastre naturel
Dimension économique	
Thèmes	**Sous-thèmes**
Structures économiques	Développement économique Commerce Finance
Consommation et production	Utilisation de l'énergie Production et gestion des déchets

6.3 L'empreinte écologique

Un des indicateurs de développement durable les plus connus est l'empreinte écologique. Celle-ci produit un indice qui offre une mesure quantitative du mode de vie d'individus, de régions ou de pays (Wackernagel et Rees, 1999).

L'indice n'est pas mesuré en unités monétaires, mais selon la surface. L'empreinte écologique est la surface (sol) nécessaire à un individu, directement ou indirectement, pour tous ses intrants et extrants. Cela inclut les produits, les services, les ressources qu'il consomme ainsi que les déchets qu'il génère et qui doivent être assimilés. Prenons à titre d'exemples le sol nécessaire à la production de ses aliments, les matériaux de construction et les arbres qui absorberont le CO_2 produit par la combustion de carburants fossiles.

L'empreinte écologique mesure l'inverse de la capacité de charge d'une région. Alors que la capacité de charge indique le nombre d'individus que peut supporter une région, l'empreinte écologique correspond à la surface dont un individu a besoin pour vivre.

La taille de l'empreinte dépend de nombreux facteurs, dont le développement et le style de vie des individus ou groupes concernés, la quantité de ressources utilisés, les technologies employées et le mode d'organisation économique et sociale.

On estime qu'il y a environ 2,1 ha (hectares) globaux[1] disponibles pour chaque individu sur la planète, alors que l'empreinte écologique moyenne pour chaque individu sur la planète est d'environ 2,7 ha globaux. Nous sommes donc, selon cet indicateur, en situation de déficit écologique. Nous utilisons les ressources de la planète, y compris la capacité d'assimiler les déchets et les polluants, à un rythme plus rapide que ce que les systèmes biologiques peuvent soutenir.

L'empreinte écologique par habitant varie énormément d'une région à l'autre et les chiffres démontrent que ce sont les pays les plus riches qui sont en grande partie responsables du problème. L'empreinte écologique par personne dans les pays à revenu élevé se situe à 6,4, alors qu'elle est de 2,2 dans les pays à revenus moyens et de 1,0 pour les pays à faible revenu (WWF International *et al.*, 2008). Le tableau 6.2 présente l'empreinte écologique moyenne des habitants de différents pays.

L'empreinte écologique montre certaines limites comme indicateur. Tout d'abord, le calcul de l'empreinte n'est pas exact, puisqu'il n'est pas possible d'établir une liste complète des nombreuses façons dont nous utilisons la Terre. Ensuite, tous les coûts sociaux ne sont pas inclus dans l'indicateur. Détruire un édifice historique pour le remplacer par des arbres réduirait l'empreinte écologique, mais ne serait sans doute pas acceptable comme solution. Finalement, c'est un indicateur « réductionniste ». Un indicateur unique ne peut tout décrire. Une multiplicité d'approches est nécessaire.

Tableau 6.2 – Empreinte écologique par habitant de divers pays

Pays	**Empreinte écologique par habitant (en hectares)**
Émirats arabes unis	9,5
États-Unis	9,4
Danemark	8
Australie	7,7
Canada	7,1
France	5
Japon	4,9
Allemagne	4,2
Mexique	3,4
Chili	3
Brésil	2,4
Chine	2,1
Ghana	1,5
Inde	0,9
Haïti	0,5

Source : WWF International *et al.*, 2008.

1. Un hectare global est un hectare dont la productivité biologique correspond à la moyenne de la productivité des différentes régions biologiques de la Terre. Un hectare équivaut à 10 000 m^2.

6.4 Les indicateurs technologiques

Les technologies peuvent aussi être mesurées pour leur contribution au développement durable. Il y a deux grandes catégories d'indicateurs dans ce domaine, soit les indicateurs concernant la relation entre une technologie et les systèmes naturels et les indicateurs qui portent sur la relation entre une technologie et les systèmes sociaux.

Dans la première catégorie, on trouve deux groupes d'indicateurs de base visant les systèmes naturels :

- **Les indicateurs d'éco-efficience.** Ces indicateurs révèlent le degré de dématérialisation d'un système technologique. Ils incluent les indicateurs qui font référence aux propriétés des ressources, le fait par exemple pour une ressource d'être renouvelable ou non.
- **Les indicateurs de qualité environnementale.** Ces indicateurs révèlent les impacts sur l'environnement générés par un système technologique, comme les émissions dans l'eau ou l'air. Voir l'analyse du cycle de vie au chapitre 8.

Les groupes d'indicateurs de la deuxième catégorie sont ceux qui fournissent de l'information sur les effets sociaux de la technologie, soit :

- Les **aspects sociaux**, comme la création ou la perte d'emplois.
- Le degré de **décentralisation** de la technologie.
- Le degré de **complexité** de la technologique et le degré de formation nécessaire à son utilisation.
- Les **investissements** requis pour la technologie, surtout quand il s'agit d'investissements publics.

En fait, peu d'indicateurs mesurent les effets sociaux de la technologie. C'est surtout sur le plan de l'évaluation des technologies que les effets sont traités. Il existe par contre des outils comme l'analyse de compatibilité sociale, qui permettent de visualiser les évaluations et les points de vue des différentes parties prenantes (Winistorfer et Carabias, 2001).

Les listes de contrôle peuvent être utiles pour s'assurer que tous les effets sont considérés et pour permettre la création d'indicateurs. Il faut cependant retenir qu'un seul enjeu peut rendre une technologie non acceptable, peu importe le score attribué aux autres questions. L'encadré 6.2 offre un exemple de liste de contrôle de la durabilité sociale des effets d'une technologie.

ENCADRÉ 6.2 – Liste de contrôle de la durabilité sociale des effets d'une technologie

A. Acceptabilité des travaux de recherche et développement (RD) qui accompagnent la création de ce nouveau produit et de son procédé de production.

1. Y a-t-il des forces sociales contre les méthodes utilisées dans la RD, ou contre la collecte et l'archivage de certaines données?
2. Le travail de RD est-il intéressant d'un point de vue scientifique, ou le développement de cette technologie apporte-t-il une contribution particulière à une discipline technoscientifique?
3. Peut-on prévoir que le développement de cette technologie pourrait empêcher le développement d'une meilleure alternative dans le futur?

B. Le produit est-il acceptable?

1. Est-ce qu'il y a des valeurs sociales positives associées à ce produit ou au produit qu'il remplace?
2. Le produit est-il considéré comme non acceptable dans le système éthique de groupes religieux ou culturels particuliers?
3. Le coût de ce nouveau produit est-il susceptible de soulever la critique?
4. Quels effets sur l'environnement aura ce produit, directement ou à travers des changements de comportement?
5. Quels sont les risques associés à ce produit?
6. Est-ce que l'utilisation de ce produit entre en conflit avec les comportements habituels d'un grand nombre d'individus?
7. Est-ce que ce produit permet de nouvelles activités? Comment ces activités seront-elles jugées?
8. Est-ce qu'il y a des barrières financières ou psychologiques qui freinent l'acceptation du produit?
9. Est-ce que le produit menace des activités existantes qui ont une valeur sociale ou culturelle?
10. Est-ce que le produit influence la structure sociale (vie privée, communauté locale, région culturelle)?
11. Est-ce que le produit a d'autres utilisations possibles que l'utilisation primaire à laquelle il est destiné?

C. La production de ce produit est-elle acceptable?

1. Est-ce que des valeurs ou des standards éthiques sont menacés par la production?
2. Les conditions de travail dans le processus de production sont-elles acceptables?
3. Quels sont les effets physiques sur l'environnement de la construction des installations de production?
4. Quels sont les effets, primaires et secondaires, sur l'emploi? Quel niveau de formation est nécessaire pour le personnel?
5. Quelles autres conséquences a le produit sur l'environnement local?

6. Quelles sont les implications sociales de la production pour la communauté locale ?
7. Quel est le potentiel d'activisme local ?
8. Le choix d'un site de production approprié réduit-il les effets négatifs ?
9. Est-ce que des activités économiques sont menacées par la production ?
10. Est-ce que l'équilibre du pouvoir existant est influencé par la nouvelle production ? Considérez les relations entre :
    - les employés (ou syndicats) et l'employeur ;
    - les différents producteurs ;
    - les producteurs, clients et fournisseurs ;
    - le gouvernement et le secteur industriel ;
    - les différentes institutions gouvernementales.
11. Quels sont les effets de la nouvelle technologie sur le développement des pays sous-développés ? Est-ce que les relations entre les grands blocs commerciaux sont influencées par la production ?

6.5 Questions de réflexion et de discussion

1. Calculez votre empreinte écologique (<http ://www.agir21.org/>) et comparez-la à celle de vos collègues ou amis. Réfléchissez aux moyens qui permettraient de réduire votre empreinte de 30 %.
2. Utilisez la liste de contrôle de la durabilité sociale pour analyser une des technologies suivantes :

   a) la fusion nucléaire ;

   b) un parc d'éoliennes en mer près des côtes ;

   c) le transport par train à grande vitesse ;

   d) la voiture hybride.
3. Consultez le rapport environnemental de votre ville. Identifiez trois variables faciles à mesurer qui pourraient servir à créer un indicateur de développement durable pour la ville. Discutez des avantages et des inconvénients liés à l'utilisation de ces trois variables.

Chapitre

7

Le développement durable et l'entreprise

Les entreprises existent pour faire du profit. Mais la recherche du profit est-elle le seul facteur qui détermine les décisions des dirigeants des entreprises ?

Dans les petites entreprises, les propriétaires doivent faire assez d'argent pour gagner leur vie. Dans les plus grandes, les actionnaires s'attendent à un retour sur leur investissement. Mais si les entreprises ne sont que des machines conçues pour tirer le maximum d'argent des poches des citoyens et d'autres entreprises, pourquoi devrions-nous, comme société, les tolérer ?

Avons-nous besoin de lois pour nous protéger des entreprises trop avides ? Avons-nous besoin de grandes organisations pour surveiller les entreprises ? Oui, parfois, comme le laissent à penser les fraudes fréquentes dans le monde des affaires. Par contre, on considère aussi que trop de réglementation peut étouffer l'activité économique. La réglementation n'est pas non plus une garantie contre toutes les formes de mauvaise conduite. Il nous faut donc d'autres solutions.

Ce chapitre analyse comment les entreprises gèrent leurs responsabilités et comment elles peuvent contribuer au développement durable par différents aspects de leurs activités.

7.1 Pourquoi les entreprises devraient-elles se soucier de la durabilité ?

Les entreprises font partie de la société et la société fait partie de chacune d'entre elles ; tous les employés ont une vie privée et sont actifs dans leur communauté. Sans communauté prospère, il n'y a pas d'entreprises prospères. Les entreprises se doivent, au minimum, de respecter la culture, les normes et valeurs de la société à laquelle elles appartiennent.

Les dirigeants d'entreprises doivent comprendre que leurs revenus sont basés sur la valeur qu'ils créent pour la société. Une entreprise prospère produit de la valeur de façon plus efficiente que ne le font ses concurrents et génère donc plus de profits. Mais la société détermine cette valeur à travers des lois, des taxes et le marché. Aucune entreprise n'a les moyens d'être en conflit constant avec la société.

Présumer qu'une entreprise est gouvernée strictement selon les principes de l'optimisation financière présume aussi que cela peut se faire sans ambiguïté. Mais ce n'est pas le cas :

Si vous avez un pommier, vous pouvez le couper pour le bois, le louer à quelqu'un à travers une vente aux enchères annuelle ou cueillir les pommes vous-même pour les vendre sur le marché. La première activité vous offrira le retour financier le plus rapide. La dernière activité offrira probablement le retour financier le plus élevé à long terme, puisque comme cueilleur vous prendrez sûrement bien soin de l'arbre, et vous n'avez pas à organiser d'enchères.

Une entreprise sage optera pour un retour financier optimal à long terme. Mais, comme l'a déclaré l'économiste John Maynard Keynes, « à long terme nous serons tous morts ». Des politiques à court terme seront donc toujours tentantes. De plus, toute politique à long terme sera un échec si une entreprise n'est pas capable de faire face aux conditions d'affaires à court terme :

Passer du souci du profit au jour le jour à la gestion d'une entreprise durable demande un changement de perspective. Ainsi, générer du profit par la création de valeur à long terme pour la société n'exige pas d'abandonner les activités entrepreneuriales ; au contraire, c'est une opportunité et un défi supplémentaire pour l'entrepreneur. C'est ça l'entrepreneuriat durable.

Les responsabilités sociales et économiques d'une entreprise dépassent la recherche d'un profit. Le rôle de l'entreprise est plutôt de créer de la valeur en utilisant des ressources limitées telles que le capital matériel et financier, la main-d'œuvre, le savoir, les compétences de gestion et les ressources naturelles, de façon efficace et efficiente, pour produire des biens et services qui remplissent des besoins et contribuent au bien-être collectif. L'emploi créé est un moyen important de fournir un revenu aux individus, en plus d'assurer un développement social et personnel. Le concept d'entreprise citoyenne rend bien compte de cette idée :

> Une entreprise devrait se comporter comme un bon citoyen en affaires. Les lois ne contiennent pas et ne prescrivent pas tous les devoirs du citoyen. Ce ne serait pas possible. Un bon citoyen tient compte des intérêts des autres et essaie d'exercer un jugement éthique imaginatif et informé quand il décide ce qu'il devrait et ne devrait pas faire. Les entreprises devraient se comporter ainsi (Sociaal-Economische Raad, 2000).

L'entrepreneuriat durable est une tendance mondiale. Plusieurs organisations permettent aux entreprises d'échanger leurs expériences dans le domaine. La plus importante est le World Business Council for Sustainable Development (WBCSD), une coalition de 170 entreprises internationales engagées dans une démarche de développement durable.

L'entrepreneuriat durable prend plusieurs formes. La grande diversité de conditions d'affaires et l'ensemble unique d'acteurs et de facteurs avec lesquels une entreprise doit composer engendrent différents types d'actions. Mais l'entrepreneuriat durable présume, au minimum, que l'entreprise est prête à agir de façon responsable envers la collectivité. L'idée n'est pas nouvelle. De nombreux employeurs, depuis longtemps, ont cherché à contribuer volontairement à la société.

L'amélioration des conditions de vie et de travail des ouvriers était un objectif important pour certains entrepreneurs du XIXe siècle. Prenons par exemple Robert Owen, qui était le directeur et copropriétaire de la filature de coton de New Lanark, près de Glasgow, en Écosse. Owen a construit des maisons pour ses ouvriers et il offrait une éducation à la communauté. Les enfants n'avaient pas le droit de travailler avant l'âge de dix ans. Les ouvriers étaient payés quand ils étaient malades et recevaient une pension à leur retraite. Toute forme de châtiment corporel était interdite (Donnachie, 2000).

En France, F.M.C. Fourier a développé l'idée de créer des communautés de production dans lesquelles les gens seraient payés en fonction de leur contribution à la communauté dans son ensemble. Cette idée fut mise en pratique par plusieurs entreprises, dont la manufacture de poêles créée en 1846 par Jean-Baptise André Godin, à Guise, dans le nord de la France (Draperi, 2008).

En 1869, Jacob Cornelis Van Marken a fondé une manufacture de levure et d'alcool méthylique à Delft, aux Pays-Bas. Il encourageait ses employés à épargner et a créé des assurances pour les protéger en cas d'accident, de maladie ou de mort. Il donnait des actions de la compagnie aux ouvriers et a même mis sur pied un conseil ouvrier. Il a bâti des maisons pour ses ouvriers dans un parc où il vivait aussi. Certains critiquaient cependant ce qu'ils considéraient comme un excès de paternalisme (Mutendam, 1971).

Des communautés similaires ont été créées dans d'autres pays, souvent en milieu rural. Il faut dire que l'intention de leurs créateurs n'était pas toujours de contribuer au développement social. Souvent, les instigateurs de ces communautés cherchaient surtout à garder le contrôle sur les ouvriers. En milieu rural, les ouvriers étaient souvent moins influencés par les idées socialistes et les syndicats. On pouvait aussi les payer moins cher. L'organisation sociale des colonies manufacturières garantissait la dépendance des ouvriers envers les propriétaires, et donc leur obéissance.

7.2 De la prévention de la pollution au développement durable

La firme américaine 3M a été l'une des pionnières à propos des questions environnementales. En 1975, elle a mis sur pied son programme « La prévention de la pollution paye » (3P). L'objectif de ce programme est de réduire les coûts en évitant la production de déchets ou l'émission de pollution – un concept nouveau à l'époque. Le programme aide à prévenir la pollution à la source, autant dans les produits que dans les processus manufacturiers, plutôt que de chercher à l'éliminer une fois produite. Pour être officiellement reconnus, les projets devaient répondre aux critères suivants :

- Éliminer ou réduire la pollution ;
- Être bénéfique à l'environnement par une réduction de la consommation d'énergie et un usage plus efficient des ressources et des matériaux ;
- Économiser de l'argent en évitant ou en retardant le moment où il faudra investir dans des équipements de prévention de la pollution, en réduisant les frais d'exploitation et en matériaux ou en augmentant les ventes d'un produit existant ou nouveau.

Depuis 1975, plus de 6 800 projets 3P ont été réalisés. 3M évalue la pollution évitée à 2,7 milliards de tonnes et l'argent économisé à 1,2 milliard de dollars (3M, 2008).

Le principe 3P pourrait s'appliquer beaucoup plus souvent qu'on pourrait le croire. Il n'est pas rare que les entreprises qui enquêtent sur leurs sources de pollution trouvent des possibilités d'innovation inattendues. Elles constatent aussi que la prévention de la pollution réduit fréquemment les coûts de l'entretien, des matières premières, des accidents, des opérations de nettoyage et des assurances.

De 1988 à 1991, un projet aux Pays-Bas a permis à des entreprises d'échanger des idées sur la prévention de la pollution. On en a tiré une conclusion importante : dans plusieurs cas il était possible, au minimum, d'obtenir des réductions significatives de pollution sans engendrer de coûts supplémentaires (de Hoo, 1991).

Plusieurs entreprises ont découvert les bénéfices du 3P. Selon le créateur de ce principe, l'ingénieur chimiste Joseph Ling, le défi environnemental du prochain millénaire « est de passer de la prévention de la pollution au développement durable et à la conception pour l'environnement » (Sorenson, 1999). Il n'est plus suffisant de produire sans pollution. Les produits doivent être repensés. Des systèmes entiers doivent être transformés pour répondre aux besoins de la clientèle, et ce, de la façon la plus durable possible.

On exprime souvent le principe économique derrière le développement durable en parlant de triple bilan (*Triple Bottom Line*), soit le social, l'environnemental et l'économique (*People, Planet, Profit*). Une entreprise doit trouver l'équilibre entre ces trois aspects. En optimiser un seul engendre des problèmes souvent non acceptables.

- L'aspect social concerne les communautés et les travailleurs qui sont parties prenantes des activités de l'entreprise – la réduction de la pauvreté, les bonnes conditions de travail, la contribution aux activités et au développement de la communauté, l'intégration des immigrants, etc. ;
- L'aspect environnemental renvoie à l'équilibre à trouver entre le fardeau environnemental de l'entreprise et la capacité de la Terre à porter ce fardeau ;
- L'aspect économique implique que toutes les activités économiques doivent créer de la prospérité non seulement pour l'entreprise, mais aussi pour ses travailleurs et ses propriétaires. Il est important de distinguer entre les perspectives à court et à long terme.

Incorporer la durabilité dans une entreprise requiert des investissements en temps et en argent. Aussi, il est rare qu'on puisse déterminer de manière certaine si (et quand) les investissements dans la durabilité seront récupérés. Les retours sur l'investissement peuvent se produire de trois façons :

- La production de valeur économique pour l'entreprise en termes de performance des produits et de coûts de production, à court ou à long terme ;
- La création de valeur par l'amélioration de la réputation et de l'image de l'entreprise – ce qui est important non seulement à l'externe, mais aussi à l'interne puisque cela affecte la motivation du personnel ;
- La création de valeur en augmentant la cohérence des différentes composantes de l'entreprise et en augmentant leur efficacité et leur flexibilité (Cramer, 2002).

Il faut aussi considérer qu'il y des risques à ne pas tenir compte du développement durable dans l'entreprise. Les individus, comme citoyens et consommateurs, sont, dans l'ensemble, mieux éduqués et informés que jamais. Les préférences et opinions individuelles se reflètent dans les choix de produits. Les verdicts sur les entreprises et les produits tombent rapidement.

Les entreprises doivent répondre à des pressions publiques grandissantes à propos du développement durable. Le pouvoir des consommateurs peut affecter les plus grandes transnationales, comme l'illustre bien le cas de la plate-forme Brent Spar.

En 1995, Shell a obtenu du gouvernement britannique la permission de couler dans l'Atlantique Nord une vieille plate-forme, Brent Spar, qui servait au stockage de pétrole en haute mer. Greenpeace s'est opposée, soulignant que l'océan ne devait pas servir de dépotoir, et a tenté de stopper cette action en occupant la plate-forme. Les protestataires ont été expulsés, mais l'événement a attiré l'attention des médias. Une campagne de boycottage des stations-services de Shell a été organisée en Europe et a connu beaucoup de succès. Shell a finalement dû changer ses plans. La plate-forme a été démontée et réutilisée en Norvège (Kirby, 1998).

Les consommateurs ne sont pas les seuls à exercer des pressions sur les entreprises. En 2007, Alcan annonçait qu'elle se retirait d'un projet très controversé de mine de bauxite et d'usine de production d'alumine en Inde. Dans ce cas, des groupes de militants et des actionnaires de l'entreprise ont joué un rôle déterminant dans la décision (Meloche, 2007).

Maintenant que les entreprises peuvent déplacer une partie de leurs activités plus facilement d'un pays à l'autre, la réglementation gouvernementale a un effet moins contraignant (Castells, 1997). Il reste que la réputation et l'image publique d'une entreprise jouent un rôle crucial. Les responsabilités de l'entreprise ne peuvent se limiter à simplement obéir à la loi.

Cette réalité ne touche pas que les transnationales. Les petites et moyennes entreprises doivent faire face elles aussi aux exigences du développement durable, même dans les périodes difficiles. La disparition d'entreprises incapables de respecter ces nouveaux standards ne peut pas toujours être évitée (voir l'encadré 7.1).

ENCADRÉ 7.1 – Le cas Hilados y Tejidos Puignero S.A. (HYTPSA)

La grande entreprise de textile Hilados y Tejidos Puignero S.A. (HYTPSA) a été fondée en 1956 en Catalogne (Espagne). En 1996, le président et actionnaire principal de l'entreprise, Josep Puignero de Sargatal, a été le premier homme d'affaires espagnol emprisonné pour avoir violé les lois environnementales. Sa firme avait rejeté illégalement, pendant des années, teintures et détergents dans la rivière Ter, contaminant la rivière et la nappe phréatique. HYTPSA avait été avertie et condamnée plusieurs fois à l'amende pour ces gestes (Simons, 1997). Après 1996, un nouveau déversement toxique a entraîné de nouvelles poursuites contre lesquelles HYTPSA allait lutter pendant près de 10 ans. Entre-temps, les conditions d'affaires se sont détériorées, surtout à cause des importations bon marché d'Asie. En 2000, l'entreprise s'est retrouvée temporairement sous administration judiciaire. Sa main-d'œuvre est passée de presque 3000 personnes à 700. En 2003, la Commission européenne décidait que l'entreprise avait reçu du gouvernement espagnol une aide financière illégale et qu'elle devait rembourser la somme de 104 millions d'euros (La Commission européenne, 2003). HYPSTA fut acculée à la faillite et ne put maintenir qu'une fraction de ses activités.

Il n'y a aucun doute que les lois environnementales ont forcé avec le temps plusieurs entreprises retardataires à changer leurs pratiques et leurs produits. L'exemple de l'entreprise HYPTSA montre que la stratégie de dépenser des sommes énormes en avocats et de mobiliser le temps précieux de gestionnaires pour aller à l'encontre du courant n'est pas très sage.

7.3 Incorporer le développement durable dans l'entreprise

7.3.1 Le cycle de planification, d'exploitation et de contrôle

L'entrepreneuriat durable exige une réflexion critique sur les valeurs centrales, les politiques et les procédures de l'entreprise.

Le défi est d'intégrer le triple bilan dans les activités principales de l'entreprise. Une approche durable devrait être envisagée et mise en œuvre, au besoin, pour chacune des principales fonctions d'une entreprise.

La mise en œuvre devrait être intégrée dans les cycles réguliers de planification de l'entreprise. La figure 7.1 montre les différents aspects des cycles de planification, d'exploitation et de contrôle d'une entreprise.

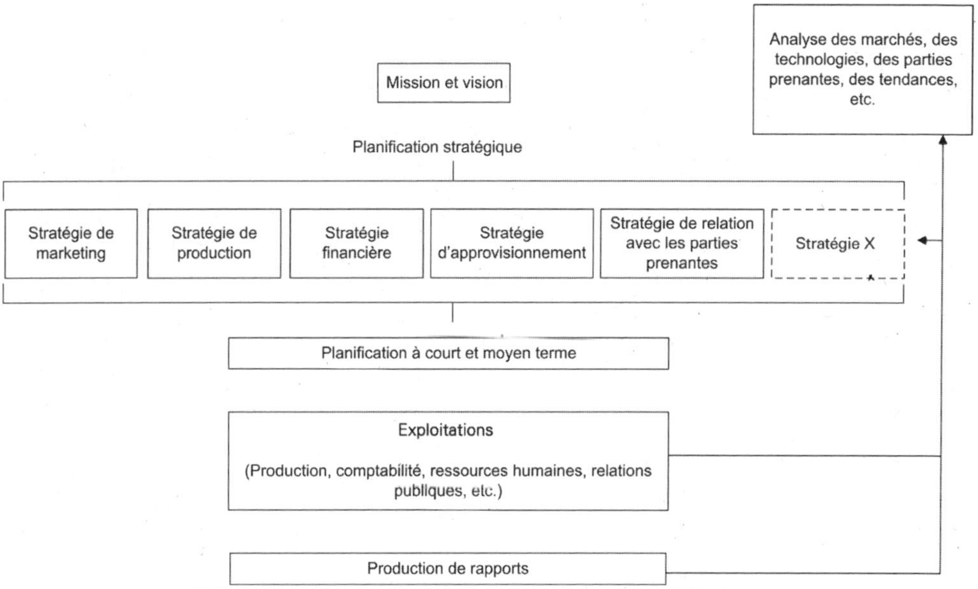

Figure 7.1 – Le cycle de planification, d'exploitation et de contrôle d'une entreprise

Les entreprises adoptent généralement un énoncé de mission. Les nouvelles stratégies sont élaborées en fonction de cet énoncé, mais aussi à partir de l'analyse d'éléments externes comme les tendances et les parties prenantes et d'éléments internes comme les ventes et les résultats financiers. La stratégie d'une entreprise est souvent divisée en sous-stratégies pour chaque secteur :

- une stratégie de main-d'œuvre (de quelles connaissances et habiletés avons-nous besoin ?) ;
- une stratégie de produit (quel produit voulons-nous vendre ?) ;
- une stratégie de marketing (quelle clientèle voulons-nous atteindre ?) ;
- une stratégie de production (coûts, qualité, flexibilité, approvisionnement en ressources) ;
- une stratégie financière (long terme, court terme, capitalisation) ;
- une stratégie de relation avec les parties prenantes (gouvernements, organismes non gouvernementaux (ONG), communautés locales, transparence, dialogue).

Une fois la planification stratégique terminée, les opérations sont établies à court et à moyen terme. On passe ensuite à l'exploitation et à la production de rapports. Les rapports ne concernent pas que la performance financière. Les chiffres de ventes, les résultats de contrôle de qualité, le niveau d'emploi, la sécurité, la satisfaction des employés et des clients sont aussi importants.

Incorporer la durabilité dans une entreprise est une activité à long terme qui exige une attention continue de la part de la direction. Comme toutes les entreprises changent et innovent pour s'adapter à de nouvelles conditions ou pour profiter de nouvelles opportunités, le processus est continu. Se préoccuper de la durabilité ne crée pas que des défis, cela comporte aussi des risques: les innovations peuvent être un échec ou avoir des effets négatifs inattendus.

Par contre, l'effort d'intégrer le développement durable créera une atmosphère d'innovation. Or, l'innovation est importante pour les entreprises qui tiennent à demeurer compétitives. Innover veut aussi dire changer les choses, et, lorsque c'est bien fait, changer les choses contribue à maintenir les employés enthousiastes et alertes. L'innovation tend également à attirer d'autres organisations qui veulent collaborer sur des projets. Cela contribue au développement des connaissances et à une meilleure position concurrentielle.

Travailler sur la durabilité a souvent des effets positifs directs. Au début des années 1970, Gist Brocades (la compagnie fondée par van Marken, aujourd'hui CSM et DSM Gist) a mis au point une nouvelle technologie de purification anaérobique pour régler un problème important de pollution dans ses effluents liquides. Cette technologie fut subséquemment mise en marché et a donné naissance à une nouvelle entreprise (Biothane).

Les outils et les principes du développement durable sont importants pour chaque facette du cycle de planification. Quelques-unes de ces facettes sont explorées ici.

7.3.2 L'énoncé de mission durable

Plusieurs grandes entreprises (par exemple Swiss Re, Shell, Unilever et Ford) ont incorporé le développement durable dans leur énoncé de mission.

Plus de 120 entreprises ont signé la déclaration sur le développement durable durant le 2e congrès mondial de l'industrie pour la gestion environnementale, en 1991. D'autres se sont engagées à respecter les principes de la CERES (Coalition for Environmentally Responsible Economies). La CERES est une coalition de groupes environnementaux et de groupes d'investisseurs qui aident des entreprises à relever les défis du développement durable. Les entreprises membres (dont Ford, McDonald's et Dell) s'engagent à une amélioration continue de leur performance environnementale en adoptant un code de conduite environnemental en dix points (CERES, 2008).

L'intégration du développement durable dans l'énoncé de mission assure que les hauts dirigeants demeurent engagés. Ce sont eux qui formulent la mission et s'assurent qu'elle est respectée en la communiquant aux employés et à leurs contacts externes.

Une entreprise à ses débuts peut être flexible dans la création de son énoncé de mission durable, puisqu'elle a peu investi dans des produits, des technologies, des services ou des marchés particuliers. Elle peut encore choisir ses fournisseurs, distributeurs et consommateurs. Elle peut viser des fournisseurs et distributeurs qui maintiennent de hauts standards de durabilité. Elle peut aussi se concentrer sur des clients qui valorisent la durabilité.

L'entreprise proactive dans l'adoption du développement durable a un avantage majeur sur celles qui sont à la traîne. Elle suit son propre chemin et risque moins d'avoir à réagir aux mesures gouvernementales ou de devoir s'ajuster continuellement aux différentes conditions des permis environnementaux. De fait, elle est souvent l'exemple qui sert à établir ces mesures légales. Les fermiers qui sont passés à l'agriculture biologique, par exemple, n'auront pas à faire face au resserrement des règlements concernant l'utilisation des pesticides et le traitement des animaux.

7.3.3 Les relations avec les parties prenantes

La gestion des relations avec les parties prenantes concerne toutes les parties, qu'elles soient internes comme les employés et les gestionnaires ou externes comme les clients, les fournisseurs, les communautés locales et les ONG.

Une gestion attentive dans ce domaine peut faire la différence entre le succès ou l'échec de l'entrepreneuriat durable. Plusieurs entreprises considèrent les parties prenantes comme des forces hostiles qui doivent être apaisées, ou combattues. Or, il est souvent bénéfique de les traiter comme des partenaires et des sources de connaissances.

La gestion de ces relations se fait en parallèle avec les relations publiques traditionnelles. Une des raisons pour lesquelles elle est si importante est la vulnérabilité croissante des entreprises face à l'opinion publique. Une attitude proactive dans le suivi des tendances dans la société permet d'éviter une publicité négative soudaine et inattendue. Une bonne «antenne sociale» est cruciale pour prévoir ce qui sera considéré comme étant bon ou mauvais par la société et comment sera reçu un nouveau produit. L'interaction avec les parties prenantes est utile pour le développement de produits, le marketing, la création d'alliances stratégiques et le développement des politiques de l'entreprise.

Parmi les pratiques exemplaires, on trouve:

- La création d'une organisation ouverte au dialogue interne et externe:
  - Échanges et discussions sur les points de vues, problèmes et dilemmes;
  - Consultation des clients et des ONG lorsque de nouvelles stratégies sont formulées. Les ONG connaissent bien les opinions et les sentiments des consommateurs;
  - Communication rapide pour éviter les risques d'erreurs. Le conflit entre Shell et Greenpeace à propos de Brent Spar était dû en partie au manque de dialogue et de confiance.

- La recherche active du soutien des parties prenantes externes. Par exemple, le Word Wildlife Fund (WWF) contrôle la qualité de l'électricité « verte » produite par NUON, un producteur néerlandais. Cela augmente la crédibilité et la fiabilité de ses activités.
- La production de rapports transparents sur les activités de l'entreprise et sur les conséquences de ces activités.
- L'offre aux consommateurs d'une information de base sur les produits.

Les différentes parties prenantes doivent être approchées individuellement. L'énergie durable, par exemple, peut être présentée comme « bonne pour l'environnement » ou « bonne pour l'avenir de nos enfants », mais aussi comme « innovation technologique » ou « opportunité d'investissement ».

7.3.4 Les rapports annuels

Les entreprises publient un rapport financier annuel et, souvent même, des rapports trimestriels. Plusieurs d'entre elles publient aussi un rapport social concernant entre autres leurs employés et la santé-sécurité au travail.

Au cours des dernières années, un nombre croissant d'entreprises ont commencé à publier un rapport annuel sur l'environnement et la durabilité. Celles qui sont désireuses de s'engager sur cette piste peuvent s'inspirer de plusieurs sources. Une des plus importantes est la *Global Reporting Initiative* (GRI). La GRI est une institution indépendante dont la mission est d'élaborer et de promouvoir un cadre et des guides pour la production de rapports de durabilité. Ces guides sont utiles pour les organisations désirant intégrer à leur bilan les dimensions économique, environnementale et sociale de leurs activités. Ce cadre offre aux entreprises des indicateurs comparables, sur des éléments précis comme la consommation d'eau et d'énergie, voire sur les activités concernant les droits de la personne. Cela permet de comparer les entreprises entre elles.

La GRI profite de la participation active de représentants de tous les milieux (affaires, comptabilité, finance, environnement, droits humains et du travail, recherche). Créée en 1997 par le CERES, la GRI est devenue indépendante en 2007. Elle collabore activement avec le Programme des Nations Unies pour l'environnement (UNEP).

7.4 La durabilité et le marketing

7.4.1 Les concepts de marketing durable

L'idée de durabilité dans le marketing a débuté avec les produits « verts », c'est-à-dire des produits dont une ou des composantes sont considérées comme étant bonnes pour l'environnement. On est passé ensuite au marketing social (ou éthique), en liant un produit ou une marque à un objectif social.

Les nouveaux concepts de marketing liés à la durabilité se concentrent sur les besoins des consommateurs et sur le bien-être de la collectivité. L'entrepreneuriat durable, vu de la perspective du marketing, peut être défini ainsi:

> Selon le concept d'entrepreneuriat durable, la tâche d'une organisation est de déterminer les besoins, les désirs et les intérêts de marchés cibles et de les satisfaire de façon plus efficace et efficiente que les concurrents ne le font et d'une façon qui préserve et augmente le bien-être du consommateur et de la société (Kotler, 1991).

En plus de définir le bon produit ou, en d'autres mots, de combler le bon besoin, le marketing s'occupe aussi de la fixation des prix (quel devrait être le coût d'un produit qui contribue à la durabilité?), de la distribution (où et comment seront vendus les produits?) et de la promotion (quelles caractéristiques du produit seront communiquées et comment?).

Les raisons pour introduire la durabilité en marketing sont liées à l'image et à la réputation de l'entreprise ainsi qu'à son processus de création de valeur. Quand une entreprise se dit «humaine», elle a une clientèle plus fidèle. Les gens choisissent des produits qui contribuent au développement durable pour des raisons émotionnelles ou éthiques. Un choix fait pour ces raisons est plus robuste qu'un choix fait sur la base du prix ou de la performance.

Des études indiquent que la réputation est responsable d'une grande partie de la valeur d'une entreprise. Ainsi, on estime qu'une amélioration de 60 % de la réputation explique 7 % d'augmentation de la valeur des actions; que 40 % de la valeur marchande d'une entreprise est liée à sa réputation; et qu'une crise entraînant une perte de réputation conduit en moyenne à une baisse de 8 % de la valeur des actions (Cramer, 2001).

De nos jours, les consommateurs sont soucieux de ce qu'ils achètent. En plus de vouloir limiter leurs efforts, ils aiment qu'on s'adresse à eux personnellement. C'est l'une des raisons pour lesquelles les ventes d'aliments biologiques sont en croissance. Les consommateurs ont l'impression que les producteurs se soucient d'eux.

Les produits qui contribuent à un avenir durable ont un potentiel de croissance énorme. Il est difficile de développer des produits qui font appel à la conscience des consommateurs. En cas de succès, et si le produit est plus qu'une simple amélioration technique ou cosmétique, il sera difficile aux concurrents de le copier.

Les consommateurs font peu confiance à la publicité. De l'information indépendante provenant d'agences gouvernementales ou d'ONG est préférable pour gagner la confiance des consommateurs.

Tout cela suggère que le marketing durable est intéressant et ne comporte que des avantages. Par contre, on doit aussi tenir compte des points suivants:

- Il faut s'assurer que l'intégration du développement durable a des liens avec les racines de l'entreprise. Cela encouragera le soutien à l'interne et évitera que des clients délaissent des produits parce que l'image de l'entreprise a changé de façon trop importante.

- La génération Internet a une méfiance saine à l'égard de la publicité et flaire facilement les influences commerciales. Elle a développé une attitude critique par rapport aux entreprises et aux marques. Plusieurs croient que les entreprises et les marques ont trop d'influence sur la personnalité des individus.
- Les consommateurs ne sont pas toujours cohérents. Ils veulent sauver l'environnement, mais ils veulent aussi des vacances au soleil en hiver !
- Les efforts sur le plan de la communication doivent d'abord cibler les clients internes, particulièrement les employés, pour qu'ils comprennent ce que la durabilité signifie pour l'entreprise. Après tout, les employés sont des ambassadeurs de l'entreprise et ils doivent avoir une attitude positive à l'égard de la durabilité. Il est crucial que les gestionnaires supérieurs soutiennent la durabilité en l'intégrant dans la planification stratégique. Ils sont l'exemple pour l'ensemble de l'entreprise.

7.4.2 Les écolabels

Les consommateurs soucieux de l'environnement ont parfois beaucoup de difficulté à distinguer clairement les produits qu'ils veulent. Puisque n'importe quelle entreprise peut présenter ses produits comme étant « verts », des écolabels ont été développés par des agences gouvernementales, des secteurs industriels et des ONG afin d'aider les consommateurs à faire des choix éclairés.

Le programme *Energy Star*, qui fait la promotion de l'efficience énergétique, est un des écolabels les mieux connus. Créé en 1992 par l'agence de protection de l'environnement aux États-Unis, ce programme ne concernait à l'origine que les ordinateurs et visait surtout l'introduction du mode « veille ». Il couvre aujourd'hui des dizaines de catégories de produits de consommation, dont les matériaux de construction et les bâtiments, et il s'est étendu à plusieurs régions du monde (Europe, Canada, Australie, Nouvelle-Zélande et Japon). Les produits certifiés *Energy Star* consomment en moyenne de 20 à 30 % moins d'énergie que les produits non certifiés comparables.

Créé en 1988 par Environnement Canada et reconnu internationalement, le programme ÉcoLogo offre la certification environnementale de produits et services dans 250 catégories différentes. Pour être certifiés, les produits doivent respecter des critères rigoureux couvrant les dimensions environnementale et sociale. Le café, par exemple, doit non seulement être produit de façon « verte », notamment sans pesticides, mais aussi être certifié « commerce équitable ». Le programme ÉcoLogo est un des membres fondateurs du *Global Ecolabelling Network*, une association qui vise la coopération, l'échange d'information et l'harmonisation entre les différents programmes d'écolabels.

Ce ne sont que deux exemples de labels adoptés par plusieurs entreprises pour l'avantage commercial qu'ils procurent. Aussi, les labels trouvent leur sens parce que bon nombre de consommateurs de produits ou de services leur accordent de l'importance. Les grands consommateurs institutionnels ont un rôle important à jouer à cet égard. En insistant sur des produits certifiés, ils incitent à l'adoption d'écolabels par les producteurs et distributeurs. En 1993, par exemple, une directive du président Clinton, aux États-Unis, obligeait tous les services du gouvernement américain à n'acheter que des équipements informatiques répondant aux normes du programme Energy Star (Johnstone, 2003). C'est une des raisons du succès initial de ce programme.

Il arrive que des labels soient créés de toutes pièces par les services de marketing d'entreprises. Ces derniers tentent ainsi de faire croire aux consommateurs que des produits sont meilleurs pour l'environnement, sans que ce soit vraiment le cas. Malheureusement, il n'existe encore aucun mécanisme pour contrôler cette pratique. C'est au consommateur de demeurer vigilant.

7.5 La production

7.5.1 Les systèmes de gestion environnementale

Depuis longtemps, les entreprises doivent se conformer à divers règlements concernant leurs émissions. Ces mesures étaient à l'origine étroitement liées aux conditions de travail et de vie autour et à l'intérieur des installations de production.

Avant le XIXe siècle, il y avait déjà une longue histoire de réglementation locale. Plusieurs villes interdisaient le déversement de déchets dans les rues, canaux ou rivières. Ces lois et règlements menaient généralement à des solutions « trois D », soit le déversement (dans des fosses), le déplacement (à l'extérieur de la ville) et la dilution (dans l'air ou les rivières).

Avec le temps, ces solutions simples sont devenues inadéquates. On sait maintenant que l'impact des émissions polluantes dépasse souvent le cadre local. Pensons par exemple au problème des pluies acides. La consommation excessive des ressources est également un souci. C'est dans ce contexte que sont apparus les systèmes de gestion environnementale (SGE). Les SGE se sont inscrits dans la tendance des entreprises à mettre en place des systèmes de gestion de la qualité comme celui développé par l'International Organization for Standardization (ISO).

Un SGE est une méthode conçue pour améliorer de façon systématique les performances environnementales d'une organisation. Il doit être incorporé dans la structure de gestion de l'organisation et se concentrer sur les impacts environnementaux à court et à long terme des produits, processus et services. L'allocation des ressources, la répartition des responsabilités et une évaluation constante des pratiques, procédures et processus sont les moyens d'arriver à des résultats concrets.

Dans les années 1980, de plus en plus d'organisations ont commencé à s'intéresser de façon systématique à leurs impacts environnementaux. Des guides ont commencé à être publiés pour les aider à mettre sur pied leur propre SGE. Une autre étape a été franchie au début des années 1990 quand l'ISO a publié son standard pour la certification des SGE (ISO 14001).

Un SGE comprend plusieurs éléments:

- une politique environnementale contenant des objectifs spécifiques;
- un programme environnemental qui décrit les activités prévues;
- l'intégration des questions environnementales dans la gestion opérationnelle;
- un service interne d'information, d'éducation et de formation;
- des contrôles, mesures et enregistrements internes;
- la production de rapports internes et externes.

Ces méthodes ne sont pas limitées aux entreprises industrielles. Les SGE sont importants pour toutes sortes d'organisations, comme les détaillants, les organismes d'accueil, les sociétés d'assurance, les banques, les gouvernements, les exploitations agricoles, les firmes d'ingénierie, etc.

Certaines conditions sont essentielles pour une gestion réussie des questions environnementales:

- une vision claire de la haute direction quant à la place des questions environnementales dans la politique d'affaires;
- une conscience de l'importance des questions environnementales à tous les niveaux et dans tous les secteurs de l'organisation;
- une disponibilité en matière de temps, de main-d'œuvre et de moyens pour les questions environnementales;
- l'intégration des questions environnementales dans tous les processus d'affaires qui ont un impact environnemental direct ou indirect.

Les moyens adoptés devraient être cohérents avec les autres secteurs de gestion comme le contrôle de la qualité et la santé et sécurité au travail.

Il est aussi important de mesurer régulièrement la performance environnementale afin d'offrir une rétroaction qui incitera les employés à l'améliorer.

7.5.2 Les solutions en bout de chaîne

Les systèmes de gestion environnementale sont conçus pour éviter les émissions polluantes et économiser les ressources. Mais ils ne suffisent pas pour résoudre tous les problèmes environnementaux.

Déchets et émissions sont inhérents à tout processus de production. Les solutions en bout de chaîne sont nécessaires pour éviter que ces déchets ou émissions soient simplement rejetés ou émis sans traitement et qu'ils causent des dommages à l'environnement. Dans l'industrie, les solutions en bout de chaîne sont des dispositifs installés en aval des unités de production principales. Ce type de technologie a deux avantages. Premièrement, il n'impose pas de changement important aux processus de production.

On sait que tout changement dans les processus de production engendre des risques pour la qualité des produits et de possibles interruptions de production. C'est pour éviter d'avoir à faire des investissements importants et à former leur personnel que les entreprises préfèrent éviter, dans la mesure du possible, les changements aux processus de production. Deuxièmement, les coûts en capitaux et en frais d'exploitation sont prévisibles et contrôlables. La plupart du temps, les équipements sont facilement disponibles et on peut recourir à l'impartition pour leur fonctionnement.

Cependant, il peut arriver que le flux de déchets soit très exigeant pour les technologies en bout de chaîne. En tel cas, il est souvent financièrement avantageux de réduire ce flux plutôt que d'avoir à le traiter. Un exemple typique est celui des eaux usées. Souvent, le volume des eaux usées peut être réduit par des moyens simples. En tel cas, des changements aux processus de production peuvent être nécessaires.

Les technologies en bout de chaîne peuvent être divisées en quatre catégories :

- les technologies de séparation, qui isolent les substances dangereuses de celles qui ne le sont pas (filtration, précipitation, condensation, etc.) ;
- les technologies de traitement qui éliminent les substances dangereuses (combustion, oxydation, etc.) ;
- les barrières (contre le son, la lumière, les radiations, etc.) ;
- la compensation (par exemple, par la plantation d'arbres pour compenser les émissions de gaz à effet de serre). Ce type de solution n'influe d'aucune façon sur la source.

Au début des années 1970, de nombreux pays ont introduit de nouvelles lois qui ont incité à employer ce type de solutions. Purifier l'eau avant de la rejeter, installer des filtres aux cheminées et construire une barrière contre le bruit sont des exemples des moyens adoptés. Bien qu'elles ne résolvent généralement pas le problème complètement, ces solutions sont encore fréquentes quand il n'existe aucune autre possibilité.

7.5.3 La gestion de la chaîne logistique et l'écologie industrielle

Toute organisation tend à optimiser ses performances à l'intérieur de ses propres murs, ce qui n'est pas toujours optimal pour la société. Prenons l'exemple d'une entreprise qui émet trop de CO_2, de NO_X et de suie parce qu'elle brûle des combustibles fossiles pour produire la chaleur nécessaire à ses processus. Elle pourrait décider de passer à l'électricité. Elle réglerait ainsi les problèmes d'émissions chez elle. Toutefois, elle ne produirait pas d'amélioration pour l'environnement si l'électricité était produite par une centrale thermique, au charbon ou au mazout, dont l'efficience (si l'on tient compte de la distribution) serait moindre que celle d'une chaudière industrielle. Même si l'on peut admettre qu'une grande centrale réussit mieux à nettoyer ses gaz de combustion qu'une petite ou moyenne entreprise, dans l'ensemble il est fort probable que le bilan environnemental serait négatif.

Il faut donc considérer toute la chaîne logistique, particulièrement dans le cas d'émissions qui sont nocives à l'échelle globale ou continentale. Cette chaîne logistique inclut toutes les étapes, de l'exploration des ressources et matières premières jusqu'à la mise au rebut ou au recyclage en fin de vie utile d'un produit.

Des décisions prises à des moments particuliers de cette chaîne peuvent avoir des conséquences importantes à d'autres moments de la chaîne, particulièrement en aval. Le recyclage de certains matériaux, par exemple, peut être compromis par la présence, même minime, de certains additifs. Il est donc important de garder la chaîne logistique en perspective dans les décisions concernant les produits et processus.

7.5.4 L'écologie industrielle

En 1989, deux chercheurs de General Motors, Robert Frosch et Nicholas Gallopoulos, soutenaient que les industries pourraient être plus efficientes avec leurs flux de matériaux et d'énergie si elles fonctionnaient comme les systèmes écologiques. Pour eux, la qualité principale de ces systèmes est leur fonctionnement en cycle, qui fait que tout déchet produit à une étape du cycle est une ressource pour une étape ultérieure (Frosch et Gallopoulos, 1989). On utilise parfois le terme métabolisme industriel pour représenter cette idée :

> Le métabolisme industriel cherche à calquer l'activité industrielle sur un modèle tiré de la nature, celui de la conservation de la masse, alors que la quantité de matière qui transige [*sic*] dans la biosphère reste constante. Il est donc question ici de création de boucles de production où les extrants deviennent des intrants d'un autre procédé, identique ou non. L'analyse des flux devient alors un outil de prédilection pour caractériser ces transactions de matière. L'avantage de cette approche est à la fois économique et environnemental, c'est-à-dire que le concept propose des améliorations à travers tous les processus industriels, ce qui a pour effet de diminuer la quantité de matières premières nécessaires et incidemment le poids environnemental y étant associé (Vendette et Côté, 2008).

L'écologie industrielle est donc un champ interdisciplinaire dont le but ultime est « d'arriver à la formulation d'un système industriel symbiotique où les flux transitent à travers des boucles de production comme pour le modèle d'un écosystème naturel relativement stable » (*ibid.*). Cette approche a connu une croissance importante au cours des dernières années.

L'écologie industrielle se distingue des approches « produit » (comme l'analyse du cycle de vie, voir le chapitre 8) en se concentrant sur des chaînes logistiques ou des secteurs industriels complets. Tous les flux de matières et d'énergie sont pris en considération. L'étude écologique d'un secteur ou d'une chaîne logistique peut devenir très complexe. La figure 7.2 offre une vue d'ensemble des flux de matières à étudier.

Les multiples chaînes logistiques présentes sur un même site industriel peuvent s'échanger les matières et l'énergie afin d'optimiser les économies. L'exemple le plus célèbre d'écologie industrielle en action est Kalundborg, au Danemark. Les différentes installations de ce complexe industriel minimisent leurs intrants en énergie et matériaux neufs à travers une série d'échanges (voir la figure 7.3).

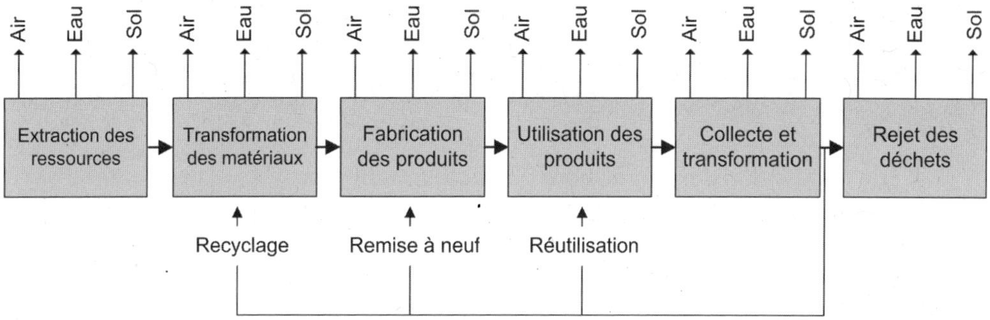

Figure 7.2 – Flux des matières en écologie industrielle

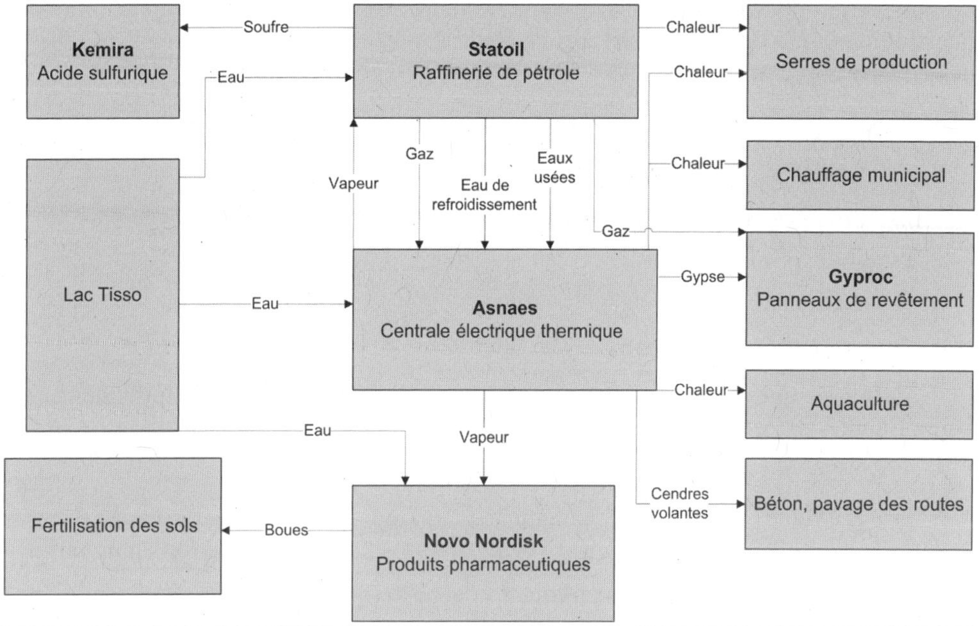

Figure 7.3 – Représentation schématique des échanges à Kalundborg

7.5.5 La dimension sociale de l'entrepreneuriat durable

La dimension sociale de l'entrepreneuriat durable concerne :

- les conditions de travail et la formation au sein de l'entreprise ;
- la communauté avoisinant l'entreprise ;
- les utilisateurs de produits et services ;
- les habitants des pays en voie de développement où se trouvent des unités de production.

En somme, la dimension sociale concerne les gens tout au long de la chaîne logistique.

Au sein même de l'entreprise, on parlera souvent de « satisfaction des employés ».

Cette satisfaction dépend d'abord des facteurs suivants :

- les conditions de travail physiques et matérielles ;
- les conditions de travail en termes sociaux et culturels ;
- les conditions d'emploi ;
- les avantages sociaux.

Ces facteurs ont une incidence directe sur la satisfaction des employés. Le niveau de satisfaction devrait être mesuré régulièrement, par des moyens directs comme des questionnaires, ou de façon indirecte, en observant le nombre et la qualité des initiatives des employés.

Plusieurs autres aspects s'ajoutent à ces facteurs :

- appartenance à un syndicat ;
- respect de l'information privée ;
- possibilité de formation ;
- rétroactions régulières et significatives ;
- équité.

Parmi les questions dont l'entreprise doit se préoccuper pour les individus et les communautés externes, on compte :

- le respect des droits humains ;
- une politique claire et, éventuellement, des standards à appliquer pour ses propres opérations dans les pays où il y a des violations flagrantes des droits humains ;
- la sélection de fournisseurs en fonction de critères de durabilité ;
- l'interdiction du travail des enfants ;
- la stimulation des économies locales et des activités sociales (là où l'entreprise est active) ;
- la promotion de l'éducation locale.

Encourager la démocratie locale peut aider à diminuer les conflits dans les communautés. La commandite d'ONG peut améliorer la vie sociale. Des mesures directes comme la reforestation peuvent aider à préserver le gagne-pain de populations locales. La clé du succès, toutefois, est d'éviter toute forme de paternalisme. C'est aux communautés locales de décider de leurs priorités.

7.6 Comptabilité et durabilité

La production de rapports financiers sur les activités durables d'une entreprise n'est pas chose facile. On peut produire des rapports sur les aspects environnementaux et sur les résultats financiers. Mais, en général, les conséquences négatives des activités non durables ne sont pas prises en compte. De plus, les profits indirects des activités durables sont difficiles à mesurer et les indicateurs sociaux sont peu développés (Ranganathan, 1999). En l'absence de standards internationaux, il est très difficile de comparer les entreprises entre elles.

Bien que beaucoup d'entreprises aient démontré que l'on peut marier avantageusement durabilité et profits, plusieurs autres considèrent toujours que la durabilité n'engendre que des coûts et qu'elle réduit leur compétitivité. Cette croyance est causée par l'ignorance, chez bien des entrepreneurs, des économies potentielles liées aux produits, processus et technologies durables.

Selon les économistes environnementaux, il existe plusieurs raisons pour lesquelles des mesures profitables ne sont pas adoptées :

- Les coûts liés à l'environnement sont comptabilisés dans les frais généraux, donc imputés à tous les produits de l'entreprise plutôt qu'aux produits polluants ;
- Les coûts liés à l'environnement sont ignorés, tout comme les bénéfices des produits durables ;
- Les investissements dans les produits et procédés durables sont sous-évalués à cause des techniques d'évaluation financière qui ont un horizon temporel trop court.

Les coûts environnementaux peuvent être internes, comme pour le traitement des effluents, mais ils peuvent aussi être externes, comme dans le cas des soins pour la communauté environnante si la santé des individus est compromise.

Pour le développement durable, il serait idéal que les décisions d'investissement soient prises en tenant compte des coûts internes et externes. Malheureusement, les entreprises polluantes ne sont que très rarement appelées à payer pour les coûts externes qu'elles génèrent. Elles ne prendront véritablement en compte les coûts externes que lorsque ces derniers seront « internalisés » (par exemple les dommages à payer en cas de contamination des sols).

Dans les lignes qui suivent, nous présentons trois façons d'améliorer la représentation des coûts environnementaux.

7.6.1 Ne pas considérer les coûts environnementaux comme des frais généraux

Les frais généraux sont les frais qui ne peuvent être imputés à un produit ou à un processus particulier. Pour calculer les coûts de production, les entreprises répartissent généralement les frais généraux entre tous les produits et processus. Il est avantageux de séparer les coûts environnementaux des frais généraux. En les imputant aux produits et processus qui les génèrent, on peut déterminer leur coût de production réel.

Le principe consistant à insérer les coûts environnementaux dans les frais généraux n'encourage pas les gestionnaires à prendre les moyens pour réduire les impacts sur l'environnement. Ils se retrouvent dans la situation où le budget de leur division doit supporter les coûts de la réduction de la pollution, alors que c'est l'entreprise dans son ensemble qui bénéficie de la réduction des coûts.

7.6.2 Utiliser l'évaluation du coût total pour obtenir une vue d'ensemble complète

L'évaluation du coût total est une méthode qui a été développée en réaction aux méthodes de comptabilité traditionnelle (White, Becker et Goldstein, 1992). Elle entraîne un calcul plus exact des coûts de production et permet de rendre les coûts environnementaux plus explicites et visibles. À cette fin, les coûts peuvent être divisés en cinq catégories (Coopers & Lybrand Consultants, 1998):

- Les coûts ordinaires. Ce sont les coûts en ressources, services publics, capitaux et main-d'œuvre qui sont considérés par la comptabilité traditionnelle.
- Les coûts cachés. Ces coûts ne sont pas visibles au moyen des méthodes traditionnelles puisqu'ils sont considérés comme des frais généraux (ils incluent les coûts futurs, même si on ne sait pas quand ils se matérialiseront).
- Les coûts éventuels. Ce sont les coûts dont on ne sait pas si l'entreprise devra les supporter ou non.
- Les coûts liés à l'image et aux relations publiques. Ces coûts sont associés à la production d'une « bonne » image et les conséquences financières d'une « mauvaise » image.
- Les coûts sociaux. Il s'agit des coûts externes de la pollution, comme la diminution de la valeur foncière locale.

Ces coûts sont nombreux, variés et parfois très difficiles à déterminer. Pour chacune de ces catégories, on devrait dresser une liste des coûts et bénéfices des produits actuels et les comparer avec ceux de solutions alternatives durables. Pour certains coûts et bénéfices, on devra se contenter de la meilleure estimation possible. Voir le tableau 7.1 pour des exemples dans chacune des catégories.

Après avoir été inventoriés, ces coûts devraient être imputés au produit qui les génère. Si plus d'un produit est imputable, une distribution équitable sera nécessaire.

7.6.3 Évaluer les investissements sur la base d'un horizon temporel approprié

Toute décision d'investissement devrait être prise en tenant compte de tous les coûts et bénéfices anticipés. C'est la même chose en développement durable. Cependant, les méthodes classiques d'évaluation des investissements sous-estiment les solutions alternatives durables.

Tableau 7.1 – Exemples dans cinq catégories de coûts-avantages utilisées en évaluation complète des coûts

Catégorie de coûts-avantages	Exemples
Ordinaires	(+) Réduction des coûts en ressources (+) Réduction des coûts en énergie (+) Prix de vente plus élevé (le consommateur est prêt à payer plus pour un produit durable) (+) Plus grande part de marché
Cachés	(–) Possibilité d'investissement accru en recherche et développement (+) Économie en gestion des déchets et en surveillance de la pollution (+) Économie en main-d'œuvre (conditions de travail plus sécuritaires, moins de congés de maladie, employés plus motivés) (+) Le choix d'une source d'énergie durable permet d'économiser sur les coûts futurs de démantèlement des centrales classiques ou nucléaires
Éventuels	(–) Amendes à cause de l'absence de permis (–) Coûts des réclamations à cause de nuisances à autrui (–) Coûts de l'adaptation des produits ou procédés pour observer une nouvelle législation environnementale (–) Frais futurs et primes d'assurance plus élevées (–) Coûts du nettoyage à la suite d'un accident
Image et relations publiques	(+) Augmentation des ventes grâce à une image « verte » (–) Coûts de diffusion du message « vert » (rapports environnementaux annuels, par exemple)
Sociaux	(+) Meilleure relation avec la communauté avoisinante (–) Le message des « améliorations » ne peut être diffusé avec succès que si l'on révèle la situation précédente

Le délai de récupération (ou période de remboursement) est souvent employé pour évaluer les investissements parce qu'il est facile à utiliser. Dans cette méthode, on se sert des déboursés en capitaux au début et des bénéfices annuels escomptés. En divisant les déboursés en capitaux par les bénéfices annuels, on obtient le délai de récupération. L'horizon temporel de cette méthode est généralement court et les bénéfices à long terme des investissements durables ne sont pas pris en compte. À titre d'exemple, prenons les coûts énormes de réclamation en dommages à cause de la contamination des sols ou de la nappe phréatique.

La valeur actualisée nette (VAN) offre la possibilité de prendre en compte les coûts et les bénéfices futurs. Cette méthode d'évaluation est une façon de comparer la valeur actuelle de l'argent avec celle de l'argent dans le futur. Un dollar aujourd'hui vaut plus qu'un dollar dans le futur, puisque l'inflation diminue son pouvoir d'achat, alors que l'argent disponible aujourd'hui peut être investi et croître. Par exemple, en supposant un taux d'escompte de 5 %, la VAN de 2000$ sera de 1227$ dans dix ans. Si quelqu'un vous offrait 1000$ aujourd'hui ou 2000$ dans dix ans, vous choisiriez le second montant puisque sa VAN est plus élevée. Si la VAN d'un investissement est positive, le projet est considéré comme étant profitable.

Les méthodes d'évaluation des investissements calculent généralement le délai de récupération pour l'espérance de vie d'un équipement en présumant que sa valeur sera réduite à zéro. En revanche, une utilisation plus longue ou une valeur résiduelle importante passée cette espérance peut créer des profits considérables.

7.7 Questions de réflexion et de discussion

1. Consultez les énoncés de mission et de culture de l'entreprise Interface (<www.interfaceglobal.com>) et comparez-la avec celle de certains concurrents dans le domaine du revêtement de sol. Quelles sont les différences importantes ? Comment expliquer l'engagement d'Interface pour la durabilité ?
2. Estimez la valeur actualisée nette (VAN) dans 15 ans de 2 millions de dollars investis dans une éolienne de 1 MW. Comparez cette valeur à celle produite par l'achat d'un certificat de placement qui a un taux d'intérêt de 6 %.
   a) La production annuelle d'électricité moyenne sera de 2,1 GWh, les coûts d'exploitation seront de 40 000$ par année et l'électricité sera vendue à 0,08$ le kWh.
   b) Quelle sera la VAN si, à la suite d'une augmentation de la demande, cette électricité est vendue à 0,12$ le kWh.
3. Comparez les rapports environnementaux et sociaux de deux grandes entreprises concurrentes. Notez les différences. Laquelle semble avoir la meilleure performance environnementale et sociale ?

Chapitre 8

Conception et développement durable

Dans leur vie professionnelle, les ingénieurs sont appelés à jouer divers rôles: gestionnaire de projet, directeur d'usine, chercheur, inspecteur de systèmes technologiques, etc. Malgré tout, une des tâches les plus importantes demeure la conception de produits, de procédés et de systèmes. Les ingénieurs maîtrisent les principes scientifiques qui devraient les aider à optimiser ces conceptions.

Les décisions prises pendant le processus de conception ont une incidence importante sur la durabilité d'un produit, procédé ou système. Les ingénieurs peuvent agir comme concepteurs, mais aussi comme représentants de l'organisation cliente ou de l'utilisateur final.

8.1 Qu'est-ce que la conception?

8.1.1 La conception dans le processus d'innovation

Traditionnellement, dans le processus d'innovation, on présente la conception comme un maillon faisant partie d'une chaîne d'étapes. Une organisation commande un nouveau produit ou procédé pour l'aider à atteindre ses objectifs. L'ingénieur qui accepte la commande reçoit du client un cahier des charges qui décrit ses exigences. C'est ce cahier qui servira subséquemment à évaluer le concept produit par l'ingénieur. Une fois la conception terminée, la tâche de l'ingénieur-concepteur s'achève.

Dans cette représentation traditionnelle, le travail de conception en ingénierie se divise en trois étapes distinctes: la commande, la conception et l'application. C'est le cahier des charges qui distingue l'étape de la conception des deux autres. Il a donc une importance capitale. Avec cette distinction, on s'attend à ce que le concepteur ne remette pas en question la nature de la commande ou de l'application.

Une fois le cahier des charges du client accepté, le concepteur doit développer une solution qui répond à toutes les exigences, même si certaines semblent parfois incohérentes. Cette absence de critique est un élément de la culture de l'ingénierie. Les ingénieurs occidentaux hésitent parfois à critiquer le client. Il en va de même dans les sociétés plus hiérarchiques, comme en Asie, où la réticence à mettre en doute la sagesse du client peut entraîner pour les ingénieurs des mois de travail infructueux.

Or, l'interaction entre l'ingénieur et le client est très importante, puisqu'elle peut mener à une réévaluation de certaines exigences. Le concepteur connaît parfois des façons de réduire les coûts ou des solutions techniques plus appropriées que le client ignore. Le concepteur peut aussi offrir des conseils sur l'utilisation du produit:

- Comment faire fonctionner le produit?
- Comment en faire l'entretien?
- Comment améliorer la conception sur la base de l'expérience acquise?

L'interaction entre l'ingénieur-concepteur, le client et l'utilisateur final est à l'avantage de tous. Une séparation rigide entre la commande, la conception et l'utilisation est une barrière à ces interactions productives et à un comportement responsable. Elle peut aussi mener à des problèmes éthiques.

Prenons l'exemple d'une firme néerlandaise qui avait accepté de concevoir une résidence pour ouvriers dans un pays dirigé par une dictature. Les exigences très particulières du client ont amené les ingénieurs à conclure, en cours de projet, qu'on leur demandait en fait de concevoir une prison! Étant donné la réputation du pays en question, ces ingénieurs ont compris qu'ils allaient contribuer à la répression des opposants au régime. Devaient-ils s'en tenir à leur tâche de conception en répondant simplement aux exigences du cahier des charges? Ils ont finalement décidé de ne pas terminer leur mandat.

En conception, le développement durable est souvent envisagé comme une exigence supplémentaire qu'on peut ajouter au cahier des charges à la suite des autres exigences techniques et économiques. Imaginez si la durabilité était ajoutée comme exigence supplémentaire dans le cas de la conception d'une centrale électrique au charbon. Le concepteur aurait un casse-tête majeur entre les mains!

De fait, la durabilité n'est pas un critère qu'on peut simplement ajouter au cahier des charges. Elle concerne toutes les exigences que doit respecter le concept. La durabilité permet même de poser la question ultime: est-ce que ce produit ou ce procédé aurait dû être commandé?

On considère souvent que ce sont le client et l'utilisateur qui sont responsables de la durabilité d'un produit, la responsabilité du concepteur étant atténuée par le cahier des charges. Vue ainsi, la contribution du concepteur se limite à proposer des méthodes de production et des matériaux verts, des choix qui malheureusement ne concernent qu'un seul des aspects du développement durable, l'aspect environnemental. Il va sans dire que, si le concepteur veut contribuer activement au développement durable, il doit entrer en dialogue avec le client et l'utilisateur.

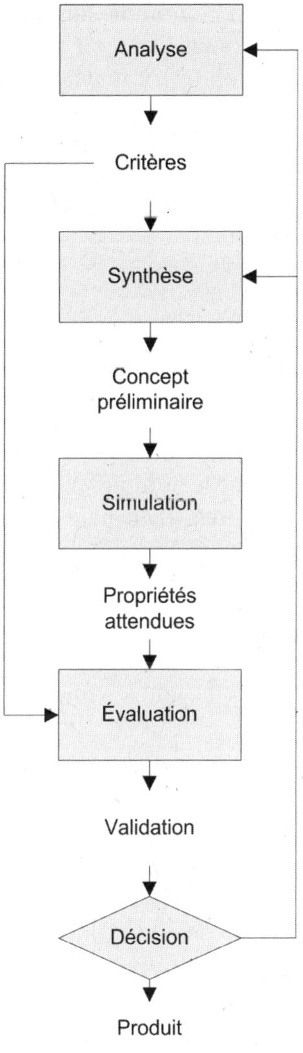

Figure 8.1 – Le cycle de conception

8.1.2 Le processus de conception

La plupart des ingénieurs s'occupent de produits physiques dans le sens large du terme – tout système physique conçu pour remplir certains objectifs est un produit. Un vélo est un produit, tout comme une usine, un pont ou une nouvelle zone urbaine. Ce sont tous, à des échelles différentes, des systèmes physiques. La conception est la planification et le développement de produits.

Différentes disciplines ont différents processus de conception, mais ces processus partagent certaines caractéristiques communes qui sont représentées par le cycle de conception (voir la figure 8.1). Lorsqu'il conçoit pour le développement durable, le concepteur doit garder cet objectif en tête à toutes les étapes du processus. Mais c'est à la phase initiale du processus, c'est-à-dire au moment de l'analyse, que sont prises les décisions les plus importantes concernant le développement durable. Le plus tôt le développement durable sera introduit dans le processus, la plus grande sera son influence. Il est plus facile de changer le mandat dès le début que d'essayer d'augmenter la durabilité d'un concept déjà bien défini.

8.1.3 L'analyse

L'élément fondamental du processus de conception est la fonction du produit. Le terme fonction ne se limite pas ici à l'aspect technique, mais s'étend à toute autre fonction, sociale, culturelle ou économique, que le produit sera amené à remplir. Bien que le cahier des charges contienne déjà les fonctions principales, celles-ci doivent être analysées.

Tout processus de conception découle d'un problème à résoudre. C'est une des tâches du concepteur de définir le problème, de le clarifier et de l'exprimer sous la forme d'un énoncé. Or, sa formulation du problème sera souvent différente de celle exprimée par le client. D'où l'importance de bien définir le problème en collaboration avec le client. C'est là, et là seulement, que le concepteur peut chercher la solution la plus durable.

Prenons l'exemple suivant : un client veut améliorer l'emballage d'une des machines qu'il vend. Selon lui, cette amélioration est requise parce que la machine est souvent endommagée durant le transport. Le client décrit donc le problème comme « un emballage insuffisant ». Si l'on décrit plutôt le problème en parlant de « dommages durant le transport », le concepteur pourrait en arriver à une solution qui est plus durable, en explorant, par exemple, la possibilité de revoir la conception de la machine de façon à pouvoir la transporter de façon sécuritaire sans emballage.

Le concepteur doit déterminer quels aspects du produit ne sont pas (assez) durables et ceux qui peuvent être améliorés.

Une fois le problème bien défini, on peut formuler les objectifs de conception. Ces objectifs décrivent la situation viable future à laquelle le concept doit se conformer. Déterminer la situation viable est en soi un processus de résolution de problème et demande des choix. Il n'y a pas de réponse unique.

Le concepteur peut arriver à la conclusion que des changements majeurs sont nécessaires pour obtenir une solution vraiment durable. Mais il est très rare que le client laisse le concepteur faire de tels changements. Le cahier des charges est généralement si restreignant que seules de petites améliorations sont possibles. L'ingénieur devrait donc considérer le cahier des charges d'un œil critique avant d'accepter un mandat de conception.

Les objectifs de conception sont ensuite traduits en exigences fonctionnelles et techniques. Ces exigences jouent différents rôles dans le processus de conception:

- Elles forcent les parties en présence à s'entendre sur le produit à développer tôt dans le processus. Celles-ci n'auront pas à revoir complètement la conception plus tard si l'une d'elles décide que le produit ne répond pas à ses exigences.
- Elles sont un outil pour guider le processus de conception. Les solutions préliminaires sont évaluées en fonction de ces exigences.
- Elles limitent le nombre de solutions potentielles.
- Dans certains cas, elles font partie du contrat entre le client et l'ingénieur-concepteur. Ce dernier doit livrer une solution qui répond à ces exigences.

8.1.4 La synthèse, la simulation, l'évaluation et les itérations

La conception en tant que telle se fait durant la phase de synthèse. Le concepteur élabore généralement un ensemble de solutions possibles pour résoudre le problème défini précédemment. Une seule sera finalement retenue.

Dans la phase de simulation, le concepteur tente d'obtenir une impression du comportement et des caractéristiques du produit conçu. Cela se fait par des calculs, des modèles physiques ou des simulations numériques, etc.

Le concept préliminaire est testé durant la phase d'évaluation. Les caractéristiques dérivées des résultats de la simulation sont comparées avec les caractéristiques définies par les exigences fonctionnelles et techniques. Si les différences sont acceptables, on peut passer à l'étape suivante. Sinon, des changements sont nécessaires.

Ces étapes ne se déroulent pas toujours dans le même ordre. La conception est un processus itératif et on doit souvent retourner à des étapes antérieures. On arrive souvent à la solution finale par essais et erreurs.

Pour les grands systèmes, la phase d'évaluation peut être très complexe. Elle ne peut se limiter à l'évaluation des éléments individuels. Elle doit couvrir aussi les caractéristiques dynamiques du système, comme le démarrage du processus et la procédure d'arrêt d'urgence dans une usine de produits chimiques. L'analyse de risque du système doit aussi assurer qu'aucune chaîne d'événements n'est négligée.

8.2 L'analyse sociale

8.2.1 L'analyse des parties prenantes et de tendances dans le processus de conception

Le développement durable n'est pas le résultat d'actions entreprises par un seul individu ou une seule organisation. C'est le résultat d'actions menées conjointement et de la poursuite d'objectifs communs. La conception pour le développement durable devrait donc, idéalement, impliquer toutes les parties pour qui il y a un enjeu dans le produit à concevoir. Dans certains cas, des questions de compétitivité ou de sécurité limiteront nécessairement la transparence du processus.

Au lieu de viser un consensus entre toutes les parties prenantes, il est possible d'analyser leurs motivations et leurs arguments. Une telle analyse donne un portrait systématique des groupes et des individus qui jouent un rôle dans l'émergence et la solution d'un problème. Aussi, une analyse de tendances permet de révéler les changements sociétaux qu'il est pertinent de prendre en compte dans la conception des produits (le vieillissement de la population ou l'accroissement du nombre de personnes qui vivent seules, par exemple). Comme le processus de conception concerne un produit futur, il est important d'anticiper les tendances.

En tenant compte de toutes les parties prenantes, on peut concevoir un produit qui répond le mieux possible à leurs attentes et à leurs désirs et qui s'inscrit bien dans les tendances sociétales.

8.2.2 La catégorisation des parties prenantes

La première étape de cette analyse est d'identifier toutes les parties prenantes et leurs caractéristiques. On peut ensuite les trier dans une matrice en fonction de leur influence et de leur degré de sensibilisation, ce qui donne quatre catégories.

Ce tri des acteurs en groupes particuliers ayant des niveaux d'intérêt et d'influence différents permet de comprendre l'émergence de certaines situations (comme la résistance) et la position des parties par rapport à cette situation. Il permet aussi de déterminer quelles sont les parties les plus influentes.

Dans les quatre groupes, on trouve d'abord les «acteurs clés» (D), qui sont très conscients de leurs intérêts par rapport au problème et qui exercent une grande influence dans l'élaboration d'une solution. C'est évidemment le groupe le plus important quand vient le temps de discuter de solutions potentielles. À l'opposé, on trouve la catégorie «effort minimum» (A). Ces parties prenantes sont peu conscientes de leurs intérêts par rapport au problème et ont très peu d'influence sur la solution. Une analyse pourrait montrer qu'on accorde trop d'importance à ce groupe.

Le troisième groupe est celui des parties prenantes à sensibiliser (C). Ces acteurs ont le potentiel et les moyens pour influencer le processus, mais sont (encore) peu enclins à exercer leur influence. Le dernier groupe est celui des parties prenantes à habiliter. Ce groupe a (encore) peu d'influence sur la situation, mais il est bien conscient de ses intérêts. Il devrait être tenu au courant des développements et tenter, dans la mesure du possible, d'obtenir une plus grande influence dans le processus.

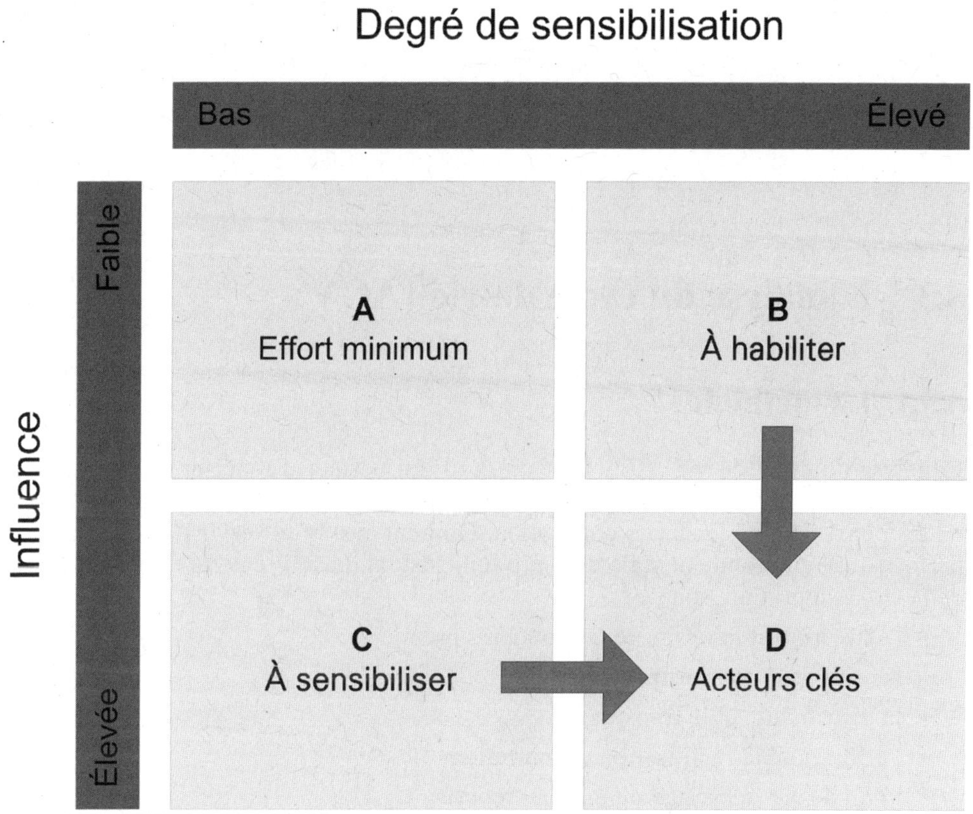

Figure 8.2 – La catégorisation des parties prenantes

8.2.3 L'analyse de tendances

Une analyse de tendances peut renforcer l'analyse des parties prenantes. Cette analyse peut être faite de deux façons différentes : en déterminant les tendances pour chaque partie prenante ou, encore, en déterminant les tendances globales et leurs effets sur les parties prenantes.

L'avantage de la première approche est qu'elle permet d'identifier des tendances qui n'apparaîtraient pas dans l'analyse globale. Elle permet aussi de déterminer quelles parties prenantes peuvent influencer une tendance et jusqu'à quel point elles peuvent le faire.

L'avantage de la seconde approche est qu'elle permet de relever des parties prenantes dont la présence serait difficile à détecter autrement. Prenons par exemple les futurs habitants d'un quartier résidentiel en construction ou la prochaine génération de consommateurs. Les tendances globales peuvent aussi nous faire revoir l'importance relative que nous avons accordée aux différents groupes de parties prenantes, ce qui est difficile à observer avec la première approche.

Les tendances peuvent être analysées et combinées. Dans les situations complexes, où il y a des options mutuellement exclusives, l'analyse de scénarios peut aider (voir le chapitre 10).

8.3 L'analyse du cycle de vie (ACV)

8.3.1 La méthode

L'analyse du cycle de vie (ACV) est un outil qui permet d'analyser et de quantifier l'impact environnemental total d'un produit ou d'un système. Il peut être utilisé à différentes phases du processus de conception. On peut aussi s'en servir pour optimiser la performance environnementale d'un produit existant. L'ACV couvre toutes les phases de la vie d'un produit, soit:

- l'extraction et le raffinage des matières premières;
- les phases de transformation et de production;
- la distribution et le transport;
- l'utilisation, la réutilisation et l'entretien;
- la fin de vie (recyclage ou mise au rebut).

Dans toutes ces phases, la contribution du produit à différentes formes de pollution est calculée. Toutes les contributions d'un produit à un problème environnemental particulier sont calculées sur la base de la même unité. Ainsi, toute contribution de gaz à effet de serre sera exprimée en équivalent CO_2 et toute acidification en équivalent SO_2.

Ces impacts quantifiés ne peuvent cependant pas s'additionner. Afin d'obtenir un résultat quantitatif unique, on doit utiliser des coefficients de pondération qui établissent la priorité relative de chaque problème environnemental. Le coefficient pour chaque problème particulier est établi en considérant la distance relative entre la situation présente et les objectifs établis par les politiques gouvernementales[1].

1. En principe, la méthode accorde une priorité aux impacts environnementaux pour lesquels les objectifs politiques sont les plus élevés (Heijungs, 1992).

C'est ainsi que différents choix en matière de conception et de matériaux peuvent être comparés. Il faut toutefois se rappeler que le score dépend ultimement du choix des coefficients de pondération. Si les priorités changent, le score changera aussi.

L'objet de l'ACV (produit ou processus) est exprimé sous la forme d'une unité fonctionnelle. Le choix de cette unité est très important parce qu'il détermine l'objet d'analyse et ce à quoi les résultats peuvent se comparer.

Un exemple de choix d'unité fonctionnelle est une voiture avec des caractéristiques spécifiques, y compris les conditions d'utilisation, comme le kilométrage annuel. On peut calculer les impacts environnementaux de cette voiture durant tout son cycle de vie et comparer les résultats obtenus avec ceux d'autres voitures. Un autre exemple d'unité fonctionnelle est «le transport de deux adultes, deux enfants et 60 kg de bagage de Montréal à New York». On peut ainsi comparer entre eux différents modes de transport comme l'automobile, l'autobus, le train et l'avion.

L'ACV peut aussi être utilisée lorsqu'il y a reformulation d'un produit. L'analyse du produit original permet d'identifier les impacts environnementaux principaux, ce qui aidera dans la recherche d'améliorations potentielles.

L'ACV force les concepteurs à considérer le cycle de vie complet d'un produit, évitant ainsi que des problèmes environnementaux majeurs soient ignorés. L'exemple du pot catalytique (voir l'encadré 8.1) illustre l'importance de cette approche dans ses deux fonctions principales, soit l'identification des impacts environnementaux et la comparaison entre produits.

ENCADRÉ 8.1 – Le pot catalytique: vraiment vert?

Le pot catalytique des voitures est une bonne technologie environnementale si on ne considère que sa phase d'utilisation. Les émissions de monoxyde de carbone (CO), de composés organiques volatils (COV) et d'oxyde d'azote (NO_X) ont chuté énormément depuis que les pots catalytiques sont devenus obligatoires sur les voitures. Parce que cette technologie exige aussi un carburant sans plomb, elle a aussi mis fin à cette source de pollution. Le pot catalytique pourrait donc être considéré comme un produit «vert».

Si l'on considère le cycle de vie complet de ce produit, on en arrive à des conclusions différentes. Sa production requiert des métaux précieux, le platine, le palladium et le rhodium. La production d'un seul pot catalytique exige 4,5 grammes de platine et 15 grammes de palladium. Chaque gramme de ces métaux exige l'extraction de 300 tonnes de minerai.

Le plus grand producteur de ces métaux précieux se trouve dans la ville de Norilsk en Sibérie. La construction du complexe minier, où l'on fait aussi la première fusion, a commencé il y a 70 ans. Depuis, aucune mesure environnementale n'a été prise. Ce serait le complexe industriel le plus polluant en Russie, et possiblement au monde. Les émissions annuelles d'oxyde de soufre (SO_2) sont estimées à 2,8 millions de tonnes, soit autant que les émissions totales de l'Allemagne et 20 fois plus que celles de la Suède.

Un nuage permanent de SO_2, de NO_X, de CO, de phénol et de chlore couvre la région. On ne trouve aucun arbre dans la ville et au moins 4 000 km^2 de forêts sont touchés. L'espérance de vie moyenne des hommes de Norilsk est de 49 ans. Au sens du développement durable, il y aurait donc des améliorations à apporter si l'on considérait le cycle de vie complet du pot catalytique.

Mais poursuivons. Le taux de compression est un facteur important dans l'efficience d'un moteur de voiture. Dans les années 1980, alors que les systèmes à injection électronique devenaient de plus en plus courants, il était possible d'obtenir un taux de compression de 1:9,5 avec un carburant au plomb à indice d'octane de 98. Pour fonctionner avec un convertisseur catalytique, les voitures doivent utiliser un carburant sans plomb avec un indice de 95, ce qui limite le taux de compression à 1 :8 et augmente la consommation d'essence[a].

Ainsi, un choix a été fait entre un moteur plus efficient émettant plus de gaz toxiques et un moteur moins efficient mais plus « propre ».

a. Les méthodes pour déterminer l'indice d'octane sont différentes en Amérique du Nord et en Europe. Les indices décrits ici correspondent à des indices de 95 et 91 selon les méthodes qui ont cours en Amérique du Nord.

Sources : Walsh, 2003 ; Trommelen, 2003.

8.3.2 Les outils pour l'ACV

Des outils logiciels peuvent être utilisés pour l'ACV. Certains de ces outils permettent d'établir les dommages environnementaux de matériaux (Idemat), d'autres permettent de faire des analyses environnementales sommaires (EcoScan) ou détaillées (Simapro).

L'analyse Eco-indicator 99 est une des méthodes d'ACV les plus connues. Elle permet d'obtenir un tableau qui présente les quantités de matériaux et d'énergie employées pour les phases de production, d'utilisation et de mise au rebut d'un produit. Les valeurs sont pondérées en utilisant des éco-indicateurs standards. Le concepteur peut ainsi déterminer quels processus, composantes ou phases du cycle de vie contribuent le plus aux impacts environnementaux.

Le tableau 8.1 présente les résultats d'une analyse Eco-indicator 99 simplifiée pour une cafetière. Comme la phase d'utilisation est incluse, on suppose ici dans la définition de l'unité fonctionnelle qu'elle sera utilisée pendant cinq ans pour produire deux fois par jour une demi-carafe qui sera gardée chaude pendant 30 minutes. Afin de simplifier l'exemple, les phases de production, de transformation et de transport des grains de café ont été laissées de côté. Il faut aussi noter que l'analyse suppose que l'utilisation a été faite aux Pays-Bas, où l'électricité est produite par des centrales au charbon.

Tableau 8.1 – Analyse Eco-indicator 99 simplifiée des impacts d'une machine à café tout au long de son cycle de vie
(Goedkoop, Effting et Collignon, 2000)

Matériaux et processus	Quantité	Indicateur	Résultat
Production : matériaux, traitements, transport et énergie			
Polystyrène (PS)	1,0 kg	360,0	360,0
Moulage par injection du PS	1,0 kg	21,0	21,0
Aluminium	0,1 kg	780,0	78,0
Extrusion de l'aluminium	0,1 kg	72,0	7,0
Acier	0,3 kg	86,0	26,0
Verre	0,4 kg	58,0	23,0
Formage du verre	4,0 MJ	5,3	21,0
Total [mPt]			**536**
Utilisation : transport, énergie et matériel auxiliaire			
Électricité	375,0 kW	37,0	13 875,0
Papier (filtre)	7,3 kg	96,0	701,0
Total [mPt]			**14 576**
Mise au rebut : matériaux, traitements, transport et énergie			
Déchets, PS	1 kg	2,0	2
Déchets, métaux	0,4 kg	–5,9	–2,4
Déchets, verre	0,4 kg	–6,9	–2,8
Déchet, papier	7,3 kg	0,71	5,2
Total [mPt]			**2**
Grand total [mPt]			**15 114**

mPt = millipoint (le point est l'unité de mesure de la méthode Eco-indicator 99).

L'ACV est une façon efficace de comparer les options lors du processus de conception, surtout quand différents impacts environnementaux sont en jeu. Elle peut aussi servir à établir les priorités en termes d'amélioration environnementale.

Cette méthode a aussi ses limites et ses problèmes. L'analyse peut demander beaucoup de temps et d'effort en comparaison des gains obtenus. Une analyse sommaire permettra souvent de faire le tri dans les différentes options disponibles. Il est aussi parfois difficile d'établir les frontières exactes du système. Par exemple, dans le cas du recyclage, est-ce que les coûts associés au traitement des résidus à recycler doivent être imputés au produit mis au rebut ou à l'acquisition des ressources pour le nouveau produit ?

La méthode est aussi moins efficace quand une substance toxique ou dangereuse est utilisée sans être immédiatement émise dans l'environnement. Elle est basée sur un inventaire des flux d'intrants et d'extrants à un moment précis. Dans le cas de substances toxiques «encapsulées» dans le produit, celles-ci peuvent fuir dans l'environnement longtemps après la mise au rebut. Une situation similaire se présente dans le cas de matériaux enfouis. Comment tenir compte des émissions des lieux d'enfouissement?

L'ACV est surtout utile pour la conception de produits qui seront fabriqués à partir de méthodes et de matériaux existants, pour lesquels les indicateurs existent. Elle est moins utile à l'ingénieur qui met au point un nouveau processus de production.

8.4 Les outils et stratégies de conception

Il y a un grand nombre de stratégies qu'on peut adopter pour concevoir de façon éco-efficiente. La roue LiDS (*Lifecycle Design Strategies*) permet d'organiser et de visualiser ces stratégies. Il y a des règles de base à respecter pour chaque stratégie.

Quand le processus de conception débute avec un produit existant que l'on veut améliorer, la roue LiDS permet de créer un profil environnemental du produit. Le produit est analysé en fonction des critères de chacune des stratégies, en utilisant une échelle de 0 à 3. Cette analyse peut être représentée visuellement en utilisant les rayons de la roue, ce qui aide à déterminer les stratégies qui produiront les plus grandes améliorations.

Dans la roue LiDS, les stratégies de 1 à 7, dans le sens des aiguilles d'une montre, correspondent aux phases du cycle de vie du produit, de l'acquisition des ressources à la mise au rebut. La stratégie 0 («optimisation de la façon dont la fonction est remplie») est une amélioration à long terme parce qu'elle demande des solutions structurelles et radicales.

8.4.1 Stratégie 1: Choisir des matériaux ayant un faible impact environnemental

Les matériaux à favoriser:

- **Les matériaux propres.** Choisir des matériaux non toxiques et inoffensifs. Éviter, par exemple, les matériaux contenant des métaux lourds, de l'amiante, des chlorofluorocarbones et des modulateurs endocriniens comme les phtalates.
- **Les matériaux renouvelables.** Éviter les matériaux non renouvelables, surtout ceux tirés des combustibles fossiles.

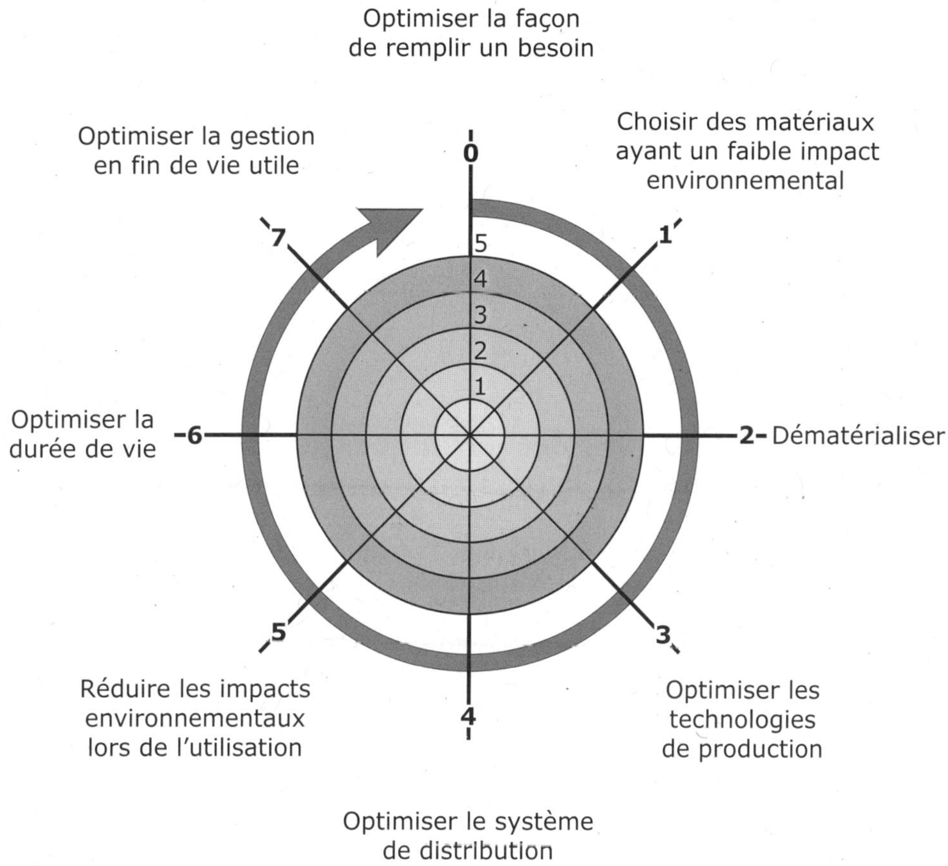

Figure 8.3 – La roue LiDS

Source : van Hemel, 1998.

- **Les matériaux à faible contenu en énergie.** L'extraction, la transformation et l'utilisation de certains matériaux comme l'aluminium requièrent beaucoup d'énergie. Par contre, l'aluminium peut avoir des effets positifs à cause de son faible poids et du fait qu'il peut être facilement recyclé.
- **Les matériaux recyclés.** Proposer ces matériaux, si c'est possible. Les métaux ont généralement un certain pourcentage de contenu recyclé. Le recyclage des produits plastiques est limité à l'heure actuelle. Une augmentation de la demande pourrait stimuler cette filière.
- **Les matériaux recyclables.** Utiliser des matériaux qui peuvent être recyclés. Ce sera d'autant plus efficace qu'un système de collecte sera en place ou planifié. Les matériaux choisis devraient engendrer des matériaux recyclés de haute qualité. Moins il y a de matériaux différents employés, plus il sera facile de les récupérer et de les recycler.

8.4.2 Stratégie 2 : Dématérialiser

Les principes de la dématérialisation :

- **La réduction du poids.** Utiliser moins de matériaux réduit souvent l'impact environnemental d'un produit. Dans les équipements de transport, les gains peuvent être très importants. Moins de matériaux signifie moins de ressources, donc moins de rebuts et une réduction des dépenses en énergie pour le transport.
- **La réduction du volume.** Quand le produit et son emballage sont réduits en taille et en volume, on économise dans le transport. Une autre solution est de rendre le produit démontable ou emboîtable.

8.4.3 Stratégie 3 : Choisir des techniques de production plus efficientes sur le plan environnemental

- **Des processus de production sains pour l'environnement.** Prenons par exemple la firme DSM-Gift, située à Delft aux Pays-Bas. Elle a remplacé 15 étapes de production chimique par cinq étapes biotechnologiques, réduisant ainsi de façon marquée les émissions toxiques et la consommation d'eau.
- **La réduction des étapes de production.** Combiner plusieurs pièces dans le même moule, par exemple, peut réduire les étapes d'assemblage et simplifier la conception. Il faut choisir des matériaux qui ne demandent pas de finition ou ne faire la finition que des parties qui doivent absolument être finies.
- **Une consommation d'énergie plus efficiente.** Utiliser des sources d'énergie renouvelable, si possible, ou encore récupérer la chaleur résiduelle d'installations avoisinantes sont des manières plus efficientes d'utiliser l'énergie.
- **La réduction des déchets de production.** Il faut chercher à réduire au minimum la quantité de rebuts dans le processus de production.
- **La réduction des fournitures consommables.** On doit chercher à réduire l'utilisation des matières qui n'entrent pas dans la composition des produits fabriqués, par exemple l'eau de refroidissement, les produits nettoyants et le papier.

8.4.4 Stratégie 4 : Choisir un système de distribution meilleur pour l'environnement

- **La réduction de l'emballage (et de son empreinte).** Il faut utiliser moins d'emballage et choisir des matériaux qui ont un impact moindre sur l'environnement (en remplaçant le polystyrène par du carton, par exemple). Les bioplastiques à base d'amidon peuvent aussi remplacer les mousses plastiques dans certains cas. Aussi, par des choix posés dès l'étape de la conception, on peut s'assurer que le produit exigera le moins d'emballage possible.

- **Des transports plus efficients.** Certains modes de transport polluent moins que d'autres. En règle générale, le transport par bateau ou par train est préférable à celui par camion ou par avion.
- **Une logistique plus efficiente.** Par exemple, éviter de transporter est bien souvent la meilleure option. De nos jours, il arrive parfois que les sites de production dans une chaîne logistique soient très éloignés les uns des autres. Pourtant, en tel cas, les dépenses énergétiques pourraient être réduites de façon substantielle si les distances à parcourir étaient diminuées.

8.4.5 Stratégie 5: Réduire les impacts environnementaux au moment de l'utilisation

Un produit a aussi un impact environnemental dans sa phase d'utilisation. Cela devrait être considéré dès l'étape de la conception.

- **Une réduction de la consommation d'énergie.** La consommation d'énergie d'un véhicule, par exemple, est beaucoup plus grande durant son utilisation qu'au moment de sa fabrication.
- **L'emploi de sources d'énergie propre.** Il est parfois possible de faire appel à l'énergie solaire ou éolienne, par exemple. Pour certains petits appareils, comme des lampes de poche ou des radios, on a récemment introduit des mécanismes à manivelle pour recharger les batteries.
- **Une réduction des besoins en accessoires jetables.** Il faut s'assurer qu'à l'utilisation le produit demande le moins possible de matières jetables ou périssables comme des nettoyants, du matériel d'entretien, des lubrifiants, de l'eau, des ampoules, des cassettes et des filtres jetables.

8.4.6 Stratégie 6: Optimiser la durée de vie

Un produit qui a une plus grande durée de vie a un impact environnemental moindre puisque, dans l'ensemble, il requiert moins de ressources. On peut prolonger la vie d'un produit en le rendant plus fiable, plus facile à entretenir et plus facile à réparer.

Ainsi, avec un système modulaire, seule une petite partie du produit doit être changée en cas de bris. Dans un même ordre d'idées, augmenter la fiabilité peut impliquer l'utilisation de plus de matériel, de façon à rendre le produit plus robuste, par exemple.

Une durée de vie prolongée n'aura un effet positif que si la période d'utilisation du produit est prolongée elle aussi. Les produits soumis aux aléas de la mode, comme les vêtements et les téléphones cellulaires, sont souvent mis au rebut bien avant la fin de leur vie comme telle. Les changements de mode incitent à une augmentation de la consommation.

Pour contrer la désuétude ou l'effet de la mode, il existe des solutions. La modularité peut aider à cet égard. Simplement en changeant une partie du produit, par exemple la couverture de boîtier d'un cellulaire, un produit pourrait suivre la mode et être utilisé plus longtemps. En contrepartie, s'il n'est pas possible de prolonger la période d'utilisation, une option serait de réduire la durée de vie technique pour économiser sur les matériaux. En somme, les règles de base sont:

- la fiabilité et la durabilité;
- la facilité d'entretien et de réparation;
- la structure modulaire du produit;
- un renforcement du lien utilisateur-produit.

8.4.7 Stratégie 7: Optimiser la gestion en fin de vie utile

- **La réutilisation du produit au complet.**
- **La remise à neuf des pièces.** Pour encourager la remise à neuf des pièces, il faut que le produit soit facilement démontable.
- **Le recyclage des matériaux.** Pour faciliter le recyclage, on doit éviter une trop grande hétérogénéité dans les matériaux utilisés et s'assurer qu'ils sont bien identifiés (surtout dans le cas des plastiques).
- **L'incinération et l'enfouissement sécuritaires.** Il faut éviter l'utilisation de substances qui génèrent des fumées toxiques lors de l'incinération ou qui produisent des lixiviats toxiques lors de l'enfouissement.

8.4.8 Stratégie 0: Optimiser la façon de remplir un besoin

Cette stratégie ne vise pas à améliorer un produit existant, mais à envisager une nouvelle façon de remplir un besoin.

- **La dématérialisation.** Il s'agit ici d'un principe différent de la stratégie 2. Il s'agit de remplacer un produit matériel par un service ou une combinaison produit-service. Les services de location, où le produit demeure sous la responsabilité du producteur, sont un exemple de cette approche.
- **L'utilisation partagée du produit.** Concevoir le produit de façon qu'il permette une utilisation partagée, ce qui est en général plus efficient.
- **La multifonctionnalité.** Un produit doit pouvoir remplir plusieurs fonctions économise de l'espace, des matériaux et du transport. Cette approche n'est bénéfique que si les composantes qui remplissent les différentes fonctions peuvent être réparées ou remplacées séparément.

- **Une optimisation fonctionnelle des composantes.** En analysant de façon critique la façon dont le produit remplit ses fonctions, on peut trouver des composantes qui sont inutiles. C'est surtout le cas avec des produits pour lesquels on utilise un surplus de pièces ou des pièces surdimensionnées pour donner une impression de qualité ou de statut élevé.
- **L'information sur la qualité et l'origine du produit.** La plupart des gens en savent très peu sur les produits qu'ils utilisent. De quels matériaux ces produits sont-ils faits ? Où ont-ils été manufacturés ? Et dans quelles conditions ? Pour encourager les consommateurs à se tourner vers les produits durables, il est important de mieux les informer de l'origine de leurs produits, de leurs effets sur les écosystèmes et des conditions sociales qui prévalent sur les sites de production.

8.5 Questions de discussion et de réflexion

1. Téléchargez la version de démonstration d'un logiciel d'analyse du cycle de vie comme Simapro et explorez-en les capacités et les limites.
2. La performance environnementale d'un produit dépend beaucoup de la façon dont on s'en sert. L'utilisation d'une tasse de plastique ou de céramique au lieu d'une tasse jetable en carton ou en styromousse a fait l'objet de nombreuses discussions. Quelles caractéristiques d'utilisation sont importantes dans ce choix ?
3. Comment pourrait-on renforcer le lien entre un produit et son propriétaire ? Pourquoi cela est-il important pour le développement durable ?

Chapitre

9

L'innovation technologique

Il est assez rare que le développement des nouvelles technologies se fasse selon le processus de conception présenté au chapitre précédent. Plusieurs des nouvelles technologies qui sont apparues au cours des derniers siècles n'ont pas été « commandées ». Elles ont plutôt été le résultat du travail long et méticuleux de scientifiques, d'ingénieurs et d'inventeurs. Dans le monde de l'innovation technologique, les échecs sont nombreux. Le succès est souvent fortuit, résultant de facteurs sur lesquels les innovateurs ont souvent peu de contrôle.

Dans ce chapitre, nous explorerons la dynamique de l'innovation technologique. Nous allons examiner en particulier les raisons qui font que les technologies résistent aux demandes de changements provenant de la sphère sociale.

9.1 La fin du modèle linéaire

D'un point de vue historique, la science était une activité « culturelle » financée par les gouvernements et des philanthropes, alors que la responsabilité de l'innovation relevait de l'industrie. Mais les gouvernements se sont mis à reconnaître l'importance de la science pour les économies nationales lorsque les liens entre la science et la technologie sont devenus plus étroits. La question du rôle des gouvernements dans le financement de la recherche est devenue plus pressante. C'est précisément dans ce contexte qu'a émergé le modèle linéaire de l'innovation technologique. Ce modèle se présente comme une série d'étapes qui vont de la recherche fondamentale à l'utilisation du nouveau produit (voir la figure 9.1).

Dans ce modèle, l'innovation commence par la recherche fondamentale, dont les résultats laissent présager des retombées commerciales potentielles. À titre d'exemple, prenons le cas d'un plastique capable de conduire l'électricité. Après la recherche fondamentale, probablement faite dans un laboratoire universitaire, les résultats scientifiques obtenus sont explorés plus à fond, puis mis en valeur par la recherche appliquée. Quel produit peut-on réaliser à partir de ce nouveau matériau ? Quel processus permet sa fabrication ? Quels seront les coûts de fabrication ? Durant la phase de développement technologique, l'usine pilote est développée, testée et évaluée. On conçoit les processus de production en fonction des résultats obtenus. On développe ensuite le produit, pour l'ajuster aux demandes du marché. On passe ensuite à la production (manufacture, distribution et marketing), qui n'a qu'à se baser sur les développements précédents. Si toutes ces phases se déroulent de façon satisfaisante, l'utilisateur n'a qu'à accepter tel quel le nouveau produit.

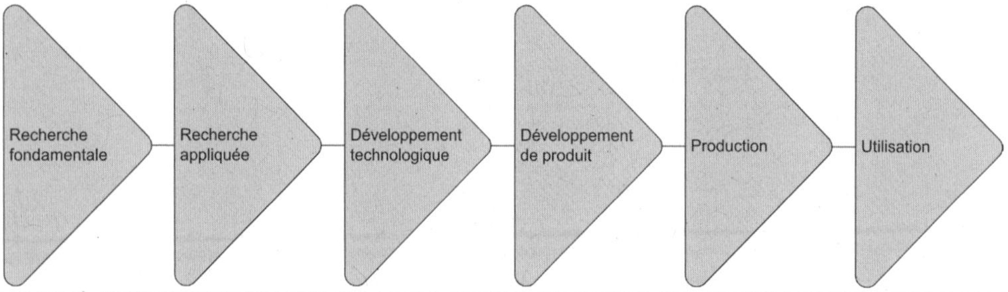

Figure 9.1 – Le modèle linéaire de l'innovation technologique

Dans les années 1970, de nombreuses critiques de ce modèle ont commencé à émerger. Il est apparu tout d'abord très clairement que le processus d'innovation est plus complexe. Il y a sans cesse des choix à faire entre les différentes options de développement. Aussi, des facteurs sociaux jouent un rôle dans ces choix. Enfin, il y a d'importantes boucles de rétroaction et les choix faits à une étape donnée doivent souvent être réexaminés à une étape ultérieure.

Comme nous l'avons vu au chapitre 5, les nouvelles technologies ne viennent pas toujours de la recherche fondamentale. Des idées nouvelles émergent à toutes les étapes. Aussi la recherche fondamentale elle-même est parfois influencée par le développement technologique et par les idées ou l'expérience des utilisateurs.

Ce modèle néglige aussi la dimension temporelle. Même si l'on peut intégrer tous les acteurs dans un modèle qui permet des interactions plus complexes, le facteur temps doit être ajouté. C'est graduellement que les chercheurs en sciences appliquées et les concepteurs apprennent à utiliser les diverses possibilités offertes par les nouvelles théories scientifiques. Aussi, c'est graduellement que les utilisateurs s'adaptent aux changements introduits par les nouvelles technologies. L'utilisation d'un produit dépend souvent de la création d'infrastructures (pensons par exemple à la voiture) qui dépend à son tour de l'intérêt des utilisateurs. C'est ainsi que, toujours graduellement, les scientifiques prennent conscience des nouvelles attentes en matière de recherche et d'innovation. Ces décalages dans le temps font de l'introduction de nouvelles technologies un processus dynamique.

Finalement, le modèle linéaire était souvent traité comme une «boîte noire». En d'autres termes, on considérait que tous les choix faits à toutes les étapes relevaient d'une rationalité scientifique ou technique dont l'étude ne suscitait aucun intérêt (sauf dans le cas d'échecs, afin de déterminer comment certains acteurs n'avaient justement pas agi de façon «rationnelle»).

Il est donc devenu évident que le développement de nouvelles technologies ne se représente pas de manière satisfaisante par un processus linéaire déterminé seulement par les scientifiques et les technologues. On a donc cherché à développer des modèles plus détaillés, capables de tenir compte de l'influence des différentes parties prenantes ainsi que des facteurs sociaux.

L'histoire des technologies a été une source d'inspiration importante. L'étude de cette histoire se fait généralement en adoptant une des deux approches complémentaires, soit l'approche interne ou l'approche externe.

L'approche interne se concentre sur l'étude précise de l'origine des caractéristiques propres à certaines machines ou à certains systèmes technologiques. Dans le cas de la machine à vapeur, par exemple, on s'intéressera à l'origine d'un certain type de valve. Qui a développé ce type de valve? Quelles sont les origines de cette idée? Comment cette valve s'est-elle répandue dans le monde des machines à vapeur?

Quant à l'approche externe, elle se concentre sur l'environnement social d'une technologie. Dans cette approche, la nouvelle valve pour la machine à vapeur pourra être décrite comme une réponse à certains problèmes auxquels étaient confrontés les opérateurs, les propriétaires ou les fabricants de machines à vapeur.

L'approche interne conduit généralement à des études sur le changement dans les connaissances technoscientifiques. Les génies qui développent de nouveaux concepts sont les héros de l'histoire. L'approche externe crée moins de héros individuels, mais montre les liens entre la technologie et la société.

Dans la prochaine section, nous examinerons en détail le modèle socioconstructiviste, ou SCOT (*Social Construction of Technology*), que nous avons déjà présenté dans ses grandes lignes au chapitre 5, en utilisant la bicyclette comme exemple. Nous verrons ensuite les approches systémiques et économiques dans l'étude de l'innovation technologique.

9.2 La construction sociale des technologies

Comme son nom l'indique, le modèle socioconstructiviste considère les technologies comme des constructions sociales, définies par différents groupes d'acteurs variés. L'intérêt principal de ce modèle est qu'il permet de faire la lumière sur les choix de tous types qui sont faits tout au long du développement d'une technologie.

Figure 9.2 – Un grand bi vers 1870

Une analyse du développement de la bicyclette permet de mieux comprendre ce modèle. Si nous considérons le développement de la bicyclette de façon linéaire, la bicyclette moderne dite « sécuritaire » est le produit final d'une évolution dont l'origine est la draisienne, ancêtre du bicycle[1] ne comportant pas de pédales, et dont le grand bi, vélocipède à deux roues de taille inégale, est une étape intermédiaire (voir la figure 9.2).

1. Le terme bicycle est utilisé ici comme terme générique incluant tous les véhicules à deux roues à propulsion humaine.

Cette représentation soulève quelques interrogations. Quels choix ont été faits tout au long de cette évolution ? Pourquoi le grand bi a-t-il survécu si longtemps, c'est-à-dire durant des décennies, même après l'arrivée de ce qu'on appelait à l'époque le bicycle sécuritaire ?

Le grand bi a une grande roue avant et une petite roue arrière. On le fait avancer à l'aide de pédales fixées directement à l'essieu avant. Pour atteindre le guidon et les pédales, le cycliste doit s'asseoir presque directement au-dessus de la roue avant. Il est rapide et offre un certain confort à cause de sa grande roue. Par contre, il est dangereux. Tout obstacle sur la route, comme une pierre ou un nid-de-poule, peut projeter le cycliste par-dessus le guidon, le tuant dans le pire des cas. Apparu en 1870, le grand bi est demeuré populaire jusqu'à la fin du XIXe siècle. Il est encore fabriqué et utilisé de nos jours, de façon très marginale.

Le bicycle sécuritaire a été développé, comme son nom l'indique, en réaction aux dangers du grand bi. Ses premières formes furent la *Bicyclette* de Lawson (1879) et la *Rover* de Starley (1885). Le bicycle sécuritaire a comme caractéristique principale une transmission reliant les pédales à la roue arrière[2]. À la fin du XIXe siècle, ce concept est devenu la base de la bicyclette moderne. La *Bicyclette* de Lawson fut un échec commercial, mais elle aura tout de même légué un nom commun à la langue française.

Le modèle socioconstructiviste s'articule autour de deux grands concepts, soit celui d'**artefact**, un objet de fabrication humaine, et celui de **groupe social pertinent**, c'est-à-dire les groupes d'individus liés au développement d'une technologie. Le concept de groupe social pertinent est en fait très semblable à celui de partie prenante.

On peut identifier différents groupes pertinents autour d'un même artefact. Les membres de chaque groupe particulier partagent une vision commune de cet artefact. Ils lui attribuent un certain sens. Avec ce modèle, on s'intéressera particulièrement à ce que ces groupes considèrent comme problématique (ou non) quand il est question de cet artefact.

Les problèmes perçus peuvent varier d'un groupe à l'autre. Pour chaque problème ou ensemble de problèmes, de multiples solutions sont possibles. Les différents groupes exercent une influence sur le développement de l'artefact à travers leur façon de voir les problèmes et à travers les solutions qu'ils proposent.

On peut expliquer le développement d'un artefact à travers l'ensemble « artefact-groupe social-problème-solution ». Il est important de retenir que chaque groupe donne à l'artefact un sens qui peut être différent. Parmi les groupes pertinents autour de l'artefact « bicycle », on trouve les fabricants, les utilisateurs, mais aussi les « anticyclistes », pour qui la décence dans le cas des femmes cyclistes et les dangers de cette activité constituent des problèmes. À Londres, par exemple, les cyclistes utilisaient les trottoirs de bois parce que les rues n'étaient pas pavées, ce qui irritait plus d'un citoyen. Le conflit était envenimé par les différences de classes sociales. La majorité des utilisateurs du grand bi était de jeunes hommes de milieux aisés qui avaient le courage (ou

2. Cette transmission était souvent, mais pas nécessairement, une chaîne, comme sur les bicyclettes modernes.

l'inconscience) et la dextérité nécessaires pour utiliser cette machine. Ces cyclistes projetaient leur supériorité sur les piétons et les cavaliers. Pour eux, le grand bi était une machine « virile ». Quant aux autres utilisateurs potentiels, comme les femmes, les cyclotoureurs ou les hommes plus âgés, c'est le danger que représentait la machine qui constituait pour eux le problème majeur.

Ces différentes façons de voir le grand bi ont entraîné des pistes de développement différentes. Pour les utilisateurs « sportifs », la meilleure façon d'augmenter la vitesse était d'augmenter la taille de la roue avant. Cette tendance a culminé en 1892 avec le *Rudge Ordinary*, dont la roue avant avait un diamètre de 1,4 m. Que cela rende la machine encore plus dangereuse était considéré par ses utilisateurs comme un avantage plutôt qu'un inconvénient. Pour accommoder ceux qui considéraient le grand bi trop dangereux, on se mit à expérimenter avec différents modèles. On inversa les roues, plaçant la petite en avant. Ou encore, on réduisit la taille de la roue avant et on recula la selle vers l'arrière, comme ce fut le cas de la *Bicyclette* de Lawson, dans laquelle on reconnaît le premier vélo moderne.

L'approche préconisée par Lawson ne fut pas un succès immédiat. Elle demeura une option parmi d'autres pendant quelques décennies. Elle finit néanmoins par s'imposer, mais pas pour les caractéristiques qui la définissaient à l'origine. Après l'apparition des pneus, inventés par John Boyd Dunlop en 1888, le comportement routier de tous les bicycles (et donc la sécurité) s'est grandement amélioré. Avec la bicyclette sécuritaire, on pouvait augmenter la vitesse en changeant les rapports de transmission, ce qui n'était pas possible avec le grand bi. Comme la longueur des jambes du cycliste limitait l'augmentation de la taille de la roue avant, c'est la bicyclette qui est finalement devenue plus rapide. Le grand bi voyait son image virile entachée. C'était le début du déclin de cette machine.

La figure 9.3 montre que le modèle socioconstructiviste offre une vision du développement de la bicyclette très différente de celui du modèle traditionnel. Dans ce modèle, on voit que l'attribution de sens, la définition des problèmes et la proposition de solutions différentes par des groupes qui ont parfois des visions différentes, voire divergentes, sont des aspects importants du processus de développement technologique. Ainsi, il est tout à fait possible que le produit final ne ressemble à ce qu'aucun groupe concerné n'avait envisagé.

C'est sûrement vrai du bicycle sécuritaire, dont le développement s'est étendu sur plusieurs décennies. Au début du processus, personne n'avait une vision de ce à quoi elle ressemblerait finalement. Des modèles très différents comme la *Rover* de Starley, la *Kangaroo* et la *Facile* s'affrontaient simultanément sur le marché[3].

Cet exemple illustre comment le développement d'un artefact relève de trois étapes en boucles : l'interaction entre le développement technologique et les groupes sociaux, la variation dans les problèmes exprimés et les solutions proposées, et, enfin, le choix d'une solution.

3. Alors que la *Rover* reprenait l'arrangement de la *Bicyclette* de Lawson, la *Kangaroo* et la *Facile* possédaient un système de pédales et de transmission associé à la roue avant, ce qui permettait essentiellement de réduire sa dimension et de reculer la selle.

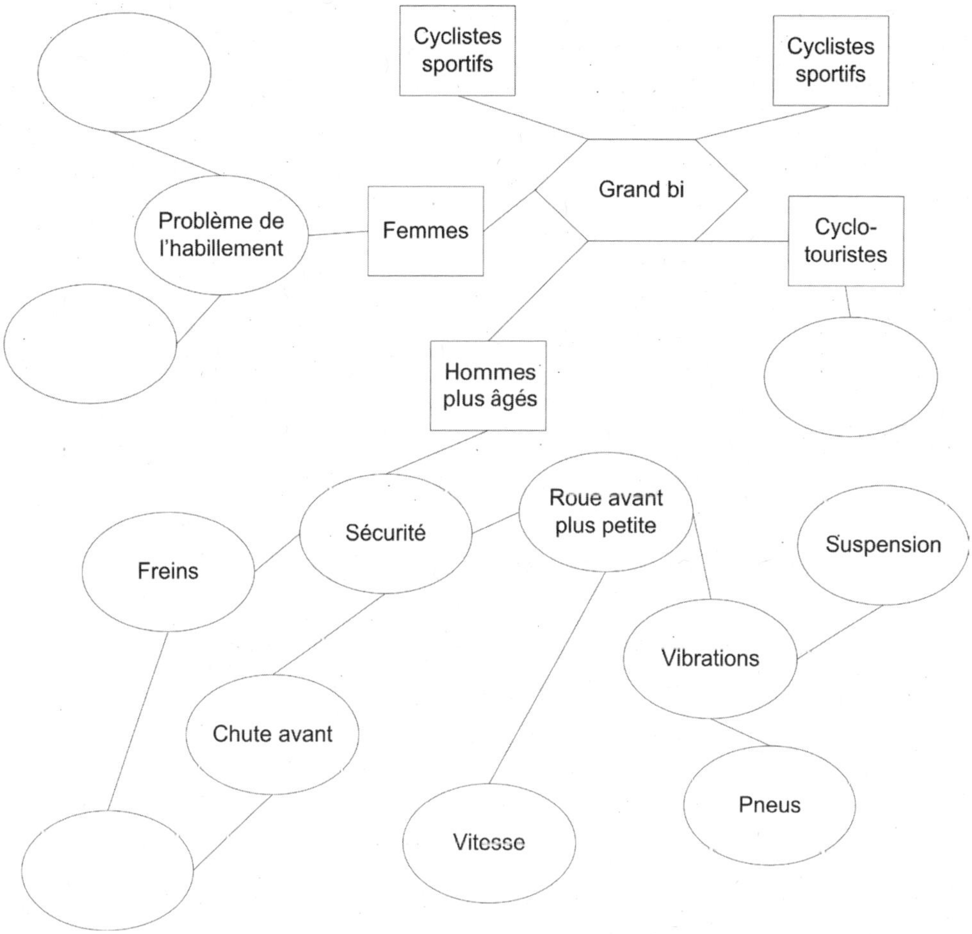

Figure 9.3 – Le développement de la bicyclette selon le modèle socioconstructiviste

Toute solution n'est pas nécessairement permanente. On peut en fait voir les solutions retenues comme des formes de stabilisation temporaire. Ce qu'on considère comme une solution ne relève pas nécessairement de la haute technologie. Les utilisateurs du grand bi se plaignaient que les guidons étaient une obstruction lorsque le cycliste était projeté vers l'avant à la suite d'un arrêt soudain. Une des solutions proposées fut de rendre le guidon amovible, ce qui permettait au cycliste d'atterrir sur ses pieds. Dans les grandes descentes, on recommandait aussi au cycliste de passer les pieds par-dessus le guidon. De toute évidence, ce n'était pas l'imagination qui manquait pour développer des solutions potentielles.

Le modèle socioconstructiviste n'est pas le seul modèle qui se concentre sur le monde social comme déterminant principal du développement technologique. Aussi, il faut savoir que ce modèle est limité à l'analyse des interactions entre les groupes sociaux pertinents, lesquels n'ont pas nécessairement le même degré d'influence sur le processus de changement technologique. L'influence des différents groupes dépend entre autres des ressources dont ils disposent (argent, savoir-faire, statut, etc.) et des réseaux sociaux dans lesquels ils évoluent.

9.3 L'approche systémique du développement technologique

Les artefacts individuels jouent un rôle central dans le modèle socioconstructiviste. Thomas Hughes, un historien des technologies, a développé de son côté un modèle où c'est la création et le développement de systèmes technologiques qui sont cruciaux, plutôt que le développement de ces artefacts individuels (Hughes, 1983). Hughes a utilisé un cas évident, les réseaux électriques, pour illustrer sa théorie. Selon lui, le développement de toute technologie à grande échelle peut être étudié en employant une approche systémique. L'histoire des réseaux électriques permet donc ici d'illustrer une vision plus générale du développement technologique.

9.3.1 Les systèmes technologiques

L'idée de base lorsqu'on analyse le changement technologique avec une perspective systémique est qu'un problème dans une partie du système peut mener à des changements technologiques dans une autre partie du système.

Un système est constitué de composantes (ou pièces) reliées entre elles à travers un réseau (ou une structure) qui peut être plus intéressant que les composantes elles-mêmes. Les composantes d'un système sont souvent contrôlées de façon centralisée et les frontières du système correspondent aux limites de ce contrôle.

Le contrôle vise à optimiser la performance du système dans son ensemble et à l'orienter vers un but commun. Le but d'un système de production d'électricité, par exemple, est de convertir en électricité l'énergie primaire disponible et de répondre ainsi à la demande pour une forme d'énergie facilement accessible. Parce que toutes les composantes du système sont reliées entre elles, l'état d'une composante influence l'état de toutes les autres.

L'environnement du système est constitué de tous les éléments qui ont une influence sur le système, mais qui n'en font pas partie. On peut parfois amener certains de ces éléments à l'intérieur du système en les soumettant à son contrôle.

Un système ouvert est sujet à plus d'influences environnementales, alors qu'un système fermé l'est moins. Ainsi, le comportement d'un système fermé est plus prévisible que celui d'un système ouvert.

9.3.2 Les points de résistance et les problèmes critiques

La croissance d'un système est analysée à travers les points de résistance et les problèmes critiques. Parce que les composantes d'un système se développent à des rythmes différents, certaines parties d'un système peuvent être considérées comme étant en retard par rapport aux autres, un retard qui limite le développement du système dans son ensemble. On parle alors de point de résistance. Hughes utilise en fait l'expression *reverse salient*, qui vient du monde militaire et qui décrit une section du front en retard par rapport aux autres lors d'une avance. On compare ainsi le développement d'un système technologique à l'avance d'une ligne de front, deux phénomènes qui sont souvent très imprévisibles. Les militaires consacrent souvent une bonne partie de leurs efforts à corriger ces retards, ces points de résistance. Il en va de même dans le développement de systèmes technologiques. Les inventeurs, ingénieurs et entrepreneurs concentrent leurs efforts pour résoudre ces points de résistance, de façon que le système atteigne ses objectifs de façon optimale.

Une fois les points de résistance identifiés, on les traduira en problèmes critiques, des problèmes qui sont bien structurés et qui peuvent, en principe, être résolus. La redéfinition des points de résistance en problèmes critiques est l'essence même du processus créatif d'innovation technologique. Un inventeur, ingénieur ou scientifique transforme un vague défi – un retard dans une partie du système – en une série de problèmes solubles. Cette articulation des problèmes est une partie cruciale, mais souvent sous-estimée, du travail des ingénieurs. Des problèmes bien articulés aident à définir des pistes de solution, mais, surtout, contribuent à augmenter la confiance qu'on peut vaincre une résistance. À l'opposé, il arrive aussi qu'un problème critique paraisse complètement insoluble.

ENCADRÉ 9.1 – Le système électrique

Le concept de système électrique inclut entre autres la production d'électricité, la transformation, le contrôle ainsi que les réseaux de transport et de distribution. Entre 1880 et 1930 (la période étudiée par Hughes), l'électricité était produite en utilisant des moteurs à vapeur, des turbines à vapeur et des turbines hydrauliques comme générateurs de force motrice auxquels divers types de génératrices électriques étaient accouplés. Les composantes d'utilisation comprenaient les lampes, les moteurs, l'équipement de chauffage et l'équipements électrochimique.

Les distances de transmission durant cette période se sont accrues, passant de quelques centaines de mètres à des régions de dizaines de milliers de kilomètres carrés. Les réseaux de distribution transportaient l'électricité des réseaux de transmission aux maisons et usines. Des composantes de contrôle régulaient la production afin de maintenir le voltage et la fréquence au bon niveau et pour s'assurer que le système fonctionne de façon optimale en fonction de ses objectifs d'efficience, de fiabilité et de profit.

ENCADRÉ 9.2 – Le premier système électrique : points de résistance et problèmes critiques

Vers 1880, Thomas Edison a créé le premier système électrique au monde, à Manhattan (New York). Ce système distribuait du courant continu à bas voltage sur de petites distances grâce à d'épais fils de cuivre. L'électricité était destinée exclusivement à l'éclairage.

Le point de résistance principal de ce système était la perte dans la transmission lorsqu'on voulait fournir de l'électricité en dehors des régions à haute densité de population et loin des équipements de production. Par conséquent, il était impossible de fournir de l'électricité à coût raisonnable dans ces régions. Ce point de résistance pouvait, en principe, se traduire en plusieurs problèmes critiques :

- la réduction des pertes lors de la transmission ;
- l'amélioration de l'efficience des petites centrales, notamment avec la multiplication des réseaux indépendants ;
- un système de distribution à batteries pour les régions à faible densité de population.

Edison choisit d'aborder le problème de la réduction des pertes en améliorant le réseau. Or, un problème bien défini n'est pas nécessairement soluble. Malgré tous les efforts, les chercheurs travaillant sur le courant continu à la fin du XIXe siècle n'arrivèrent pas à résoudre ce problème.

C'est Westinghouse, un concurrent d'Edison, qui finit par trouver la solution avec le courant alternatif, qu'on pouvait facilement transformer et transmettre à haut voltage avec un minimum de perte. Les deux systèmes coexistèrent pendant plusieurs années, se livrant une compétition féroce. Edison était obstinément contre la transmission à haut voltage et est allé jusqu'à commanditer le développement de la chaise électrique pour montrer à quel point le courant alternatif de Westinghouse était dangereux (Essig, 2003). Malgré tous les efforts d'Edison, le courant alternatif finit par s'imposer.

Cet exemple montre comment de nouveaux systèmes peuvent se former quand un système est incapable de résoudre ses points de résistance avec ses propres moyens.

9.3.3 Les phases dans le développement d'un système

On trouve dans le modèle de Hughes plusieurs phases de développement des systèmes, phases où différentes caractéristiques dominent tour à tour.

La première phase est celle de l'invention et du développement du système. L'individu qui domine durant cette phase est l'inventeur-entrepreneur. Ce dernier se distingue de l'inventeur par ses tentatives d'organiser tout le processus, à partir de l'invention jusqu'au déploiement du système. Thomas Edison est l'exemple ultime de ce type d'inventeur-entrepreneur. Aussi, les ingénieurs, gestionnaires et banquiers sont très importants durant cette phase.

À la deuxième phase, le processus le plus important est le transfert de la technologie d'une région à l'autre. La production d'électricité s'est étendue, par exemple, de New York à Berlin et à Londres. Durant cette phase, divers groupes, comme les entrepreneurs traditionnels, se joignent au développement du système.

La caractéristique dominante de la troisième phase est la croissance rapide du système. Cette croissance est géographique (les systèmes électriques s'étendent), quantitative (on produit et on consomme plus d'électricité) et qualitative (les usages se multiplient). Les points de résistance rencontrés dans cette croissance sont traduits en problèmes critiques.

La quatrième phase est caractérisée par une lancée croissante. Le système possède une masse, sous la forme de machines, d'équipements, de structures et d'autres artefacts physiques ayant requis des investissements importants. Cette masse inclut aussi les individus qui possèdent des compétences spécifiquement adaptées au système. Les entreprises, les services gouvernementaux, les syndicats, les établissements d'enseignement et d'autres groupes contribuent également à cette masse. Ils constituent la culture du système. Enfin, le système possède une vitesse de croissance mesurable, qui peut s'accroître à cette étape, et une direction, sous la forme d'objectifs et de buts particuliers. Tout changement de trajectoire important devient très difficile à cette étape.

La cinquième et dernière phase du développement du système est caractérisée par des changements dans la nature des points de résistance et par l'arrivée des financiers et des consultants dans la résolution des problèmes. Les gestionnaires jouent aussi un rôle important dans cette phase, où l'on se concentre sur le développement de systèmes régionaux. Les points de résistance naissent principalement des besoins importants en financement et des barrières politiques et légales.

9.4 L'analyse économique du développement technologique

Dans cette section, nous nous intéressons à la façon dont les économistes envisagent le changement technologique, en commençant par le cadre économique néoclassique. Ce cadre est particulièrement utile pour analyser la substitution de technologies qui sont prêtes à l'emploi, et non pour le processus d'innovation. Des facteurs qui limitent les possibilités de substitution, comme l'enfermement (*lock-in*), seront ensuite explorés, de pair avec l'approche quasi évolutionnaire du changement technologique.

9.4.1 Le cadre économique néoclassique

La théorie économique néoclassique a été brièvement présentée dans le chapitre 4. Elle a encore une grande influence de nos jours et joue un rôle important dans les politiques gouvernementales. De cette théorie, nous ne verrons ici que les éléments pertinents au changement technologique.

Dans la théorie néoclassique, on postule que les entrepreneurs désireux de produire une quantité donnée d'un produit ont le choix entre différentes combinaisons de facteurs de production. Dans ce contexte, l'expression facteur de production fait référence à tout ce qui est nécessaire à la production : la main-d'œuvre, les ressources financières et les ressources physiques.

La production peut se faire de deux façons : de façon capitalistique, en utilisant beaucoup de machines, ou de façon travaillistique, en utilisant beaucoup de main-d'œuvre. Selon la théorie néoclassique, le choix entre les deux dépend principalement des coûts du capital (les taux d'intérêt) et du travail (les salaires).

Ce choix est illustré dans la fonction de production (voir la figure 9.4). Cette fonction donne toutes les combinaisons de travail (axe des x) et de capital (axe des y) avec lesquelles une quantité donnée (Q) d'un produit peut être produite.

Les entrepreneurs sont libres de choisir n'importe quel point sur cette courbe, en fonction des prix du capital et du travail. Lorsque les prix pour le travail et le capital sont donnés, chaque droite dans la figure 9.4 montre la quantité de capital et de travail qu'on peut acheter pour un certain prix fixe. Un entrepreneur qui désire produire une quantité de produits Q au plus bas prix possible choisira un point sur la courbe tangent à la fonction du coût. C'est le point sur la courbe où le coût total du capital et du travail est le plus bas.

Lorsque les prix du capital et du travail changent, la pente des droites change et le point tangent se déplace. Cela encourage l'entrepreneur à se déplacer vers un point différent sur la courbe, donc à une distribution différente de capital et de travail. Si, par exemple, le travail devient plus cher, c'est-à-dire qu'on peut en acheter moins pour un prix donné, les droites auront une pente plus forte et l'entrepreneur se déplacera à un point plus haut sur la courbe, vers une production plus capitalistique. Pour un entrepreneur, ce choix n'arrive pas instantanément, mais plutôt lorsque celui-ci le juge opportun, au moment où les machines sont appelées à être remplacées, par exemple.

Pour nos besoins, la théorie néoclassique offre certaines possibilités, même si elle comporte aussi des limites importantes. Grâce à elle, on peut mieux comprendre l'influence des coûts du capital et du travail sur le changement technologique. En fait, chaque choix fait entre le capital et le travail implique un choix technologique, c'est-à-dire un choix parmi des technologies de production différentes. En utilisant cette théorie, nous pourrions même créer une fonction de production plus complexe en incluant un troisième axe qui représente le coût des ressources.

Il arrive que les gouvernements cherchent à influencer le coût des facteurs de production afin d'influencer les choix technologiques. Un gouvernement peut, par exemple, imposer une taxe sur la consommation d'énergie pour inciter les entreprises à adopter des méthodes de production plus efficientes en termes énergétiques. Des taxes sur les émissions polluantes peuvent aussi encourager certains choix technologiques. Ce sont là des exemples d'augmentations planifiées du coût de facteurs de production pouvant stimuler l'adoption de solutions technologiques spécifiques.

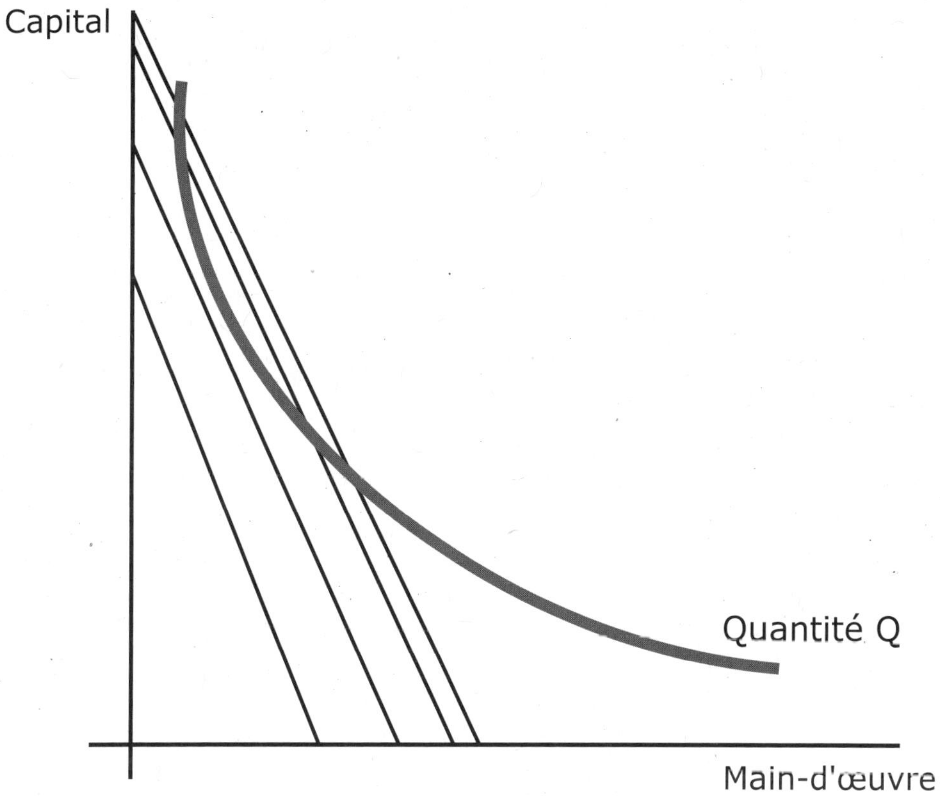

Figure 9.4 – La fonction de production

Dans la théorie néoclassique, on fait une distinction entre les mouvements le long de la courbe de production et les mouvements de la courbe elle-même. Dans le premier cas, il n'y a pas d'innovation. On travaille simplement avec les technologies existantes. Dans le second cas, il y a innovation et la courbe se déplace vers l'origine. Mais c'est là qu'apparaît une faiblesse. Cette théorie n'explique pas d'où viennent les innovations. On présume qu'elles viennent de l'extérieur du système économique, autrement dit, qu'elles tombent du ciel.

Pourtant, les facteurs économiques influent certainement sur le processus d'innovation. Une augmentation du prix de l'électricité, par exemple, non seulement poussera les entrepreneurs à chercher des équipements qui consomment moins d'énergie, mais stimulera aussi la recherche de technologies plus efficientes en termes énergétiques.

Un deuxième problème avec cette théorie est qu'on suppose l'existence d'un grand choix de méthodes de production. En réalité, ce n'est pas souvent le cas. Il n'y a en fait que quelques choix pour la petite partie de la fonction de production autour de laquelle les prix du capital et du travail fluctuent. Si ces prix changent beaucoup, de nouvelles technologies devront être développées. Ainsi, l'innovation technologique peut être nécessaire simplement pour se déplacer le long de la courbe.

9.4.2 La poussée technologique ou la pression de la demande ?

Déterminer l'élément moteur de l'innovation technologique a longtemps été une source de débat chez les économistes. Pour les partisans de la poussée technologique (*technology push*), ce sont les développements en science et en technologie qui sont l'élément moteur de l'innovation technologique. Il s'agit d'une forme de déterminisme technologique. Les partisans de la pression de la demande considèrent de leur côté que les demandes du marché en sont la cause principale. Ces demandes déterminent la création et l'introduction de nouvelles possibilités technologiques.

Les deux camps ont produit de nombreuses études empiriques pour étayer leur théorie. Malgré tout, les deux écoles ont fini par se rapprocher et la plupart des économistes considèrent aujourd'hui qu'une combinaison de poussée technologique et de demande du marché explique l'innovation technologique.

9.4.3 La théorie évolutionnaire du changement technologique

La fonction de production n'est pas une méthode particulièrement satisfaisante pour analyser l'économie de l'innovation. Dans les années 1970, les économistes ont développé de nouvelles approches. L'idée fondamentale est que le développement de nouvelles technologies ne dépend pas seulement de paramètres économiques, mais aussi de l'état des connaissances et des compétences techniques à un moment donné. On peut se représenter les technologies émergentes comme de petites variations dont la sélection se fait par la société. Autrement dit, il s'agirait d'un processus évolutionnaire.

L'émergence de ces variations et le processus de sélection ne se font pas au hasard ou sans raison. Dans ce changement, il y a une certaine rigidité et une inertie. Les variations ne se multiplient pas à l'infini. On parle de **régime technologique** pour décrire ce phénomène.

Un régime technologique est le cadre de référence pour les innovateurs dans leur recherche de solutions aux problèmes qui se présentent (heuristique). Ce cadre de référence est composé d'un certain nombre de principes scientifiques, d'approches pratiques et de règles.

L'élément central du régime technologique est l'*exemplar* (ou exemplaire de référence). C'est l'exemple de base – la structure technologique que les innovateurs cherchent à améliorer. Le DC3, par exemple, était l'exemplar pour le développement d'avions civils de 1940 à 1960.

Dans la recherche d'améliorations, la direction est déterminée par une heuristique, par des règles comme chercher la réduction de poids dans le développement d'un avion. Les régimes technologiques sont souvent très stables pendant de longues périodes. Prenons l'exemple de l'avion à réaction, le pilier du transport civil aérien. Il est apparu à la fin des années 1950. Or, au cours des 50 dernières années, la propulsion à turboréacteur, le fuselage pressurisé en aluminium et sa forme ont très peu changé. On a plutôt assisté à des variations et des améliorations dans les matériaux utilisés, dans l'électronique, dans l'efficience des turboréacteurs et dans la conception aérodynamique.

Lorsqu'une technologie est guidée par un régime pendant plusieurs années, les formes qu'elle prend dans le temps créent une trajectoire technologique qui a une direction spécifique. Le régime technologique et la trajectoire qui en émerge sont, dans une certaine mesure, inertes et peu sujets à des changements radicaux. Cela ne veut toutefois pas dire qu'un régime devra être abandonné pour un autre lorsqu'il devient évident qu'il n'est pas très efficace pour faire face à des problèmes émergents. Un régime est très rarement abandonné, surtout parce que les nouveaux régimes ne créent généralement pas des technologies très efficientes à leur début.

Ces régimes sont essentiels au développement technologique. D'un côté, ils imposent des limites sur les variations possibles dans les nouvelles technologies. De l'autre, ils permettent un développement accéléré des technologies en concentrant les efforts et les ressources disponibles dans une direction spécifique pour la recherche et le développement.

Ce ne sont évidemment pas toutes les nouvelles technologies qui réussissent qui sont sélectionnées. L'expression «environnement de sélection» désigne les parties prenantes, les structures et les institutions qui déterminent le processus de sélection. Il faut savoir que cette sélection n'est pas la même que celle qui s'effectue par le marché. Les technologies existantes, les lois, les questions d'assurance et les infrastructures disponibles sont des facteurs qui jouent un rôle dans la sélection des technologies.

9.4.4 La théorie quasi évolutionnaire

Les relations entre le développement des technologies, les variations et l'environnement de sélection sont très complexes. L'influence de l'environnement de sélection se fait sentir autant pendant le développement d'une technologie qu'au terme de son développement. Ainsi, le département de recherche et développement d'une entreprise pourra, par exemple, anticiper une augmentation de la demande pour les produits écologiques et orienter ses efforts en conséquence.

Les variations sont influencées par l'environnement de sélection, mais l'inverse se produit aussi. L'apparition de variations change l'environnement de sélection en créant parfois des options complètement nouvelles. C'est ce qui est arrivé, par exemple, avec l'arrivée des téléphones cellulaires. Ces derniers ont permis aux individus d'adopter un nouveau style de vie, un changement auquel la publicité a beaucoup contribué.

C'est à cause de ce lien entre la variation et la sélection, un lien qui est absent de la théorie de l'évolution en biologie, qu'on parle souvent de théorie « quasi évolutionnaire ».

9.5 Les effets non linéaires dans la diffusion des technologies

Une fois développée, une technologie est introduite dans la société. Si elle réussit, elle se diffusera graduellement. Mais ce processus de diffusion est souvent imprévisible. Le téléphone cellulaire s'est diffusé très rapidement, alors que d'autres technologies, comme la voiture électrique, par exemple, semblent condamnées à la stagnation. Ce n'est pas qu'un hasard. En s'y attardant, on peut identifier des mécanismes intéressants.

9.5.1 L'enfermement technologique

Le système d'exploitation Windows et la voiture à moteur à combustion interne sont des technologies pour lesquelles il est difficile d'imaginer des concurrents sérieux. On pourrait penser qu'il n'y a jamais vraiment eu d'alternatives, que ces produits possèdent des qualités intrinsèques supérieures à celles de toute autre possibilité. Pourtant, leur position sur le marché est probablement liée à un certain degré de chance.

Prenons par exemple MS-DOS, l'ancêtre de Windows. En 1980, IBM a approché Gary Kildall et sa firme DRI dans le but de faire de CP/M (développé par Kildall) le système d'exploitation pour ses micro-ordinateurs. Une question de formalité a fait échouer les négociations et IBM s'est alors tourné vers une petite firme de Seattle, Microsoft. Un petit incident auquel bien peu de gens ont accordé de l'importance à l'époque, mais qui explique pourquoi le présent livre n'a pas été écrit sur un ordinateur utilisant une version de CP/M.

C'est ce que les économistes appellent le principe du « gagnant unique ». Les standards technologiques font que, souvent, un seul système domine le marché. Il y a parfois de la place pour un second système, mais les producteurs d'un troisième ou quatrième système ont peu de chance de se tailler une place. Une entreprise qui a la propriété exclusive d'un standard technologique se trouve en situation de quasi-monopole. C'est ainsi que Microsoft détient près de 90 % du marché des systèmes d'exploitation, Intel environ 75 % du marché des microprocesseurs et IBM 90 % du marché des ordinateurs centraux.

Une loi en économie classique prédit que les rendements diminuent lorsque les ventes augmentent. Donc, un produit dont les ventes ne cessent d'augmenter atteint un plafond au-dessus duquel les taux de rendement diminuent. Cela est dû à une augmentation des coûts par unité vendue et au lancement de produits alternatifs par les concurrents. Ce mécanisme maintient les prix à un niveau raisonnable et empêche toute domination excessive du marché.

Dans plusieurs cas de technologies modernes, cette loi ne s'applique pas. On assiste au contraire à des rendements croissants. Les ventes débutent lentement, mais, lorsque la majorité adopte une technologie et la rend dominante, la part de marché grimpe à 90 %. À ce moment, les concurrents doivent faire face à un défi pratiquement insurmontable (Arthur, 1996). Cette situation s'accentue lorsque d'autres entreprises adoptent le standard pour offrir des services additionnels ou périphériques. Ainsi, les développeurs de jeux vidéo préfèrent développer des produits pour les plateformes de jeux les plus populaires. Ils contribuent en retour à la popularité de ces plateformes.

Les utilisateurs désirent un produit dont le standard est uniformément valide afin de pouvoir se procurer du matériel et des logiciels compatibles et d'échanger de l'information facilement avec les autres. Cette forte tendance au « réseautage » signifie qu'avoir très tôt l'avantage de développer un tel standard a pour effet de persuader de plus en plus de consommateurs d'acheter son produit, après quoi les ventes augmenteront d'elles-mêmes. Les coûts de production chutent, alors que ceux des concurrents augmentent. Le marché est « enfermé » ou « captif », puisque le standard est très difficile à changer. Le passage de l'essence au plomb à l'essence sans plomb, qui a pris plus de 25 ans, est un des rares exemples de l'abandon d'une technologie qui est le standard. Le temps qu'il aura fallu à cette substitution est un indice des obstacles rencontrés.

Les standards technologiques entrent souvent sur les marchés en paire – une partie logicielle et une partie matérielle. La partie logicielle s'ancre dans les marchés et sert de point d'appui à la partie matérielle pour augmenter les ventes. Une fois son choix fait, il est difficile au consommateur de revenir en arrière. On imagine mal une entreprise remplacer ses ordinateurs Windows par des ordinateurs Apple si ce geste exige, entre autres, de remplacer tous les logiciels.

Une forte concurrence peut amplifier cet effet boule de neige. Les divers producteurs baissent leur prix et plus de consommateurs achètent leur produit, ce qui crée un plus grand marché pour le gagnant. Dans les années 1990, par exemple, Netscape et Microsoft donnaient leurs produits dans une tentative d'accaparer le marché des navigateurs Web, ce qui a fait littéralement exploser le marché.

9.5.2 Les applications phares

Qui sera le grand gagnant ? Une entreprise qui désire faire de sa technologie le standard sur le marché ne doit pas chercher à optimiser ses profits à court terme. Ainsi, Philips a développé la cassette audio compacte au début des années 1960 et a donné une licence gratuite à quiconque voulait en fabriquer. L'entente que Microsoft a signée avec IBM en 1980 n'était pas très profitable, mais garantissait que MS-DOS deviendrait le système d'opération standard pour les ordinateurs personnels.

Une nouvelle technologie générique a besoin d'une application phare pour gagner sa place sur le marché, c'est-à-dire une application si populaire qu'elle persuade des millions de consommateurs d'acheter le produit. Le chiffrier VisiCalc est l'application responsable du succès initial des ordinateurs personnels produits par IBM et Apple.

Thomas Edison a inventé le phonographe à rouleau de cire en 1877. Il croyait que la force de son invention reposait sur ses multiples utilisations potentielles, soit l'enregistrement des nouvelles, des discours, de passages en langues étrangères et (peut-être) de musique. De son côté, l'entrepreneur allemand Emile Berliner a rapidement pressenti que la musique serait l'application phare. Il a commercialisé le gramophone qu'il avait inventé et a créé en même temps une maison de disques. Le gramophone s'est emparé du marché en quelques années. Même l'entreprise d'Edison s'est mise à en fabriquer.

ENCADRÉ 9.3 – QWERTY : le standard le plus ennuyant (et embêtant) au monde

QWERTY est un exemple de standard impossible à remplacer. La machine à écrire inventée par l'Américain Samuel Scholes souffrait d'un problème majeur : si l'on tapait trop vite, les tiges s'entremêlaient. En adoptant la configuration de clavier QWERTY, on s'assurait que les lettres les plus utilisées seraient aussi loin que possible les unes des autres, ce qui ralentissait la vitesse de frappe et évitait l'entremêlement des tiges. Cette configuration permettait aussi de taper rapidement le mot *typewriter* en utilisant seulement la rangée supérieure du clavier – un truc utile pour la vente.

La machine de Scholes fut commercialisée par Remington et connut un succès rapide. Les utilisateurs développèrent à la longue un doigté pour taper rapidement à dix doigts sur le clavier QWERTY, et c'est ce doigté qu'on se mit à enseigner aux futures secrétaires et dactylos. Pour les entreprises, le clavier QWERTY devint la référence, puisque c'est celui que les nouvelles secrétaires connaissaient. Cela renforçait évidemment la tendance à enseigner ce standard.

Bien qu'elle ne soit plus techniquement nécessaire, la configuration QWERTY avait été adoptée par pratiquement tous les fabricants de machines à écrire au début du XXe siècle.

L'alternative la plus connue au clavier QWERTY est le clavier simplifié Dvorak, développé par August Dvorak dans les années 1930[a]. Des études effectuées sur le clavier Dvorak ont montré qu'il était beaucoup plus facile à apprendre et qu'il réduisait énormément la tension sur les mains. Des machines à écrire à clavier Dvorak furent produites et cette configuration est disponible en option sur certains ordinateurs Apple, mais cette configuration est demeurée malgré tout très marginale.

Pourquoi la configuration QWERTY n'a-t-elle jamais été remplacée ? Les questions d'efficience et de santé semblent pourtant favoriser de loin le clavier Dvorak. Et ça ne coûte pas si cher de remplacer un clavier sur un ordinateur.

Une des raisons est que le doigté pour taper sur un clavier QWERTY, comme nager ou faire du vélo, est une habileté qui ne s'oublie pas. Les individus qui possèdent cette habileté et qui l'ont développée depuis leur plus jeune âge ne sont pas pressés de passer à une configuration différente. Peut-être aussi que toutes les améliorations potentielles offertes par le clavier Dvorak ne sont pas suffisantes pour justifier le changement. Après tout, apprendre à bien taper sur un clavier est censé être difficile. Selon les experts, un nouveau standard doit être au moins dix fois supérieur au précédent avant qu'on pense même à l'adopter.

a. On fait ici abstraction des variations sur le clavier QWERTY, comme le clavier AZERTY utilisé en France et en Belgique.

Le disque laser est un exemple plus récent. Philips a tenté par trois fois, sans succès, de mettre sur le marché un lecteur de disque laser interactif. C'est son concurrent Pioneer qui au début des années 1980 a mis en marché l'application phare – un appareil destiné au karaoké, extrêmement populaire au Japon. Les ventes au Japon ont grimpé en flèche et Pioneer a accaparé une part importante du marché.

L'absence d'applications phares peut être un handicap sérieux. La technologie téléphonique ISDN, qui permet de faire circuler la voix et les données sur une même ligne, n'a pris son envol que lorsque les utilisateurs ont demandé à se brancher à Internet. Les entreprises qui vendent les systèmes de domotique, des systèmes qui intègrent la gestion de différents appareils dans la maison, sont toujours à la recherche d'une application phare qui convaincra les gens d'acheter leurs systèmes.

9.5.3 Le mécanisme derrière l'enfermement technologique : la rétroaction positive[4]

Les trajectoires technologiques se développent avec le temps. Les technologies dans lesquelles les sociétés ou les entreprises s'enferment ne sont pas nécessairement celles qui sont les plus efficientes pour les utilisateurs[5]. Avoir un avantage au bon moment sur le marché peut créer une situation favorable qui se renforcera sans cesse au détriment des technologies concurrentes.

Ce processus est une conséquence du fait qu'une pénétration croissante des marchés entraîne des retours croissants. Cela signifie que plus une technologie est adoptée, plus elle s'améliore (à l'intérieur de ses limites intrinsèques) et plus son développement devient attrayant. C'est une situation de rétroaction positive. Six facteurs contribuent à ce phénomène :

- **Les prédictions**. Le développement d'une technologie particulière peut être influencé et accéléré par les prédictions quant à son succès potentiel. Personne ne veut acheter un produit qui sera retiré du marché.
- **La familiarité**. Lorsqu'une technologie est mieux connue et mieux comprise, elle a plus de chance d'être adoptée.
- **Les caractéristiques de réseau**. Il est avantageux pour une technologie d'avoir un vaste réseau d'utilisateurs, puisque cela augmente la disponibilité et la variété des produits. Un bon exemple est celui du magnétoscope VHS. Pour connaître le succès, cette technologie avait besoin d'un vaste réseau de boutiques de location

4. Adapté de van Leenders de Jong, 1996.
5. Dans le modèle néoclassique, on présume que la « meilleure » technologie s'imposera sur le marché. En réalité, le processus dépend de la trajectoire technologique et il est impossible de prédire quelle technologie sera gagnante sur le marché (Arthur, 1996). C'est ainsi qu'une technologie inefficiente peut remporter la course.

de cassettes VHS. Plus le nombre d'utilisateurs est élevé, plus chacun a de chance de profiter pleinement du produit. C'est spécialement le cas avec les technologies dites de réseau, comme le téléphone ou le télécopieur.

- **La connectivité technologique**. La rétroaction est stimulée par la connectivité technologique ou les technologies complémentaires. Une technologie qui s'intègre aux technologies déjà existantes a plus de chance de réussir.
- **Les économies d'échelle**. L'augmentation des ventes d'un produit réduit les coûts de production unitaires, ce qui rend la technologie plus économique.
- **L'apprentissage**. La rétroaction pendant le développement d'une technologie peut être induite par l'apprentissage. Plus on en apprend sur une technologie pendant son utilisation, plus on peut l'améliorer rapidement. Lorsqu'un utilisateur en apprend beaucoup sur une technologie et moins sur une autre, la première a plus de chance d'être adoptée.

Encadré 9.4 – Le magnétoscope

Avant 1974, seuls les professionnels pouvaient, avec un équipement volumineux et cher, capturer des images sur bande magnétique. Toutes les grandes entreprises en électronique cherchaient à développer des magnétoscopes pour le marché de la grande consommation. Le premier appareil à être commercialisé, en 1974, fut le système Betamax de Sony. Sony a proposé de vendre une licence Betamax à sa concurrente, JVC. JVC a refusé et a décidé de commercialiser son propre système, VHS, en 1976. En 1975, Sony avait un monopole et a vendu 30 000 magnétoscopes Betamax aux États-Unis. Philips, de son côté, s'est lancé sur le marché avec son système V2000. Chaque système avait un format de cassette différent et les formats n'étaient donc pas compatibles entre eux. Les analystes s'attendaient à ce que chaque format s'empare d'un segment du marché, comme cela avait été le cas avec les disques (33, 45 et 78 tours).

Le Betamax de Sony était le premier et offrait une grande qualité d'image. Le système VHS de son côté avait des cassettes qui permettaient deux heures d'enregistrement, alors que les cassettes Betamax et V2000 n'offraient qu'une heure. En 1977, les compagnies de film Disney et Universal percevaient le magnétoscope comme une menace et elles ont tenté d'obtenir une redevance sur la vente de cassettes vidéo vierges. Elles n'ont pas réussi et ont finalement décidé de commencer à vendre elles-mêmes leurs films sur cassette.

En 1977, le système VHS a été amélioré afin de permettre presque quatre heures d'enregistrement sur une cassette. En moins d'un an, Betamax et V2000 pouvaient faire de même, mais c'était trop tard. Un nouveau phénomène avait émergé, les boutiques de location de cassettes vidéos. Elles sont apparues partout en Amérique du Nord et comptaient surtout des films sur cassettes VHS. Un fait à noter, bon nombre de films étaient destinés aux adultes et semblaient être plus populaires à la maison qu'au cinéma.

La part de marché des magnétoscopes de JVC a augmenté alors que celle de Sony a chuté. Philips a tenté d'accroître sa part négligeable du marché en baissant ses prix. JVC a répliqué avec une plus grande réduction de prix, rendue possible par les économies d'échelle. Il devenait de plus en plus évident que Sony et Philips étaient en train de perdre la course. Les consommateurs préféraient les magnétoscopes pour lesquels le plus de cassettes étaient en circulation dans les boutiques de location ou auprès des amis. Pour des raisons de coûts et d'espace, les boutiques devaient aussi limiter le nombre de cassettes qu'elles achetaient, alors elles offraient le format qui était le plus en demande, VHS. Après des années de lutte désespérée, Philips a jeté l'éponge en 1985, Sony en 1988.

Est-ce que les systèmes V2000 et Betamax étaient des produits inférieurs? Plusieurs enthousiastes utilisent toujours un de ces systèmes et s'échangent des cassettes et des pièces sur Internet. Malgré le fait que personne n'ait investi dans l'amélioration de ces technologies depuis deux décennies, certains individus sont encore convaincus de leur supériorité.

Le format VHS n'a pas gagné simplement grâce à son prix et à ses performances techniques. Les consommateurs ont choisi le même type de magnétoscope que leurs amis, afin d'échanger des films. Aussi, il y avait une plus grande sélection en location. Plus il se vendait de systèmes VHS, plus le format devenait attrayant pour les consommateurs. Voilà un exemple de rétroaction positive.

9.6 Les politiques technologiques

Dans les chapitres précédents, avons soulevé la question de la possibilité d'influencer le développement technologique. Dans le chapitre 4, nous avons présenté des options relevant de différentes instances politiques, nationales ou internationales, permettant de favoriser le développement durable. Dans le chapitre 5 nous avons discuté du rôle des technologies dans les problèmes de durabilité. Il semble que cette influence soit possible, bien qu'en certaines circonstances des technologies spécifiques puissent être particulièrement résistantes à toute forme d'influence. Voyons comment les différentes visions du développement technologique présentées plus haut permettent de guider ce développement.

9.6.1 Le socioconstructivisme

Le modèle socioconstructiviste met l'accent sur les différents acteurs engagés dans le développement des technologies. Si les choix concernant les technologies relèvent d'un processus social, il pourrait être possible de «démocratiser» la prise de décision technologique, ou, du moins, d'ouvrir ce processus aux parties prenantes qui défendent les valeurs du développement durable. Pour ce faire, il faudrait des mesures politiques.

Si la position des ONG (organisations non gouvernementales) environnementales dans la prise de décision technologique était renforcée, cela pourrait créer une influence positive sur le résultat du processus de développement.

9.6.2 L'approche systémique

Dans l'approche systémique, le changement technologique dépend grandement du processus d'identification des points de résistance et de leur traduction en problèmes critiques. Si aucun problème critique n'est clairement défini, un point de résistance peut demeurer « dormant » pendant de longues années. La congestion routière dans les centres urbains, par exemple, a longtemps été un point de résistance du système de transport.

Une fois qu'un problème critique est clairement défini, il devient plus facile de lui allouer des ressources. Ainsi, les politiques technologiques pourraient stimuler la recherche fondamentale, appuyer l'identification des options disponibles, puis favoriser et faciliter l'émergence de consensus. On pourrait aussi cibler les conditions externes qui influencent le changement technologique.

9.6.3 L'approche quasi évolutionnaire

Selon la théorie quasi évolutionnaire, on pourrait influencer le changement technologique en travaillant au niveau des variations et du processus de sélection.

Grâce à des politiques soutenant des centres de recherche fondamentale en science et technologie, on pourrait identifier une multitude d'options technologiques intéressantes. Dans ce contexte, il ne faudrait surtout pas hésiter à soutenir les chercheurs en dehors des courants dominants. Ce sont eux qui sont le plus susceptibles de proposer des idées vraiment radicales.

Les nouvelles technologies, pour s'implanter, doivent faire concurrence à des technologies bien établies qui ont été optimisées sur de longues périodes de temps. Il leur est donc difficile de se tailler une place sur le marché. Une période de protection, pendant laquelle la technologie peut être améliorée à travers l'expérience pratique, peut aider. Un segment particulier de l'environnement de sélection – une niche – peut offrir une telle protection. Prenons par exemple un autobus utilisant un carburant plus propre. Ce véhicule pourrait d'abord être utilisé par une société de transport en commun. Une telle société a l'avantage de maîtriser l'environnement de l'expérimentation, notamment parce qu'elle s'occupe elle-même du ravitaillement et parce que les autobus circulent sur un territoire restreint. Aussi, un bénéfice direct (un air plus propre) pour les résidants locaux aiderait à justifier les coûts plus élevés. La création d'une niche contribue donc positivement à l'implantation d'une nouvelle technologie.

La sélection des technologies a besoin d'être influencée de façon plus directe. Comme les technologies vertes doivent souvent surmonter le fait que leur production en petite quantité les rend plus chères, peu de gens les achètent. Il n'est donc pas viable de construire des installations de production à plus grande échelle qui pourraient réduire les coûts de production. Des subventions temporaires ou l'achat par le gouvernement d'une certaine quantité du produit peuvent aider à régler ce problème.

Les variations et la sélection ne sont pas complètement indépendantes l'une de l'autre. Les individus qui travaillent à la création de nouvelles technologies font déjà une partie de la sélection. C'est important qu'ils aient les bons signaux. Il est donc nécessaire de stimuler les institutions pour qu'elles envoient des signaux correspondant à l'environnement de sélection à l'intention de l'environnement qui produit les variations. Pensons par exemple aux compagnies d'assurances. Ces dernières peuvent fournir de l'information importante aux innovateurs sur les risques potentiels de certaines technologies en développement.

Les gouvernements peuvent aussi fixer des cibles pour les technologies futures afin de donner des objectifs clairs aux entreprises. C'est ce qu'on appelle le **forçage technologique**. Il faut cependant noter qu'une telle stratégie peut parfois créer des conflits entre les gouvernements et les secteurs industriels visés. Par exemple, le gouvernement fédéral américain a tenté, avec le *Clean Air Act*, de forcer les fabricants d'automobiles à produire des véhicules plus propres. Le résultat net fut une longue bataille judiciaire et une réduction des émissions des voitures qui de toute façon aurait été la même si aucune mesure n'avait été prise (Mulder, 2005a).

9.6.4 L'enfermement technologique et la rétroaction positive

Dans l'histoire de toute technologie, des facteurs mineurs intervenant au bon moment peuvent avoir une très grande influence, alors qu'à un moment subséquent il pourrait être pratiquement impossible d'influencer la trajectoire. Il est donc important que les politiques se concentrent sur la période avant qu'une technologie ne devienne fermée. Toute tentative de changer le cours des choses après ce moment sera généralement très coûteuse, voire impossible.

9.7 Les technologies appropriées

Le transfert de technologie dépend de différentes conditions locales. Comme les réseaux électriques dans diverses régions du monde livrent de l'électricité à des fréquences et des voltages différents, il est souvent impossible de simplement transporter des équipements électriques d'un pays à l'autre. Dans le cas de transfert de technologie entre régions de culture différente, l'organisation et l'état des infrastructures peuvent parfois varier grandement. Ce phénomène n'est pas surprenant si l'on tient compte des théories que nous venons d'explorer. Ces théories mettent toutes en relief, à leur façon, l'influence de l'environnement social dans la création des technologies.

Ainsi, le transfert de technologie entre sociétés présume que ces sociétés sont plus ou moins équivalentes, y compris dans leur désir d'adopter de nouvelles technologies. L'adoption d'une technologie n'est pas un choix neutre. Elle implique une volonté (implicite ou explicite) de changer son mode de vie et celui des autres. C'est une réalité qui est souvent difficile à reconnaître dans nos sociétés où le changement est constant.

Certaines sociétés offrent un contraste intéressant. Dans les communautés amish d'Amérique du Nord, par exemple, l'adoption de nouvelles technologies est une question importante. Les amish ont une interprétation de la Bible qui leur interdit tout recours à la violence. Ils sont arrivés d'Alsace au début du XIXe siècle, alors que Napoléon voulait les obliger à joindre ses armées. La plus grande concentration de communautés amish se trouve aujourd'hui en Pennsylvanie. La vie sociale des amish est régie par des règles strictes qui visent à limiter l'influence du monde matériel. Des technologies comme la télévision ou l'automobile leur sont interdites. Ils ont adopté certaines technologies modernes au cours des années, mais chacune de ces technologies a fait l'objet de longues délibérations avant d'être acceptée. La question est de savoir si, et comment, la technologie touchera le mode de vie de la communauté. Les amish doivent tout de même se plier à certaines exigences du monde extérieur. C'est ainsi qu'ils ont accepté certains équipements électriques pour leurs fermes laitières, à condition que le courant soit produit localement par des génératrices. Seule une source de 12 volts peut être utilisée pour les autres équipements électriques. Les amish ne sont donc pas strictement contre la technologie – ils possèdent parfois de grandes habiletés mécaniques –, mais il est clair que pour eux la religion et la communauté passent avant tout (Sharpe, 1999).

Dans le cas des pays en voie de développement, le transfert de technologies en provenance des pays développés peut rencontrer différents obstacles :

- La technologie va à l'encontre des valeurs et de la culture de divers groupes sociaux. Par exemple, certaines sociétés de chasseurs-cueilleurs ont des règles strictes qui interdisent l'exploitation de la nature. Elles prêtent à la nature un caractère divin et rejettent les méthodes agricoles et minières occidentales[6].
- La technologie va à l'encontre de la structure sociale. Les technologies qui facilitent la distribution de la connaissance, par exemple, peuvent être perçues comme une menace dans les sociétés très hiérarchisées. Il peut y avoir un conflit entre les technologies médicales et les médecins traditionnels, qui sont souvent en position de pouvoir.
- La technologie n'a du sens que dans un système plus vaste qui parfois n'existe pas localement. Certains équipements ont besoin de carburant, d'entretien, de réparations, de personnel qualifié, etc. Sans ces éléments, ces équipements sont inutiles.
- Les technologies ont évolué graduellement selon les standards de sélection des pays industrialisés. Les automobilistes occidentaux, par exemple, sont habitués à des routes relativement bien entretenues et ils exigent un certain niveau de confort qui est devenu un trait dominant dans l'évolution des voitures. La Citroën 2CV et plus récemment la Tata Nano sont des exemples de trajectoires alternatives plus appropriées à des régions avec de bas revenus et des infrastructures peu développées.

---

6. Le discours du chef amérindien Seattle (qui n'a en fait peut-être jamais eu lieu) illustre bien la grande différence entre les systèmes de valeur américains et amérindiens quant à la signification de la nature (Clark, 1985).

Le transfert de technologie crée parfois des communautés «occidentalisées» au sein des pays en développement. Ces technologies importées peuvent alors y engendrer des tensions. C'est ainsi qu'apparaissent les sociétés à deux vitesses que l'on rencontre souvent dans les pays en développement.

C'est dans les années 1970 qu'est apparu le concept de **technologie appropriée**, en réponse aux échecs des transferts de technologie dans les décennies précédentes. Les technologies appropriées sont celles qui sont adaptées aux circonstances des pays dans lesquelles on les déploie. Elles devraient idéalement avoir les caractéristiques suivantes:

- être simples à appliquer;
- être économiques;
- être à faible intensité énergétique;
- utiliser des ressources et de la main-d'œuvre locales;
- contribuer positivement à l'environnement et à la santé humaine.

Introduire de nouvelles technologies dans les pays en développement n'est pas toujours facile. Prenons par exemple la pompe à eau manuelle. Cette pompe est économique et facile à faire fonctionner pour des gens qui ont peu d'éducation formelle. Elle est conçue de façon à être facile à entretenir et à réparer avec des ressources locales. Si la technologie est introduite de telle façon que les paysans peuvent l'utiliser pour irriguer leurs champs, cette technologie est appropriée. Si par contre la pompe devient la propriété d'un grand propriétaire terrien, la différence entre les riches et les pauvres s'accroît localement.

Qui devrait décider? Si un pays en développement exprime le besoin pour une pompe à moteur diesel, est-ce que les organisations occidentales devraient s'ingérer et décider si ce pays a vraiment besoin de ce type de pompe? Est-ce du ressort de ces organisations de décider de mettre fin à une hiérarchie locale au profit d'une gouvernance plus démocratique?

Le processus de développement devrait être guidé par les personnes qui profiteront de ce développement. C'est leur société, leur culture et leur futur qui sont en jeu. Les organismes d'aide au développement devraient donc coopérer dans l'amélioration des capacités technologiques de façon que les pays puissent eux-mêmes évaluer, adopter et gérer les technologies qui leur conviennent.

Ces organismes font cependant face à certains dilemmes concernant le respect des cultures locales et des droits humains. Est-ce que le non-respect du droit des femmes devrait être toléré? Que faire des préjugés raciaux, de la corruption parfois systémique et du népotisme? L'encadré 9.5 offre un exemple de la façon dont un organisme de développement, le Carrefour de solidarité internationale, encadre ses activités face à de telles questions, tant ici qu'à l'étranger.

Il est facile de tomber dans la condescendance lorsqu'on parle d'aide internationale. Nous devons plutôt chercher le dialogue. Les cultures que nous appelons parfois primitives sont sans doute capables de nous donner quelques leçons sur les façons de vivre heureux sans mettre en danger la vie sur notre planète. Le monde industrialisé peut clamer sa supériorité technologique, mais il n'est pas nécessairement plus avancé quand vient le temps de développer la société de façon durable.

ENCADRÉ 9.5 – L'approche du Carrefour de solidarité internationale

Le développement communautaire durable

Pour le Carrefour de solidarité internationale, il est important d'associer des actions ou des approches de développement communautaire à la notion de durabilité. Celle-ci implique que nous prenions en compte l'ensemble des conditions nécessaires à un véritable développement à long terme. Ainsi, les actions en développement communautaire durable nécessitent une analyse au plan politique, économique, social et environnemental des problématiques auxquelles nous voulons nous attaquer.

Durabilité politique

Par l'entremise d'un programme de développement, les citoyens et les citoyennes visent à influencer les politiques gouvernementales qui ont une incidence directe sur leurs conditions de vie. Les projets favorisent donc la participation populaire au plan des prises de décisions. Les groupes concernés réfléchissent et analysent leur situation dans le but d'influencer les politiques de développement, et ce, dans la perspective de changements sociaux à long terme.

Durabilité sociale

Les programmes répondent à des besoins de base: santé, éducation, alimentation, etc. Cependant, ils s'inscrivent aussi dans un processus de réflexion qui vise des changements à long terme. On répond ici à des besoins immédiats sans oublier la finalité de l'action, les changements sociaux et politiques à long terme. Les projets et programmes ne doivent toutefois pas se substituer au rôle de l'État dans des sphères d'intervention dont la responsabilité devrait lui revenir.

Durabilité économique

Les projets et programmes soutenus sont viables économiquement dans un laps de temps déterminé. Ils permettent à des individus ou à des groupes de renforcer leur position au sein d'une communauté et d'accroître leur pouvoir d'influence, et ce, dans une perspective de changement à long terme.

Durabilité environnementale

Dans ses actions quotidiennes et ses projets, le CSI a appliqué, applique ou appliquera les principes de sa politique environnementale entre autres de la manière suivante:

Éducation, stages et formation

- Faire connaître la politique environnementale aux stagiaires CSI en distribuant cette dernière par le biais des documents de préparation remis à chaque stagiaire.
- Réaliser des stages en environnement tels qu'un projet de lutte contre l'érosion.
- Promouvoir, auprès des stagiaires, la réalisation d'actions environnementales concrètes, comme la construction de foyers améliorés et le compostage, durant leur séjour outre-mer.

Projets Outre-mer

- Réaliser systématiquement une analyse environnementale de tous les projets.
- Élaborer et transmettre aux partenaires des formations sur les impacts environnementaux.
- Mettre en place des comités environnementaux locaux dans les pays d'intervention (p. ex. Mali).

Communication sociale

- Participer activement au commerce équitable.
- Développer et diffuser des fiches de promotion de l'application des 3RV.
- Participer au Forum de développement communautaire durable.
- Participer aux Journées québécoises de la solidarité internationale.
- Promouvoir la Journée mondiale de lutte à la désertification.

Les projets soutenus visent :

- une plus grande justice économique et sociale ;
- la participation populaire et le renforcement de la société civile au cœur de nos actions ;
- l'élimination de la pauvreté en renforçant la participation des populations défavorisées dans toutes les sphères de la société qui ont une influence directe sur leurs conditions de vie ;
- une transformation sociale, économique et politique durable ;
- à donner aux personnes et aux communautés un rôle majeur au cœur des actions de développement.

Source : Extrait de Carrefour de solidarité internationale, 2007.

9.8 Questions de discussion et de réflexion

1. Réfléchissez au développement de technologies émergentes, comme la voiture électrique, et tentez d'en définir les points de résistance et les problèmes critiques.
2. Discutez des avantages et des inconvénients de l'exportation de machinerie agricole dans un pays en développement particulier. Considérez l'état de l'agriculture de ce pays, sa culture et son organisation économique.

Chapitre

10

La technologie pour le développement durable

Dans le chapitre 1, nous avons expliqué pourquoi le monde doit se développer de façon durable et pourquoi nous devons améliorer par un facteur de 32,4 l'efficience environnementale de notre production et de notre consommation. Ce chiffre indique clairement que nous ne pouvons nous satisfaire d'améliorations marginales sur le plan technologique.

Dans ce chapitre, nous explorons des idées, outils et principes qui peuvent mener à des bonds dans l'efficience environnementale des technologies. Nous verrons d'abord les technologies environnementales pour ensuite nous intéresser aux caractéristiques de l'innovation durable.

Pour le développement durable, des innovations visant particulièrement les systèmes sont essentielles (voir le chapitre 9). De telles innovations ne se limitent pas à la transformation des produits et des processus de production. Elles reconfigurent les systèmes dans lesquels s'inscrivent ces produits et processus.

Mais cette innovation dans les systèmes ne sera pas suffisante. Des bonds technologiques qui exigent une adaptation du comportement des citoyens et une restructuration de l'organisation de la société seront aussi nécessaires. On appelle ces innovations des **transitions**. Elles ne se présentent pas très souvent et on ne les reconnaît généralement qu'après coup. Pensons par exemple au transistor et au circuit intégré. Avec le développement de formes plus complexes d'organisation sociale, ces inventions ont permis des progrès dans les technologies de l'information et de la communication qui ont révolutionné notre société dans les dernières décennies.

10.1 Les technologies environnementales

Les problèmes environnementaux sont de natures très diverses. L'humanité a fait face à ces problèmes depuis l'époque néolithique en adoptant, en règle générale, les solutions les plus faciles.

- Les premiers grands problèmes environnementaux étaient liés à la grande densité de population dans les villes. La façon la plus facile de faire face à ces problèmes était d'appliquer les solutions 3D (déversement, déplacement, dilution; voir la section 7.4.1).
- Alors que la pollution devenait de plus en plus problématique, on se mit à réfléchir à la prévention.
- Les émissions polluantes peuvent être réduites par des traitements en bout de chaîne qui, en règle générale, n'influent pas sur les procédés de production (voir la section 7.4.2).
- La restauration des milieux est une variante des technologies de traitement en bout de chaîne. Nous avons l'obligation, dans la mesure du possible, de nettoyer ou d'isoler les milieux contaminés par nos activités passées.
- Dans la plupart des cas, il est cependant préférable de réduire la charge environnementale en changeant les procédés de production. Cette approche permet non seulement de réduire la charge polluante, mais aussi de réduire la consommation de ressources. Ces gains environnementaux peuvent même s'accompagner d'une réduction des coûts.
- En fin de compte, nous devons développer des technologies de production et des modes de consommation durables, puisque les solutions précédentes ne seront pas suffisantes pour résoudre tous les problèmes environnementaux auxquels nous devons faire face.

Les technologies durables doivent viser plus large que l'environnement physique. Elles doivent aussi favoriser le développement de l'équité à l'échelle mondiale et entre les générations.

10.2 Les caractéristiques des technologies durables

Le concept de technologie durable veut dire bien plus que produire sans pollution ou destruction écologique. Il s'agit de répondre aux besoins des humains sans dépasser les capacités de la planète, d'amener la consommation mondiale de ressources naturelles à un niveau qui respecte la capacité de ces ressources à se renouveler et de limiter les extrants de notre activité économique à un niveau qui respecte la capacité de l'environnement à les absorber.

10.2.1 Réfléchir aux besoins et à la meilleure façon de les remplir

La première étape dans le développement de technologies durables est d'analyser les besoins qui sont comblés par un produit ou un service. Il est toutefois important de reconnaître que les utilisateurs ont parfois des besoins « cachés » qui ne sont pas nécessairement bien articulés. Il en va de même pour les entreprises et les gouvernements, à travers un besoin de prestige, par exemple.

On remet parfois en question le bien-fondé de certains produits. Prenons les courses automobiles ou le tabac, par exemple. Si l'on approfondit l'analyse, on trouvera que ces produits remplissent des besoins qui sont en eux-mêmes légitimes (le plaisir et la relaxation). Comme il est peu probable que tous les habitants de la planète adoptent un jour un style de vie monastique, le défi est de trouver des solutions alternatives plus durables pour répondre à ces besoins[1].

Pour réfléchir en termes de besoins à combler, il est souvent nécessaire d'adopter une perspective multidisciplinaire. Il se peut très bien que la meilleure solution à un problème se trouve à l'extérieur du champ disciplinaire dans lequel nous sommes formés. La formation disciplinaire peut créer des œillères et limiter les options que nous sommes disposés à considérer.

Faire fondre un métal, par exemple, requiert une certaine quantité d'énergie, peu importe l'efficience du processus. On peut améliorer les choses avec un système de recyclage efficient qui réduira les besoins en minerai et en énergie. Mais dans certains cas, comme celui du zinc utilisé dans l'acier galvanisé, le recyclage n'est pas possible puisqu'une partie importante du métal se dissipe dans l'environnement à l'usage. Tout progrès en termes d'innovation technologique serait impossible jusqu'à ce qu'on réalise que l'utilisateur ne veut pas nécessairement un produit en acier galvanisé. Ce que l'utilisateur veut est un produit durable (dans le sens classique du terme) qui lui rend un service particulier.

1. La question des besoins est complexe. Nous n'explorerons pas ici la dynamique de la création des besoins à travers les médias et la publicité, mais il y a peu de doute que, dans une perspective de développement durable, certaines remises en question seront nécessaires.

Des séances de remue-méninges sont très importantes pour ouvrir nos esprits à de nouvelles idées qui aideront à générer des options pour répondre à des besoins particuliers. Une bonne séance de remue-méninges fera apparaître des solutions en provenance de plusieurs secteurs complètement différents. Les solutions de rechange aux métaux galvanisés, par exemple, pourraient inclure le bois traité, les métaux peints, les plastiques, et même un produit complètement nouveau qui rendrait toutes ces options inutiles. Dans certains cas, un produit manufacturé pourra même être remplacé par un service. Un véhicule, par exemple, peut parfois être remplacé par un moyen de communication. De telles innovations demandent un nouveau système de production, de nouveaux mécanismes de marketing et de nouvelles formes de consommation. Mais la condition *sine qua non* pour en arriver à ces solutions de remplacement est de se concentrer sur les besoins, et non pas sur l'amélioration des technologies existantes.

10.2.2 Adopter une perspective globale

Répondre à des besoins d'une façon plus efficiente ne veut pas nécessairement dire que nous obtenons des solutions plus durables. Les technologies qui sont très efficientes en termes environnementaux peuvent avoir des effets secondaires négatifs ou avoir une applicabilité limitée.

Considérons les exemples suivants :

- La technologie Roundup de Monsanto est composée d'un herbicide et d'un maïs génétiquement modifié pour résister à cet herbicide. Elle permet aux agriculteurs d'obtenir un meilleur rendement avec moins d'herbicides. Par contre, les agriculteurs doivent acheter leurs semences de Monsanto chaque année (plutôt que d'utiliser une partie de leur récolte de l'année précédente), ce qui transforme les rapports de pouvoir entre les agriculteurs et l'industrie agricole. Un autre enjeu est l'effet négatif potentiel du maïs génétiquement modifié sur les écosystèmes[2].
- Certaines nouvelles technologies très efficientes sont dépendantes de ressources qui pourraient devenir très rares dans un futur rapproché (Barras, 2009). Déjà, les métaux précieux et lanthanides utilisés comme catalyseur dans la dégradation des substances toxiques ne sont disponibles qu'en quantité très limitée.
- Nous attendons beaucoup de bénéfices du développement des nanotechnologies, autant au niveau de la santé qu'au niveau de l'environnement. Ces bénéfices attendus ne doivent par contre pas nous aveugler face aux risques potentiels de ces technologies (Commission de l'éthique des sciences et des technologies, 2006).

L'innovation pour le développement durable demande donc que nous gardions l'esprit ouvert. Nous devons agir localement, mais nous devons évaluer nos technologies dans une perspective globale et avec une vision à long terme.

2. Des chercheurs ont récemment confirmé qu'on trouve maintenant les gènes modifiés du maïs de Monsanto dans des variétés de maïs sauvage au Mexique (Pineyro-Nelson *et al.*, 2009).

10.2.3 La recherche de solutions à long terme

Des améliorations incrémentales de l'efficience environnementale des technologies sont désirables, mais ne sont pas suffisantes. Nous devons aussi faire des bonds en matière d'efficience. Cette situation crée un dilemme. Les améliorations aux technologies non durables peuvent entraîner des résultats rapides, mais ne mèneront jamais à des technologies réellement durables. Où donc devrions-nous concentrer nos ressources limitées en recherche et développement (RD) ? Devrions-nous développer des centrales thermiques au charbon plus efficientes ou plutôt investir dans l'amélioration des éoliennes ? Il n'est pas facile de répondre à ce genre de question. Souvent, il est moins risqué d'améliorer les technologies existantes que de développer des technologies radicalement nouvelles. Nous pourrions comparer les aspects environnementaux, sociaux et économiques d'une centrale au charbon améliorée à ceux d'un parc éolien en mer pour la durée de vie moyenne de ces installations. Mais comment tenir compte des effets à long terme de la création de nouveaux savoirs, de la recherche de nouvelles technologies et des apprentissages que nous ferions ? En développant une nouvelle technologie, nous apprenons toujours. En cas d'échec, nous apprenons ce qui ne fonctionne pas. Mais quelle est la valeur de cet apprentissage ?

Ce dilemme ne peut être résolu qu'en évaluant tous les aspects pertinents, et ce, dans une perspective à long terme. Mais, avant tout, il est crucial de reconnaître ce dilemme afin de prendre des décisions réfléchies. De plus, ces décisions ne peuvent reposer uniquement sur des calculs. Elles demandent aussi de faire des choix sur le genre de société que nous voulons créer.

La figure 10.1 résume les défis de l'innovation durable. Nous devons développer une perspective plus large, non seulement sur le plan temporel, mais aussi au regard des parties prenantes. Les premières améliorations environnementales se concentrent généralement sur les processus de production. Des méthodes comme la production propre et la comptabilité environnementale (1) devraient être associées au recyclage ainsi qu'à la prévention de la pollution (2). À ces méthodes s'ajoute la conception de produits, optimisée pour l'environnement et l'écologie industrielle (3). Le tout devrait être intégré dans les stratégies d'entreprise (4) et les politiques nationales dans une perspective à long terme.

10.3 Les innovations de système

Les innovations de système sont celles qui transforment la structure d'un système technologique. Cette notion de système s'applique à différents niveaux. La chambre de combustion d'un moteur, par exemple, peut être considérée comme un système. Aussi, le moteur ou même la voiture en entier peuvent être considérés comme des systèmes. Nous pourrions même analyser en tant que système le réseau routier et toutes ses composantes, y compris les voitures, les routes, l'approvisionnement en carburant, les lois, les services policiers, les taxes et l'entretien. Dans ce chapitre, nous nous concentrons sur les innovations de système au niveau supérieur, c'est-à-dire celui de tous les éléments qui contribuent à produire un produit ou un service.

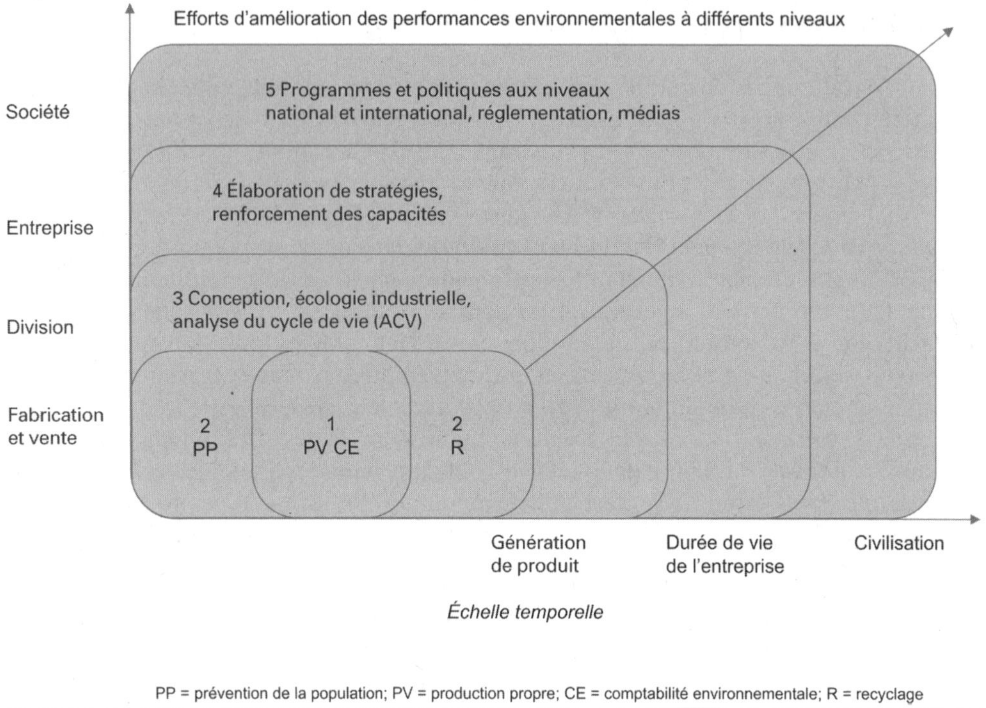

Figure 10.1 – Les défis de l'innovation durable

Un exemple d'innovation de système est le remplacement des locomotives à vapeur par des locomotives électriques ou diesels-électriques après la Deuxième Guerre mondiale. Ce remplacement a complètement transformé l'approvisionnement en énergie des locomotives, leur entretien et la formation du personnel. Les nouvelles locomotives exigeaient beaucoup moins d'entretien, ne nécessitaient plus de fréquents ravitaillements en eau et avaient une autonomie beaucoup plus grande.

Les innovations de système exigent des investissements importants et détruisent partiellement ou complètement le système qu'elles remplacent. En Amérique du Nord, l'arrivée des locomotives diesels-électriques a marqué le déclin de dizaines de petites communautés disséminées le long de voies de chemin de fer et dont la principale raison d'être était le ravitaillement et l'entretien des locomotives à vapeur. En communication, l'arrivée du télex a été pratiquement fatale au système télégraphique, alors que l'arrivée du télécopieur a causé la disparition de ces deux technologies.

La nature destructrice des innovations de système fait en sorte que les acteurs liés aux systèmes de production existants s'y opposeront souvent. On soulèvera les risques associés et les effets «cannibalisants» de l'innovation, c'est-à-dire la perte de produits existants. Par contre, comme l'a souligné le fondateur de Sony, Akio Morita, il est parfois préférable pour une entreprise de cannibaliser ses propres produits avant qu'une autre entreprise le fasse (Rheingold, 1986).

Nous avons souligné au chapitre 7 que les technologies en bout de chaîne sont généralement préférées pour régler les problèmes environnementaux. Elles ont très peu d'impact sur les systèmes de production. Cependant, une transformation du système de production sera souvent une solution beaucoup plus efficace. Elle permettra d'éviter la production à la source de déchets ou d'émissions polluantes, plutôt que de simplement les traiter en fin de processus.

Nous explorons ici plus en détail trois exemples d'innovations de système :

- les changements dans les sources d'énergie primaires et l'amélioration de l'efficience énergétique des processus de production ;
- une meilleure gestion de l'utilisation des matières premières ;
- l'élimination des sous-produits et des émissions toxiques.

10.3.1 Les changements dans les sources d'énergie primaire

Dans les prochaines décennies, nous assisterons à des changements majeurs quant aux sources d'énergie primaire utilisées dans les pays industrialisés.

Les émissions nocives de l'industrie et des centrales thermiques doivent être réduites. Une façon d'y arriver serait de passer du pétrole ou du charbon au gaz naturel. Cette option n'est pas une solution durable. Mais la retenir constituerait tout de même une amélioration grâce à la réduction des émissions d'oxydes d'azote (NO_X), de dioxyde de soufre (SO_2) et de particules qui en résulterait.

Les processus de production peuvent être adaptés pour utiliser l'électricité comme source d'énergie primaire. On trouve de plus en plus de véhicules électriques sur les routes de certaines régions. Les critiques soulignent avec justesse que ces véhicules ne font que déplacer les émissions si on les alimente avec de l'électricité produite par une centrale thermique. Mais, malgré tout, adopter l'électricité comme source d'énergie primaire comporte certains bénéfices environnementaux :

- Les centrales thermiques brûlent leur combustible de façon beaucoup plus efficiente que ne le font les autres processus industriels. Encore faut-il savoir qu'une partie de l'énergie, soit de 3 à 15 % environ, est perdue dans la transmission et la distribution de l'électricité.
- Un meilleur réseau de distribution électrique peut créer des possibilités pour la production d'énergie renouvelable.
- La pollution d'une seule source ponctuelle se contrôle plus facilement que celle de multiples sources ponctuelles et mobiles.
- La combustion de carburant fossile dans les milieux urbains cause beaucoup de problèmes de santé. Une centrale thermique peut être située de façon à limiter les risques qui y sont associés.

- Un réseau électrique robuste et bien intégré dans un réseau de transmission à haut voltage est idéal pour absorber et équilibrer la production irrégulière de nombreuses sources renouvelables, comme des éoliennes. Les barrages hydroélectriques peuvent servir à stabiliser le réseau.

Pour certaines utilisations, par contre, la conversion à l'électricité n'est pas toujours désirable. Les chaudières domestiques à haute efficience consomment beaucoup moins de carburant que le chauffage électrique ne le fait, indirectement, là où l'électricité est produite par des centrales thermiques.

La plus grande efficience est obtenue en combinant la production de chaleur et la production d'énergie (production électrocalogène). On pourrait même connaître cette production au niveau domestique dans un futur rapproché, ce qui révolutionnerait la production et la distribution d'électricité. Déjà, certains édifices commerciaux de la ville de New York commencent à s'équiper de centrales électrocalogènes dont la production est plus efficiente que celle des centrales thermiques (Applebaum, 2009). Il y a toutefois de nombreux obstacles techniques et légaux à franchir avant que chaque maison devienne génératrice de chaleur et d'électricité (Jackson, 2003).

Il existe aussi un potentiel énorme pour la réduction de la consommation d'énergie. L'énergie consommée pour le chauffage et la climatisation pourrait être réduite par la mise en place de systèmes d'échangeurs intelligents. Ces échangeurs pourraient aussi servir à préchauffer les matières premières et les carburants, tout en réduisant la température des émissions. On peut aussi améliorer l'efficience énergétique en utilisant des isolants thermiques et en repensant les processus de production pour éviter que des cycles de chauffage et de refroidissement ne travaillent les uns contre les autres.

10.3.2 L'utilisation des matières premières

Mieux gérer l'utilisation des matières premières dans les processus de production industrielle pourrait nous aider à réduire de façon importante les matières résiduelles, la pollution et l'épuisement des ressources non renouvelables.

L'industrie produit de nombreuses matières résiduelles qui sont en principe réutilisables, mais qui dans les faits ne sont pas réutilisées pour des raisons économiques ou techniques. Les processus de recyclage existants peuvent devenir économiquement viables à la suite de changements législatifs, avec l'augmentation du prix des matières premières ou avec l'augmentation du prix de solutions alternatives comme l'enfouissement. La disponibilité de technologies de recyclage rentables dépend donc en grande partie de facteurs sociétaux. Le vrai coût des déchets résultant de la production est rarement payé par le producteur lui-même. L'emballage, par exemple, deviendra un déchet domestique une fois le produit acheté par un consommateur. Rien n'incite le producteur à réduire les coûts, directs ou indirects, de l'élimination ou du recyclage de cet emballage. Si les coûts du traitement des matières résiduelles étaient inclus dans le prix d'un produit, les producteurs seraient incités à réduire l'emballage et en faciliter le recyclage. Cette réduction à la source pourrait réduire énormément les déchets domestiques.

La réutilisation et le recyclage des produits et des matériaux sont essentiels. Bien qu'une proportion importante des matières résiduelles puisse être recyclée ou réutilisée, de nouvelles technologies sont nécessaires pour éviter qu'une grande partie des produits de consommation ne finissent dans les lieux d'enfouissement ou dans les incinérateurs. Contrairement au métal, au papier et au verre, les plastiques sont encore relativement peu recyclés.

L'écologie industrielle, dont nous avons discuté dans le chapitre 7, est une autre approche pour éviter les déchets dans la production industrielle.

10.3.3 L'élimination des sous-produits et des émissions toxiques

Beaucoup de processus chimiques industriels ne produisent pas un seul composé. Ils génèrent des isomères, c'est-à-dire des composés qui ont la même formule atomique, mais des structures différentes, et donc des propriétés chimiques différentes. Souvent, un seul des isomères est le produit utile et les autres sont considérés comme des déchets.

Par exemple, la paraphénylènediamine (PPD) est générée en grande quantité comme intermédiaire pour la production de la fibre aramide (Kevlar). Le processus de production de la PPD génère une quantité égale d'orthophénylènediamine (OPD), un isomère qui n'est d'aucune utilité pour les producteurs de fibre aramide. La découverte d'un processus sélectif capable de produire seulement l'isomère PPD est devenue un objectif de recherche important pour les producteurs de cette fibre.

Le raffinage du pétrole génère aussi des déchets. Les raffineries de pétrole traditionnelles avaient peu de contrôle sur les fractions relatives d'essence, d'huiles lourdes et de bitume qu'elles produisaient. Comme il y avait peu ou pas de demande pour la fraction lourde du processus, laquelle contenait une forte concentration de soufre, cette fraction devait être vendue à très bas prix. Pour les raffineries modernes, la conversion catalytique de cette fraction lourde constitue une façon d'accroître les profits. Elle leur permet également de réduire le taux de soufre élevé de cette fraction. Ainsi, l'amélioration des processus de raffinage a permis une réduction de la pollution et une conversion plus efficiente d'une ressource rare en produit utile.

Les incitations économiques ne sont pas toujours suffisantes pour pousser les entreprises à adopter des technologies de production plus propres. C'est alors au gouvernement d'agir. Jusqu'au début des années 1970, l'industrie du polychlorure de vinyle (PVC) émettait des quantités importantes de chlorure de vinyle (CV) dans l'atmosphère. On a découvert à cette époque que le CV est un produit cancérigène affectant principalement les travailleurs de l'industrie du PVC. Sous la pression des gouvernements, qui ont adopté de nouveaux règlements, les processus de production ont dû être scellés et les procédures d'entretien adaptées pour réduire au minimum les émissions.

Plusieurs procédés de production utilisent des solvants, des agents de nettoyage, des matériaux de filtration et d'autres auxiliaires qui n'apparaissent pas dans le produit fini. Bien que certaines de ces substances soient parfois recyclées ou réutilisées, une bonne partie d'entre elles deviennent des déchets ou des émissions. Comme elles ne font pas partie de l'activité principale de production, on leur porte souvent très peu d'attention.

L'industrie de la microélectronique n'avait jamais réfléchi à une solution alternative au CFC 113 qu'elle utilisait pour nettoyer les cartes de circuits imprimés. Elle fut forcée, à son corps défendant, de trouver une telle alternative après la signature du Protocole de Montréal en 1987. Les résultats furent surprenants : l'industrie a découvert que 70 % de son utilisation du CFC 113 était inutile et que le reste pouvait être évité en lavant les cartes avec de l'eau et du savon, puis en les séchant bien. Cette solution allait à l'encontre des idées reçues puisqu'on enseignait aux ingénieurs en électronique d'éviter l'eau, laquelle corroderait les contacts. De son côté, la compagnie Ford a estimé que l'interdiction du CFC 113 lui permettait d'épargner environ 16 millions de dollars américains dans ses procédés de production (Mulder, 2005b).

10.4 L'extrapolation rétrospective

L'optimisation des technologies existantes est importante, mais les améliorations potentielles demeurent limitées. Par exemple, l'efficience des centrales thermiques (non nucléaires) se situe autour de 35 à 60 %, ce qui signifie que seulement 35 à 60 % de l'énergie libérée par le combustible est convertie en électricité. Il est peu probable que nous atteignions dans les prochaines décennies un niveau de plus de 70 % pour les centrales les plus performantes. Il reste que dans le cas d'autres systèmes technologiques, il arrive que les améliorations potentielles soient beaucoup plus importantes. Malgré tout, pour obtenir les améliorations désirées, il faut s'intéresser à la question des besoins pour lesquels les produits et les services sont développés.

L'extrapolation rétrospective est une approche pour l'innovation durable. Elle part de la question des besoins. Son objectif est, au regard de l'innovation, de générer des options technologiques valables à long terme et de bâtir un consensus des parties prenantes autour de ces options.

Les étapes de l'extrapolation rétrospective sont :

- l'analyse des besoins ;
- l'identification des options technologiques qui permettent une amélioration ;
- la création d'une vision commune avec les parties prenantes ;
- l'exploration de pistes qui permettent de réaliser cette vision ;
- la création d'un consensus sur ces pistes.

10.4.1 L'analyse des besoins

L'analyse des besoins est une première étape, essentielle dans l'extrapolation rétrospective. Avant de chercher les options durables pour remplir un besoin, il faut analyser ce besoin à un niveau fondamental.

Les besoins changent dans le temps, mais il est fort probable que les besoins essentiels demeureront les mêmes. Les besoins essentiels sont :

- la nourriture ;
- un abri ;
- la sécurité ;
- l'eau potable ;
- l'air propre ;
- la santé ;
- l'estime de soi ;
- la communication humaine ;
- l'éducation.

Pour remplir ces besoins, nous avons généralement besoin :

- d'énergie ;
- de matériaux ;
- d'espace ;
- de transport.

Ces quatre éléments s'ajoutent donc aux besoins essentiels.

10.4.2 L'identification des options technologiques

Il faut ensuite organiser des séances de remue-méninges pour générer des options susceptibles de répondre aux besoins identifiés. Ces séances doivent se concentrer sur les besoins afin d'éviter de simples extrapolations de la technologie actuelle.

L'identification de ces options est nécessaire pour réaliser de véritables bonds en avant en termes d'efficience. Les principes suivants permettent d'obtenir les progrès technologiques souhaités :

- Optimiser le système d'abord. L'optimisation des éléments du système (produits, processus) ne viendra que par la suite.
- Minimiser les déchets et les pertes. Cela permet d'économiser non seulement des ressources, mais aussi du travail.

- Fermer les boucles. Il s'agit de développer les technologies de façon que les produits puissent être réutilisés ou recyclés en fin de vie utile.
- Optimiser l'utilisation de l'énergie. Organiser la production et la consommation de façon que les énergies renouvelables puissent être utilisées de la façon la plus efficiente.
- Minimiser le recours aux matériaux. Avec moins de matériaux, moins de ressources seront nécessaires.
- Minimiser les dommages aux écosystèmes. Il faut en particulier éviter l'emploi de ressources dont l'utilisation est déjà au-delà de leur capacité de renouvellement.
- Introduire de la flexibilité dans les options technologiques. Des événements imprévus surviendront sans doute qui nécessiteront d'adapter les innovations durant leur développement.

10.4.3 La création d'une vision commune du futur

La poursuite d'options technologiques plus durables sera grandement facilitée par une vision du futur que partagent toutes les parties prenantes. Une telle vision permet de légitimer la recherche et guide les choix que feront les chercheurs.

Est-il possible de parvenir à une telle vision commune à partir des différentes options technologiques qui ont été identifiées ? L'adoption d'une perspective à long terme a un avantage important : la vision à long terme d'une partie prenante donnée est moins susceptible de se concentrer trop fortement sur ses intérêts propres. Les parties prenantes sont plus disposées à accepter la légitimité des intérêts des autres parties prenantes lorsqu'on discute d'objectifs à long terme. De plus, les intérêts à long terme sont moins figés et ne sont pas encore clairement définis.

10.4.4 Le développement de pistes vers cette vision commune

Une vision commune du futur ne veut pas dire que toutes les parties prenantes commenceront nécessairement à travailler ensemble dans la même direction. Certains acteurs admettront qu'ils devraient adopter une orientation plus durable, mais que les circonstances actuelles les poussent dans une autre direction. Une carte sociotechnique peut aider à déterminer les pistes susceptibles de mener à la vision commune. Une telle carte aidera aussi à identifier les intérêts communs et les possibilités de compromis.

Une carte sociotechnique présente les éléments suivants :

- l'état du développement d'une technologie ;
- la dynamique du développement de cette technologie ;
- les différentes parties prenantes liées à cette technologie ;
- les points de vue et intérêts de ces parties prenantes.

Le développement des pistes ressemble à l'analyse de scénarios – un outil fréquemment utilisé pour la prise de décision stratégique dans l'industrie. Dans un scénario, un futur possible est présenté. Le scénario doit comporter un développement crédible et attirant. Il doit donc être cohérent et détaillé.

L'analyse de scénarios requiert au moins trois scénarios. Les scénarios ne servent pas à prédire l'avenir, mais à sensibiliser les individus et à leur faire prendre conscience des possibilités de changement.

L'analyse de scénarios se base sur la présentation cohérente de plusieurs pistes pour l'avenir. L'extrapolation rétrospective est l'identification de pistes menant à un but spécifique. C'est ce qui les distingue.

Un scénario tente de tracer les choix ou événements clés et d'en traduire les conséquences pour les choix et événements subséquents.

Les scénarios de tendance montrent les développements qui concordent avec nos idées présentes. On les appelle aussi les scénarios «sans surprises» parce qu'ils n'intègrent aucun événement soudain ou inattendu. Ces scénarios accompagnent souvent le scénario le plus probable (qui représente le statu quo).

À ce niveau, l'extrapolation rétrospective est l'inverse du scénario: elle analyse quelles pistes peuvent nous mener au futur désiré et tente de déterminer quelles décisions sont nécessaires pour prendre le bon chemin.

10.5 Exemples

10.5.1 Les plastiques

Quelles sont les options possibles pour un avenir durable avec les matériaux plastiques? Les plastiques sont une classe de produits non durables à plusieurs niveaux:

- Ils sont faits principalement à partir de pétrole, une ressource non renouvelable;
- Ils génèrent de nombreuses émissions polluantes;
- Ils créent une quantité importante de matières résiduelles persistantes (non biodégradables[3]).

Par contre, les plastiques sont des matériaux légers et donc efficients à l'utilisation. Ils sont aussi résistants à la corrosion. Les principes suivants permettraient d'avoir un cycle des plastiques durable:

3. En principe, les plastiques sont biodégradables. En réalité, le temps que mettent la plupart des plastiques à se dégrader dans l'environnement et les dommages qu'ils peuvent causer durant cette période en font une forme de pollution extrêmement dommageable.

- une production strictement à partir de la biomasse;
- la réutilisation des matériaux et des produits;
- la combustion des plastiques résiduels pour en récupérer l'énergie.

La figure 10.2 présente le cycle actuel de la production et de l'utilisation des plastiques. Le problème principal est que le plastique ne retourne que très, très lentement à son état original, le pétrole. On parle ici de millions, sinon de dizaines de millions d'années.

Pour les besoins du développement durable, nous voulons remplir nos besoins avec ce produit, mais aussi fermer le cycle de production afin de le rendre le plus efficient possible. Le recyclage des matériaux et leur transformation en matière première sont des éléments de solution. L'utilisation de la biomasse comme matière première crée un court-circuit dans le cycle (voir la figure 10.3.

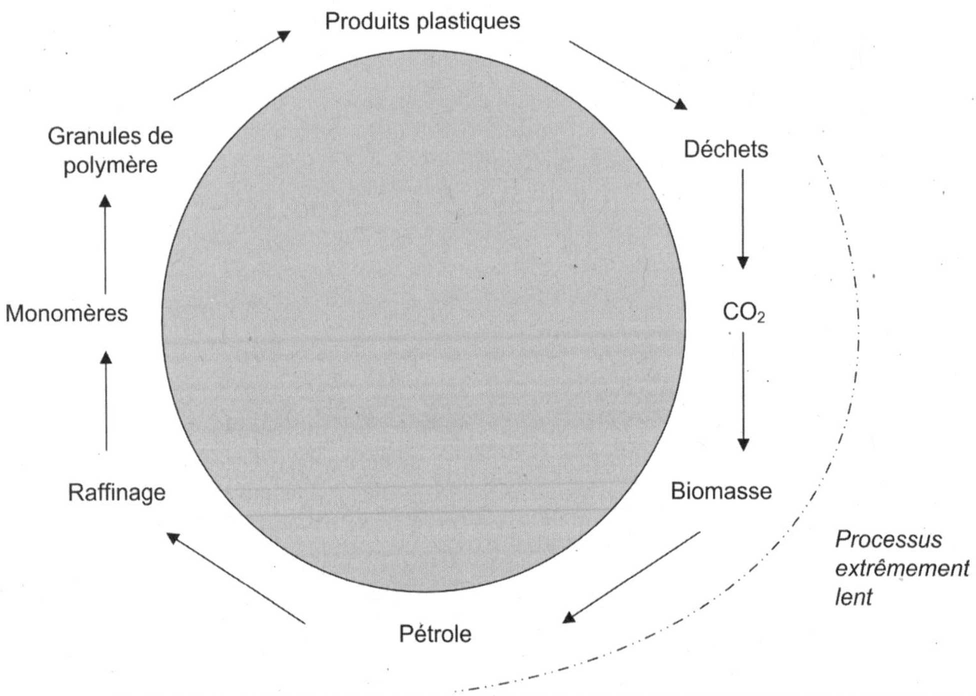

Figure 10.2 – Le cycle des plastiques

De nombreuses initiatives ont été mises en place pour développer ces solutions. Le recyclage des plastiques se fait maintenant dans certains pays et des recherches sont en cours pour permettre la production de plastiques à partir de la biomasse. Ces solutions permettraient de réduire la consommation de ressources non renouvelables et de résoudre une partie du problème de pollution.

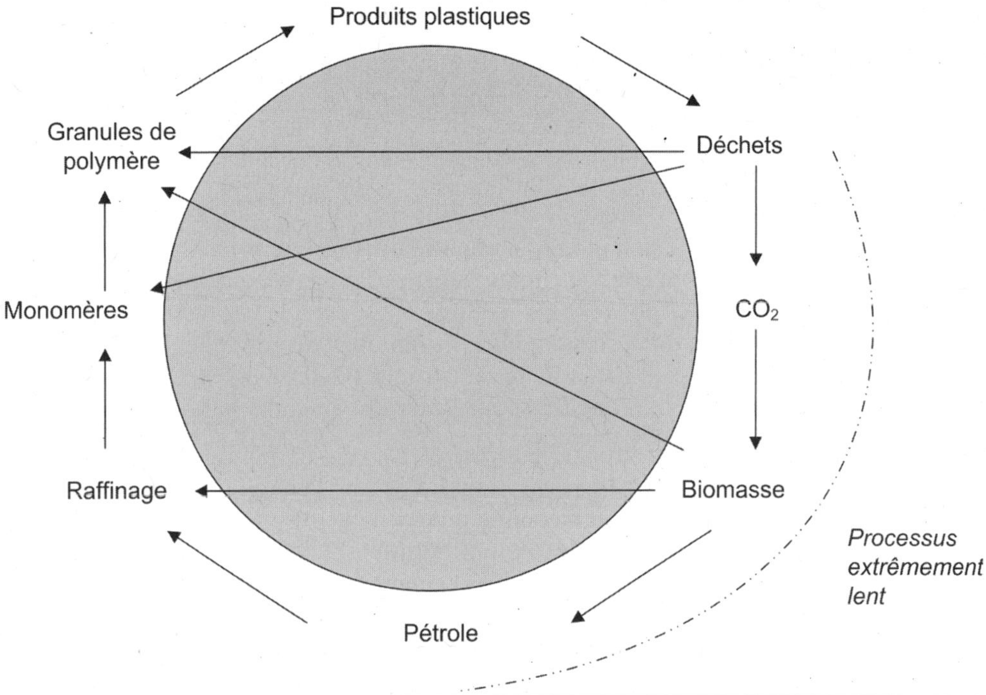

Figure 10.3 – Un avenir durable pour les plastiques

10.5.2 L'énergie

Nos systèmes d'approvisionnement en énergie sont des éléments clés pour se diriger vers le développement durable. Grâce à la production d'énergie durable, plusieurs autres systèmes de production deviendraient eux aussi plus durables. Nous y arriverons si nous réussissons à disposer de suffisamment d'énergie renouvelable. Autrement dit, si nous ne mettons pas les écosystèmes locaux et l'écosystème global en danger et si nous permettons aux communautés locales d'exercer un certain contrôle sur leur approvisionnement en énergie.

Les formes d'énergie renouvelable sont :

- l'énergie solaire ;
- l'énergie éolienne ;
- la biomasse[4] ;

4. Le terme biomasse fait ici référence à toute la matière organique susceptible d'être valorisée énergétiquement, ce qui inclut plus que seulement les organismes vivants.

- l'énergie hydraulique ;
- l'énergie de la houle et des vagues ;
- l'énergie marémotrice ;
- l'énergie maréthermique ;
- l'énergie géothermique.

On ajoute parfois la fusion et la fission nucléaires à cette liste. Cependant, après 50 ans de recherches, on peut conclure qu'il est fort peu probable que la fusion nucléaire contribue un jour à combler nos besoins en énergie. Quant à la fission nucléaire, elle a laissé à ce jour des tonnes de déchets radioactifs qui demeureront dangereux pour des milliers d'années. Et c'est sans parler de la catastrophe de Tchernobyl, dont nous avons encore peine à évaluer les conséquences pour l'environnement et la santé humaine.

La plupart de ces formes d'énergie renouvelable sont en fait dérivées de l'énergie solaire[5]. Le Soleil fournit à la Terre environ 1 500 fois l'énergie que nous utilisons aujourd'hui. Il y a donc amplement d'énergie renouvelable disponible. Le problème est de capter efficacement cette énergie. Une optimisation plus poussée des technologies existantes est nécessaire pour réduire les coûts et augmenter l'efficience. Selon certaines estimations, il serait possible de développer des technologies capables de générer de l'électricité à partir de ces sources à un coût d'environ 0,02 à 0,06 $US par kilowattheure (kWh).

À chaque conversion d'énergie sont associés des pertes et des coûts. L'énergie solaire ou géothermique, par exemple, est particulièrement efficace pour le chauffage. Le vent l'est pour la propulsion directe des navires. Étant donné la dépendance aux conditions naturelles, les sources d'énergie renouvelable doivent être combinées prudemment en système afin de fonctionner efficacement.

Le stockage d'énergie

Plusieurs types d'énergies renouvelables ne peuvent être captés quand et comme nous le souhaiterions. Le stockage est donc nécessaire. L'énergie solaire capturée sous forme de chaleur peut être stockée sous forme d'eau chaude. Dans le cas de l'électricité, le stockage est plus difficile. On peut faire appel aux solutions suivantes :

- L'intégration de ces sources d'énergie dans un système d'approvisionnement en électricité plus efficient. Une région peut être sous les nuages, mais jamais un continent entier. De forts vents dans un pays peuvent compenser le temps calme dans un autre pays (Rodgers, 2007). L'énergie des centrales hydrauliques peut aider à compenser les pénuries temporaires dans les formes d'énergie non contrôlables.

5. Les exceptions étant l'énergie géothermique, tirée de la chaleur de la Terre, et l'énergie marémotrice, dont les forces gravitationnelles de la Lune et du Soleil sont la source.

→ La conversion de l'électricité en d'autres formes d'énergie :
- en pompant de l'eau dans des réservoirs, créant ainsi un potentiel hydraulique ;
- en fabriquant de l'hydrogène pour des piles à combustible ;
- en rechargeant des batteries d'accumulateurs ;
- en créant de la pression dans un gaz stocké.

Toutes ces formes de stockage sont cependant coûteuses et créent des pertes importantes à cause de la double conversion nécessaire.

L'environnement

L'hydroélectricité peut avoir des effets dévastateurs sur l'environnement local. La création des réservoirs inonde des vallées, acidifie l'eau en accélérant la dégradation de la matière organique et, dans certains cas, libère le mercure qui était fixé dans le sol. Les barrages créent des barrières pour la faune aquatique – le saumon en particulier. Dans le cas du barrage des Trois Gorges, en Chine, des millions de personnes ont dû être déplacées pour faire place au nouveau réservoir. Avec le temps, les sédiments peuvent grandement réduire la capacité, donc l'efficacité, d'un réservoir. En cas de tremblement de terre ou de conflit armé, les réservoirs hydroélectriques présentent un risque énorme : le bris d'un barrage peut causer la mort et la destruction sur des dizaines de kilomètres en aval.

On critique souvent les éoliennes parce qu'elles tuent les oiseaux. Mais heureusement, si les sites d'implantation sont choisis judicieusement pour éviter les couloirs de migration, on peut limiter la mort d'oiseaux. Le bruit généré par les éoliennes est un autre problème local. Là encore, la sélection des sites d'implantation doit être faite avec soin.

L'espace

Parce qu'elle est facile à stocker, la biomasse est la source d'énergie préférée. Par contre, la combustion traditionnelle de la biomasse comporte des risques importants pour la santé, surtout à cause de la pollution intérieure qu'elle cause (Organisation mondiale de la santé, 2005).

Si la population mondiale en vient à atteindre les neuf milliards d'individus, une plus grande quantité de terres agricoles sera nécessaire pour produire des aliments et des matériaux. Comme la plupart des terres arables sont déjà utilisées pour l'agriculture, une augmentation de 50 % de la population nécessitera une utilisation encore plus intensive des terres agricoles ; à moins bien sûr d'augmenter de façon importante l'efficience des systèmes agricoles. Dans un tel contexte, il vaut mieux bien réfléchir avant d'augmenter la part des biomasses dans notre portefeuille énergétique.

Il existe à l'heure actuelle plusieurs technologies prometteuses pour le développement de systèmes de production d'énergie durable. Le grand défi sera de créer de tels systèmes en évitant les écueils comme ceux dont nous venons de discuter et en permettant aux communautés locales et régionales de garder ou de reprendre le contrôle sur leurs systèmes de production d'énergie.

10.5.3 Les substituts de la viande

La production et la consommation de viande ont des impacts environnementaux énormes. De grandes surfaces de forêts tropicales sont déboisées chaque année pour la culture du fourrage de soja qui sert à alimenter le bétail, un fourrage qui est d'ailleurs transporté sur de grandes distances vers les marchés américains et européens. L'élevage du bétail est une activité intensive qui cause beaucoup de problèmes à l'échelle locale : acidification des sols, destruction des écosystèmes et eutrophisation des cours d'eau. Il contribue aussi aux changements climatiques, puisque le bétail est un grand émetteur de méthane, un puissant gaz à effet de serre (GES). Or, la consommation de viande croît rapidement. Alors que la population humaine a doublé au cours des 50 dernières années, la production de viande a augmenté de 500 %.

Le besoin principal comblé par la viande est l'apport en protéines. La consommation de viande satisfait aussi d'autres besoins : par exemple, elle s'inscrit dans certaines traditions et elle sert à exprimer le statut de celui qui la consomme.

Le bétail n'est pas très efficient pour transformer le fourrage en protéines. Environ 6 kg de protéines végétales sont nécessaires pour produire 1 kg de protéines animales. Pour produire 1 kg de bœuf, il faut 15 m^3 d'eau. Il en faut 10 m^3 pour 1 kg d'agneau. Il faut généralement moins de 3 m^3 d'eau pour produire 1 kg de blé.

Si l'apport en protéines dans notre alimentation se faisait à partir de plantes, l'efficience de la production de protéines augmenterait donc en principe par un facteur de six. Il existe déjà des aliments à base de protéines végétales, comme le tofu et les protéines végétales texturées. Mais ces produits n'ont pas encore gagné la faveur du grand public comme substitut à la viande.

Plusieurs chercheurs travaillent actuellement au développement de substituts à la viande plus acceptables pour les consommateurs et les producteurs. Après plusieurs décennies de travaux sur ce qu'on appelle communément les *Novel protein foods* (NFP), il semble que nous soyons encore très loin de produits commercialisables.

Les scandales récents dans la production de viande (la crise de la vache folle, la grippe aviaire, le cas de la viande contaminée à la listériose au Canada en 2008) profiteront peut-être aux différents substituts d'origine végétale. Mais il ne sera pas facile de renverser la tendance actuelle, particulièrement dans les pays où la richesse est en croissance.

10.6 Conclusion

Les technologies ont un rôle important à jouer dans le développement durable, mais elles ne sont pas la panacée qui réglera tous nos problèmes facilement et sans adaptation. Les solutions seront toujours sociotechniques. Elles exigeront des transformations techniques et sociales.

Les technologies améliorées peuvent être l'ennemi d'une technologie vraiment durable. L'étude du changement technologique nous enseigne que le développement technologique dépend du chemin suivi. Nos options sont limitées par les choix du passé, tout comme les choix que nous faisons aujourd'hui limiteront les options accessibles aux générations futures. Ainsi, ce qui aujourd'hui peut sembler être une amélioration est peut-être en fait une stratégie technologique qui fermera la porte à de meilleures solutions dans le futur.

Chercher les technologies vraiment durables peut par contre nous empêcher d'agir dès maintenant. Nous ne réglerons pas nos problèmes actuels sans douleur. Les doutes quant à la viabilité d'une option ne sont souvent que des excuses pour ne rien faire. En pratique, le principe de précaution est souvent inversé : tant que l'existence d'un problème et sa gravité n'ont pas été démontrées hors de tout doute, on ne fait rien. C'est une attitude qui risque de nous coûter très cher. Le développement de nouvelles technologies prend beaucoup de temps. Des changements révolutionnaires prendront des décennies d'actions concertées de la part des gouvernements, des consommateurs et de l'industrie.

Il est important de tenter de prédire les impacts des changements technologiques pour alimenter la discussion sur la place publique. En même temps, les tentatives d'évaluation des technologies faites au cours des dernières décennies montrent bien que notre compréhension des impacts futurs est très limitée. En fait, ces impacts sont intimement liées à de plus grands changements culturels. Des rebonds imprévisibles et de nouveaux dilemmes sociaux ne sont pas l'exception : ils sont plutôt la règle. Il est donc crucial que nos stratégies de développement de technologies durables demeurent flexibles.

Notre défi est d'apprendre des erreurs du passé et d'agir avec diligence, dès maintenant.

10.7 Questions de réflexion et de discussion

1. Les voitures hybrides essence-électricité sont récemment apparues sur le marché. Ce type de voitures est une solution à quels problèmes environnementaux ? Comment ces voitures peuvent-elles contribuer à faire un bond dans l'efficience environnementale du transport automobile ?
2. Imaginez la production d'aluminium ou d'acier durable. Quelles nouvelles technologies seraient nécessaires ? En quoi le cycle de production de ces métaux serait-il différent de celui du plastique ?

Bibliographie

3M (2008). *Pollution Prevention Pays (3P)* <http://solutions.3m.com/wps/portal/3M/en_US/global/sustainability/management/pollution-prevention-pays/>, page consultée le 17 novembre 2008.

Abramovitz, J.N. (2001). *Unnatural Disasters*. Washington, D.C. : Worldwatch Institute.

Aftalion, F. (1991). *A History of the International Chemical Industry*. Philadelphia : University of Pennsylvania Press.

Agence de la santé publique du Canada (2007). *Maladies respiratoires professionnelles* <http://www.phac-aspc.gc.ca/publicat/2007/lbrdc-vsmrc/mrp-ord-fra.php>, page consultée le 6 juillet 2008.

André, P., C.E. Delisle et J.-P. Revéret (2003). *L'évaluation des impacts sur l'environnement : processus, acteurs et pratique pour un développement durable* (2e éd.). Montréal : Presses internationales Polytechnique.

Angus, I. (2008). *The Myth of the Tragedy of the Commons* <http://mrzine.monthlyreview.org/angus250808.html>, page consultée le 25 août 2008.

Applebaum, A. (2009). « Towers in Manhattan Gather Heat for Power », *New York Times*, 25 février, p. B7.

Arthur, W.B. (1996). « Increasing returns and the new world of business », *Harvard Business Review, 74*(4), p. 100-109.

Association des commissions des accidents du travail du Canada (2008). *Statistiques sur les accidents du travail* <http://www.awcbc.org/fr/nationalworkinjuriesstatisticsprogram-nwisp.asp#Stats>, page consultée le 16 septembre 2008.

Barras, C. (2009). *Why Sustainable Power is Unsustainable* <http://www.newscientist.com/article/dn16550-why-sustainable-power-is-unsustainable.html>, page consultée le 14 janvier 2009.

Bjørner, T.B., J. Kronbak et T. Lundhede (2003). *Valuation of Noise Reduction – Comparing Results from Hedonic Pricing and Contingent Valuation* <http://www.akf.dk/udgivelser_en/2003/noise_reduction/>, page consultée le 16 septembre 2008.

Bonaldi, P. (scénariste) (2002). *Porto Marghera, Venice: The Story of a Lethal Deception*. Italie: Media 3.14.

BP (2008). *Statistical Review of World Energy 2008* <http://www.bp.com/productlanding.do?categoryId=6848&contentId=7033471>, page consultée le 18 juillet 2008.

Braun, E. (1995). *Futile Progress: Technology's Empty Promise*. Londres: Earthscan Publications.

Brown, L.C. (dir.) (1999). *State of the World 1999*. Washington, D.C.: Worldwatch Institute.

Bureau d'audiences publiques sur l'environnement (1994). *Restauration du lieu contaminé de Mercier*. Québec: BAPE.

Bureau d'audiences publiques sur l'environnement (2003). *Projet de centrale à cycle combiné du Suroît à Beauharnois par Hydro-Québec: rapport d'enquête et d'audience publique*. Québec: BAPE.

Caro, R.A. (1974). *The Power Broker: Robert Moses and the Fall of New York*. New York: Knopf.

Carrefour de solidarité internationale (2007). *Qui sommes-nous?* <http://www.csisher.com/apropos/index.html>, page consultée le 10 mars 2009.

Carson, R. (1962). *Silent Spring*. Boston: Houghton Mifflin.

Castells, M. (1997). *The Power of Identity*. Malden, Mass.: Blackwell.

Central Intelligence Agency (2008). *The World Factbook – Rank Order – GDP (Purchasing Power Parity)* <https://www.cia.gov/library/publications/the-world-factbook/rankorder/2001rank.html>, page consultée le 5 septembre 2008.

CERES (2008). *CERES Principles* <http://www.ceres.org/Page.aspx?pid=416>, page consultée le 16 novembre 2008.

Chandler, A.D. (1977). *The Visible Hand: The Managerial Revolution in American Business*. Cambridge, Mass.: Belknap Press.

Clark, J.L. (1985). « Thus spoke chief Seattle: The story of an undocumented Speech », *Prologue, 18*(1).

Colborn, T., J.P. Myers et D. Dumanoski (1996). *Our Stolen Future: Are We Threatening Our Fertility, Intelligence, and Survival? A Scientific Detective Story*. New York: Dutton.

Collingridge, D. (1980). *The Social Control of Technology*. New York: St. Martin's Press.

Commission de l'éthique de la science et de la technologie (2006). *Éthique et nanotechnologies: se donner les moyens d'agir*. Québec: CEST.

Commission de l'éthique de la science et de la technologie (2008). *Publications* <http://www.ethique.gouv.qc.ca/Publications-.html>, page consultée le 3 novembre.

Commission européenne (2003). « Décision de la Commission du 19 février 2003 relative aux mesures mises à exécution par le Royaume d'Espagne en faveur de Hilados y Tejidos Puigneró SA », *Journal officiel de l'Union européenne, 46*(L 337).

Commission européenne (2008). *Emission Trading Scheme (EU ETS)* <http://ec.europa.eu/environment/climat/emission/index_en.htm>, page consultée le 25 août 2008.

Commission mondiale sur l'environnement et le développement de l'ONU (1987). *Notre avenir à tous* <http://fr.wikisource.org/wiki/Rapport_Brundtland>, page consultée le 16 juillet 2008.

Commoner, B. (1992). *Making Peace with the Planet*. New York : New Press.

Conférence des Nations Unies sur l'environnement et le développement (1992). *Sommet planète terre : compte rendu de presse, Action 21*. New York : ONU.

Conseil de l'Union européenne (2000). *Directive 2000/53/CE du Parlement européen et du Conseil du 18 septembre 2000 relative aux véhicules hors d'usage – Déclarations de la Commission* <http://eur-lex.europa.eu/LexUriServ/LexUriServ.do?uri=CELEX:32000L0053:FR:HTML>, page consultée le 17 septembre 2008.

Convention-cadre des Nations Unies sur les changements climatiques (2008). *Version française du site Internet de la CCNUCC* <http://unfccc.int/portal_francophone/items/3072.php>, page consultée le 13 octobre 2008.

Coopers & Lybrand Consultants (1998). « Environmental accounting. What does it mean for business ? », *On Environmental Management, 3*(1), p. 1-4.

Côté, C. (2004). « Diminuer les émissions de mercure », *La Presse*, 8 novembre.

Côté, É. (2008). « Les îles-de-la-Madeleine s'érodent », *La Presse*, 10 mai.

Cramer, J. (2001). *Duurzaam in zaken*. Assen : Van Gorcum.

Cramer, J. (2002). *Ondernemen met hoofd en hart. Duurzaam ondernemen : praktijkervaringen*. Assen : Van Gorcum.

CSIEM (2005). *The CIESM Atlas of Exotic Species in the Mediterranean* <http://www.ciesm.org/online/atlas/index.htm>, page consultée le 16 juillet 2008.

Dajoz, R. (2006). *Précis d'écologie*. Paris : Dunod.

Damon, P.E. et P. Laut (2004). « Pattern of strange errors plagues solar activity and terrestrial climate data », *EOS Transactions, 85*(39).

Davis, M. (2006). *Planet of Slums*. Londres et New York : Verso.

de Hoo, S.C. (1991). *Aanbevelingen voor een preventief milieubeleid van de overheid*. Den Haag : NOTA.

Département des affaires économiques et sociales (2005). *Population, développement et VIH/sida et leur rapport avec la pauvreté*. Organisation des Nations Unies.

Département des affaires économiques et sociales des Nations Unies (2007). *World Population Prospects : The 2006 Revision Population Database* <http://esa.un.org/unpp/>, page consultée le 9 juin 2008.

Dickson, D. (1984). *The New Politics of Science* (1st American). New York : Pantheon Books.

Direction de la sécurité routière et de la réglementation automobile (2006). *La sécurité routière au Canada – 2003*. Ottawa : Transports Canada.

Direction générale de la santé (2008). *Saturnisme : le dépister et le prévenir* <http://www.sante.gouv.fr/htm/pointsur/saturn/sommaire.htm>, page consultée le 16 décembre 2008.

Division de la statistique du revenu (2008). *Les seuils de faible revenu de 2007 et les mesures de faible revenu de 2006*. Ottawa : Statistique Canada.

Donnachie, I.L. (2000). *Robert Owen : Owen of New Lanark and New Harmony*. East Linton : Tuckwell Press.

Draperi, J.-F. (2008). *Godin, inventeur de l'économie sociale. Mutualiser, coopérer, s'associer*. Valence : REPAS.

Earthbase (2008). *The Sandoz Chemical Spill* <http://www.edict.com.hk/vlc/textview/texts/sandoz.htm>, page consultée le 19 juillet 2008.

Ehrlich, P.R. et J.P. Holdren (1971). « Impact of population growth », *Science, 171*, p. 1212-1217.

Eldredge, L.L. (2006). « Number of Hawaiian species for 2003-2005 », *Bishop Museum Occasional Papers* (88).

Ellul, J. (1990). *La technique ou L'enjeu du siècle.* Paris : Economica.

Energy Information Administration (2009). *Petroleum Data, Report, Analysis* <http://www.eia.doe.gov/oil_gas/petroleum/info_glance/petroleum.html>, page consultée le 23 janvier 2009.

Environmental Defence (2007). *Toxic Nation: Family Group Results* <http://www.toxicnation.ca/toxicnation-studies/pollution-in-family/Group-Results>, page consultée le 10 juillet 2008.

Environnement Canada (2002). *L'ozone stratosphérique – Les substances et les secteurs* <http://www.ec.gc.ca/ozone/FR/SandS/index.cfm?intCat=186>, page consultée le 20 juillet 2008.

Environnement Canada (2004). *Le mercure dans l'environnement* <http://www.ec.gc.ca/MERCURY/EH/FR/eh-hc.cfm>, page consultée le 6 juillet 2008.

Environnement Canada (2006). *Protocole sur les substances qui appauvrissent la couche d'ozone (Protocole de Montréal)* <http://www.ec.gc.ca/international/multilat/ozone1_f.htm>, page consultée le 18 septembre 2008.

Environnement Canada (2007). *Les espèces non indigènes dans le bassin Grands Lacs–Saint-Laurent.*<http://www.qc.ec.gc.ca/csl/inf/inf003_f.html>, page consultée le 16 juillet 2008.

Essig, M.R. (2003). *Edison & the Electric Chair: A Story of Light and Death.* New York : Walker & Company.

European Environmental Agency (2001). *External Costs of Transport* <http://themes.eea.europa.eu/Sectors_and_activities/transport/indicators/TERM25 %2C2001/External_costs_of_transport___TERM_2001.pdf>, page consultée le 16 septembre 2008.

Farman, J.C., B.G. Gardiner et J.D. Shanklin (1985). « Large losses of total ozone in Antarctica reveal seasonal ClOx/NOx interaction », *Nature, 315*, p. 207-210.

Faune et flore du pays (2008). *Les espèces exotiques envahissantes au Canada* <http://www.hww.ca/hww2_f.asp?id=220>, page consultée le 17 juillet 2008.

Flatow, I. (1992). *They All Laughed...: From Light Bulbs to Lasers, the Fascinating Stories behind the Great Inventions That Have Changed Our Lives.* New York : HarperCollins.

Fredrickson, D.S. (2001). *The Recombinant DNA Controversy: A Memoir: Science, Politics, and the Public Interest 1974-1981.* Washington, D.C. : ASM Press.

Friis-Christensen, E. et K. Lassen (1991). « Length of the solar cycle : An indicator of solar activity closely associated with climate », *Science, 254*, p. 698-700.

Frosch, R.A. et N.E. Gallopoulos (1989). « Strategies for manufacturing », *Scientific American, 261*(3), p. 144-152.

Gagnon, R. (2006). *Questions d'égouts : santé publique, infrastructures et urbanisation à Montréal au XIXe siècle.* [Montréal] : Boréal.

Gauvin, P. (1992). *L'affrontement Hydro-Québec / Contestension Portneuf Lotbinière.* Sainte-Foy : Paulymédia.

Genova, T. (2006). *Television History – The First 75 Years* <http://www.tvhistory.tv/>, page consultée le 26 août 2008.

GERTNER, J. (2007). «The future is drying up», *The New York Times Magazine,* 21 octobre.

GIBBONS, A. (2006). «Dates revise Easter Island history», *Science, 311*(5766), p. 1360.

GLEICK, P.H., P. YOLLES et H. HATAMI (1994). «Water, war & peace in the Middle East», *Environment, 36*(3), p. 6-42.

GOEDKOOP, M., S. EFFTING et M. COLLIGNON (2000). *Eco-indicator 99: A Damage-Oriented Method for Life Cycle Impact Assessment. Manual for Designers.* Amersfoort: Pré.

GOODHEART, A. (2000). «The last island of the savages», *American Scholar, 69*(4), 13-44.

GORE, A. (1993). *Earth in the Balance: Ecology and Human Spirit.* New York: Plume Books.

GOULET, D. ET CENTER FOR THE STUDY OF DEVELOPMENT AND SOCIAL CHANGE (1971). *The Cruel Choice: A New Concept in the Theory of Development.* New York: Atheneum.

GOUVERNEMENT DU CANADA (2008). *écoÉNERGIE pour l'électricité renouvelable* <http://www.ecoaction.gc.ca/ecoenergy-ecoenergie/power-electricite/index-fra.cfm>, page consultée le 15 octobre 2008.

GOUVERNEMENT DU QUÉBEC (2009). *Code de déontologie des ingénieurs* <http://www2.publicationsduquebec.gouv.qc.ca/dynamicSearch/telecharge.php?type=3&file=/I_9/I9R3.HTM>, page consultée.

GRAVEL, P. (2006). «Le nord et ses habitants intoxiqués», *Le Devoir,* 11 novembre, p. 34.

GRAY, P. (1995). *L'Irlande au temps de la grande famine.* Paris: Gallimard.

GREEN, D.W. (1985). «The Saturnine curse: A history of lead poisoning», *Southern Medical Journal, 78*(1), p. 48-51.

GROUPE DE RECHERCHE ET D'ÉDUCATION SUR LES MAMMIFÈRES MARINS (2008). *Le béluga du Saint-Laurent* <http://www.whales-online.net/FSC.html?sct=2&pag=2-6-1>, page consultée le 18 juillet 2008.

GROUPE D'EXPERTS INTERGOUVERNEMENTAL SUR L'ÉVOLUTION DU CLIMAT (2007). *Bilan 2007 des changements climatiques: Rapport de synthèse.* Genève: GIEC.

HABERMAS, J. (1984). *The Theory of Communicative Action.* Boston: Beacon Press.

HARDIN, G. (1968). «The tragedy of the commons», *Science, 162*, p. 1243-1248.

HARDING, S.F. (1984). *Remaking Ibieca: Rural Life in Aragon under Franco.* Chapel Hill: University of North Carolina Press.

HAWLEY, C. et S. SCHMITT (2006). *The Chernobyl Body Count Controversy* <http://www.spiegel.de/international/0,1518,411864,00.html>, page consultée le 6 octobre 2008.

HEIJUNGS, R. (1992). *Environmental Life Cycle Assessment of Products: Guide.* Leiden: CML.

HENDERSON, L.J. (1970). *On the Social System; Selected Writings.* Chicago: University of Chicago Press.

HERRING, H. et R. ROY (2007). «Technological innovation, energy efficient design and the rebound effect», *Technovation, 27*(4), p. 194-203.

HOUNSHELL, D.A. et J.K. SMITH (1988). *Science and Corporate Strategy: Du Pont R&D, 1902-1980.* Cambridge [Cambridgeshire]; New York: Cambridge University Press.

HUGHES, T.P. (1983). *Networks of Power: Electrification in Western Society, 1880-1930.* Baltimore: Johns Hopkins University Press.

HUXLEY, A.L. (1963). *Le meilleur des mondes.* Paris: Plon.

IEEE (2008). *IEEE Code of Ethics* <http://www.ieee.org/portal/pages/iportals/aboutus/ethics/code.html>, page consultée le 6 novembre 2008.

Institut international du développement durable (2008). *Les Principes de Bellagio au complet* <http://www.iisd.org/measure/principles/progress/bellagio_full_fr.asp>, page consultée le 5 novembre 2008.

International Fund for saving the Aral Sea (2000). *State of Environment of the Aral Sea Basin* <http://enrin.grida.no/aral/aralsea/index.htm>, page consultée le 16 octobre 2008.

Jackson, K. (2003). « Domestic cogeneration », *European Power News,* mai/juin, p. 20-21.

Johnstone, N. (2003). *The Environmental Performance of Public Procurement: Issues of Policy Coherence.* OECD Publishing.

Judek, B., B. Jessiman et D. Stieb (2004). *Estimation de la surmortalité causée par la pollution atmosphérique au Canada.* Ottawa: Santé Canada.

Kaczynski, T. (1995). *La société industrielle et son avenir* <http://www.inlibroveritas.net/lire/œuvre17481.html>, page consultée le 8 janvier 2009.

Kahn, H. *et al.* (1976). *The Next 200 years: A Scenario for America and the World.* New York: Morrow.

Keynes, J.M. (1942). *Théorie générale de l'emploi, de l'intérêt et de la monnaie* (J. De Largentaye, trad.). Paris: Éditions Payot.

Kingdon, J.W. (1995). *Agendas, alternatives, and public policies* (2e éd.). New York: Longman.

Kirby, A. (1998). *Brent Spar's Long Saga* <http://news.bbc.co.uk/1/hi/sci/tech/218527.stm>, page consultée le 17 novembre 2008.

Kitman, J.M. (2000). « The secret history of lead », *The Nation,* 20 mars.

Kleinknecht, A. et J. ter Wengel (1998). « The myth of economic globalization », *Cambridge Journal of Economics, 22*(5), p. 637-647.

Kotler, P. (1991). *Marketing Management: Analysis, Planning, Implementation, and Control* (7e éd.). Englewood Cliffs, N.J.: Prentice-Hall.

Kwast, B. (2006). *Belomorkanal* <http://www.iisg.nl/collections/belomorkanal/index.php>, page consultée le 25 octobre 2008.

Leakey, R.E. et R. Lewin (1992). *Origins Reconsidered: In Search of What Makes Us Human.* New York: Doubleday.

Linster, M. et J. Fletcher (2004). *Using the Pressure-State-Response Model to Develop Indicators of Sustainability* <http://destinet.ew.eea.europa.eu/policies_resources/fol955810/OECD_P-S-R_indicator_model.pdf/>, page consultée le 6 novembre 2008.

Loo, T.M. (2006). *States of Nature: Conserving Canada's Wildlife in the Twentieth Century.* Vancouver: UBC Press.

Lyons, G. (1999). *Chemical Trespass: A Toxic Legacy.* Londres: WWF-UK.

Mazur, A. (1981). *The Dynamics of Technical Controversy.* Washington, D.C.: Communications Press.

McCay, B.J. et A.C. Finlayon (1995). *The Political Ecology of Crisis and Institutional Change: The Case of the Northern Cod* <http://arcticcircle.uconn.edu/NatResources/cod/mckay.html>, page consultée le 6 juillet 2008.

Meadows, D.H. *et al.* (1972). *The Limits to Growth: A Report for the Club of Rome's Project on the Predicament of Mankind.* New York: Universe Books.

Meakin, S. (1992). *Le sommet de la Terre de Rio: Sommaire de la conférence des Nations Unies sur l'environnement et le développement.* Ottawa: Gouvernement du Canada.

Meloche, F. (2007). *Alcan Pulls Out of Utkal Project in India* <http://www.corpwatch.org/article.php?id=14465>, page consultée le 17 novembre 2008.

Meyer-Thurow, G. (1982). « The industrialization of invention : A case study from the German chemical industry », *ISIS, 73*, p. 363-381.

Milhollin, G. (1987). « Stopping the Indian bomb », *The American Journal of International Law, 81*(593).

Miller, M. (2007). *The Forbes 400* <http ://www.forbes.com/2007/09/19/richest-americans-forbes-lists-richlist07-cx_mm_0920rich_land.html>, page consultée le 5 septembre 2008.

Ministère du Développement durable, de l'Environnement et des Parcs (2004). *Les lacs acides au Québec* <http ://www.mddep.gouv.qc.ca/eau/eco_aqua/lacs_acides/2004/>, page consultée le 18 juillet 2008.

Morose, G. *et al.* (2008). *Industrial Uses of Lead* <http ://www.eoearth.org/article/Industrial_uses_of_lead>, page consultée le 15 octobre 2008.

Mulder, K. et TU Twente Centrum voor Vraagstukken van Wetenschap en Samenleving De Boerderij (1987). *De Hollandse molen, monument of werktuig ? een onderzoek naar de controverse over het voortbestaan van de Hollandse windmolen.* Enschede : TU Twente.

Mulder, K.F. (1991). « Replacing nature : The arising of polymer science and synthetic fibre technology », dans B. Gremmen (dir.), *The Interaction between Technology and Science.* Wageningen : Wageningen Agricultural University.

Mulder, K.F. (2005a). « The effectiveness of technology forcing. CFCs and cleaner transport », dans D. Trzmielak et M. Urbaniak (dir.), *Value Added Partnering in a Changing World* Lodz : University of Lodz Innovation Center, p. 277-282.

Mulder, K.F. (2005b). « Innovation by disaster : The ozone catastrophe as experiment of forced innovation », *International Journal of Environment and Sustainable Development, 4*(1), p. 88-103.

Mutendam, J. (1971). *Loon naar werken. Enkele sociale aspecten van het werk van J.C. van Marken.* Deventer : Kluwer.

NASA et Jet Propulsion Laboratory (2009). *Cassini-Huygens : Spacecraft-Safety* <http :// saturn.jpl.nasa.gov/spacecraft/safety/>, page consultée le 23 janvier 2009.

National Research Council (2002). *Oil in the Sea III : Inputs, Fates, and Effects.* Washington, D.C. : The National Academies Press.

Nelkin, D. (1984). *Controversy : The Politics of Technical Decisions* (2e). Beverly Hills : Sage Publications.

North Carolina State University (2007). *Mayday 23 : World Population Becomes more Urban than Rural* <http ://news.ncsu.edu/releases/2007/may/104.html>, page consultée le 18 août 2008.

Nowotny, H. (1979). *Kernenergie – Gefahr oder Notwendigkeit, Anatomie eines Konflikts.* Frankfurt : Suhrkamp.

Ordre des ingénieurs du Québec (1990). *Guide de pratique professionnelle.* Montréal : OIQ.

Organisation des Nations Unies (1992). *Déclaration de Rio sur l'environnement et le développement* <http ://www.un.org/french/events/rio92/aconf15126vol1f.htm>, page consultée le 14 juillet 2008.

Organisation des Nations Unies (1997). *Quatrième conférence mondiale sur les femmes* <http ://www.un.org/french/events/womenfr.htm>, page consultée le 5 juin 2008.

Organisation des Nations Unies (2002). *Sommet de Johannesburg 2002* <http ://www.un.org/ french/events/wssd/>, page consultée le 13 octobre 2008.

ORGANISATION DES NATIONS UNIES (2007). *Indicators of Sustainable Development: Guidelines and Methodologies*. New York: ONU.

ORGANISATION DES NATIONS UNIES (2008a). *Déclaration universelle des droits de l'homme* <http://www.un.org/french/aboutun/dudh.htm#pre>, page consultée le 28 juillet 2008.

ORGANISATION DES NATIONS UNIES (2008b). *Objectifs du millénaire pour le développement* <http://www.un.org/french/millenniumgoals/index.shtml>, page consultée le 15 août 2008.

ORGANISATION DES NATIONS UNIES POUR L'ALIMENTATION ET L'AGRICULTURE (1997). *Sommet mondial de l'alimentation* <http://www.fao.org/WFS/index_fr.htm>, page consultée le 5 juin 2008.

ORGANISATION INTERNATIONALE DU TRAVAIL (2008). *Export Processing Zone – Statistics* <http://www.ilo.org/public/english/dialogue/sector/themes/epz/stats.htm>, page consultée le 25 août 2008.

ORGANISATION MONDIALE DE LA SANTÉ (1995). *Rapport sur la santé dans le monde, 1995 – Réduire les écarts*. Genève: OMS.

ORGANISATION MONDIALE DE LA SANTÉ (2005). *La pollution de l'air à l'intérieur des habitations et la santé* <http://www.who.int/mediacentre/factsheets/fs292/fr/index.html>, page consultée le 8 février 2009.

PETROW, R. (1968). *The Black Tide: In the Wake of Torrey Canyon*. Londres: Hodder & Stoughton.

PINEYRO-NELSON, A. *et al.* (2009). « Transgenes in Mexican maize: Molecular evidence and methodological considerations for GMO detection in landrace populations », *Molecular Ecology, 18*(4), p. 750.

PINHOLSTER, G. (1999). *Smog Impacts: Hurtling through Airways, Tiny Particles May Do more Damage than Previously Assumed* <http://www.eurekalert.org/pub_releases/1999-08/UoD-SiHt-160899.php>, page consultée le 8 juillet 2008.

POLLUTIONWATCH.ORG (2006). *Partenaires dans la pollution: la pollution des Grand Lacs en provenance du Canada et des États-Unis*. Toronto.

PROGRAMME DES NATIONS UNIES POUR L'ENVIRONNEMENT (2008). *GEO – Le contrôle de l'environnement* <http://www.unep.org/GEO/french/>, page consultée le 5 juin 2008.

PROGRAMME DES NATIONS UNIES POUR LE DÉVELOPPEMENT (1999). *Rapport mondial sur le développement humain 1999*. New York: PNUD.

PROGRAMME DES NATIONS UNIES POUR LE DÉVELOPPEMENT (2003). *Rapport mondial sur le développement humain 2003*. New York: PNUD.

PROGRAMME DES NATIONS UNIES POUR LE DÉVELOPPEMENT (2008). *Statistics – Human Development Reports* <http://hdr.undp.org/en/statistics/>, page consultée le 13 août 2008.

PROGRESSIVE POLICY INSTITUTE (2008). *Wind Power Produces One Percent of the World's Electricity* <http://www.ppionline.org/ppi_ci.cfm?knlgAreaID=108&subsecID=900003&contentID=254711>, page consultée le 15 septembre 2008.

PUBLIC BROADCASTING SERVICE (2000). *Secrets of Easter Island: Move a Megalith* <http://www.pbs.org/wgbh/nova/easter/move/>, page consultée le 27 mai 2008.

QUIROGA, R.M. (2001). *Indicadores de sostenibilidad ambiental y de desarrollo sostenible: estado del arte y perspectivas*. Santiago de Chile: CEPAL.

RADIO-CANADA (1979). *Il pleut à mourir!* <http://archives.radio-canada.ca/environnement/pollution/dossiers/638/>, page consultée le 6 juin 2008.

Radio-Canada (2003). *Les Grands Lacs, dépotoir du Nord* <http://archives.radio-canada.ca/environnement/pollution/dossiers/1280/>, page consultée le 6 juin 2008.

Radovich, J. (1981). « The collapse of the California sardine fishery. What have we learned ? », dans M.H. Glantz et J.D. Thompson (dir.), *Resource Management and Environmental Uncertainty : Lessons from Coastal Upwelling Fisheries.* New York : Wiley.

Ranganathan, J. (1999). « Signs of sustainability : Measuring corporate environmental and social performance », dans M. Bennett et P. James (dir.), *Sustainable Measures : Evaluation and Reporting of Environmental and Social Performance.* Sheffield : Greenleaf Publishing. p. 475-495.

Ressources naturelles Canada (2007). *Le longicorne étoilé* <http://scf.rncan.gc.ca/soussite/glfc-sugarbush/anoplophora-glabripennis>, page consultée le 17 juillet 2008.

Rheingold, E.M. (1986). *Made in Japan : Akio Morita and Sony.* New York : NAL Penguin.

Rhodes, R. (1986). *The Making of the Atomic Bomb.* New York : Simon & Schuster.

Rip, A. (1986). « Controversies as informal technology assessment », *Science Communication, 8*(2), p. 349-371.

Roberts, J.T. et B.C. Parks (2007). *A Climate of Injustice : Global Inequality, North-South Politics, and Climate Policy.* Cambridge, Mass. : MIT Press.

Robertson, D. (2005). *South Africa Water Project Clears Water-Guzzling Alien Plant Infestations* <http://www.voanews.com/english/archive/2005-03/2005-03-22-voa19.cfm>, page consultée le 16 juillet 2008.

Rodgers, P. (2007). « Wind-fuelled 'supergrid' offers clean power to Europe », *The Independent*, 25 novembre.

Rowland, F.S. et M.J. Molina (1974). « Stratospheric sink for chlorofluoromethanes : chlorine atom-catalysed destruction of ozone », *Nature, 249.*

Sale, K. (1995). *Rebels against the Future : The Luddites and Their War on the Industrial Revolution : Lessons for the Computer Age.* Reading, Mass. : Addison-Wesley Publ. Co.

Sautter, U. et M.D. Pinkowish (2008). *Quiet, Please* <http://www.odemagazine.com/doc/55/quiet-please/>, page consultée le 15 juillet 2008.

Sclove, R.E. *et al.* (1998). *Community-based Research in the United States. An Introductory Reconnaissance, Including Twelve Organizational Case Studies and Comparison with the Dutch Science Shops and the Mainstream American Research System.* Amherst, MA : The Loka Institute.

Secrétariat de l'Organisation des Nations Unies (2006). *World Population Prospects : The 2006 Revision and World Urbanization Prospects : The 2005 Revision* <http://esa.un.org/unpp>, page consultée le 28 janvier 2009.

Service météorologique du Canada (2004). *Évaluation scientifique 2004 des dépôts acides au Canada : sommaire des résultats clés.* Ottawa : Environnement Canada.

Sharpe, J.A. (1999). *The Amish : Technology Practice and Technological Change* <http://www.shawcreekgeneralstore.com/amish_article1.htm>, page consultée le 15 janvier 2009.

Shrivastava, P. (1987). *Bhopal : Anatomy of a Crisis.* Cambridge, Mass. : Ballinger Publ. Co.

Siegert, F. *et al.* (2001). « Increased damage from fires in logged forests during droughts caused by El Nino », *Nature, 414*(6862), p. 437-440.

Simons, M. (1997). « Spanish judge tries new tactic to fight pollution : A jail term », *New York Times*, 20 avril.

Smeaton, J. (1759). « An experimental enquiry concerning the natural powers of water and wind to turn mills, and other machines, depending on a circular motion », *Philosophical Transactions of the Royal Society, 51*, p. 100-174.

Sociaal-Economische Raad (2000). *De winst van waarden. Advies over maatschappelijk ondernemen.* Den Haag : Sociaal-Economische Raad.

Sorenson, P. (1999). *Pollution Prevention Pioneer* <http ://www.it.umn.edu/news/inventing/1999_Spring/ling.html>, page consultée le 5 janvier 2009.

Spangenberg, J.H. (2002). « Institutional sustainability indicators : An analysis of the institutions in Agenda 21 and a draft set of indicators for monitoring their effectivity », *Sustainable Development, 10*(2), p. 103-1154.

Statistique Canada (2005). *Population urbaine et rurale, par province et territoire (Canada)* <http ://www40.statcan.ca/l02/cst01/demo62a_f.htm>, page consultée le 18 août 2008.

Table québécoise de la sécurité routière (2007). *Pour améliorer le bilan routier. Premier rapport de recommandations de la Table québécoise de la sécurité routière.* Québec.

Tarr, J. et C. McShane (1997). « The centrality of the horse to the nineteenth-century American city », dans R. Mohl (dir.), *The Making of Urban America.* New York : SR Publishers, p. 105-130.

Taylor, F.W. (1967). *The Principles of Scientific Management.* New York : Norton.

The Co-Intelligence Institute (2008). *Danish Citizen Technology Panels* <http ://www.co-intelligence.org/P-DanishTechPanels.html>, page consultée le 18 septembre 2008.

The Economist (2008). *Sandwiched* <http ://www.economist.com/finance/displaystory.cfm ?story_id=11793125>, page consultée le 24 août 2008.

The International Institute for Sustainable Development (1994). *Page de référence sur la conférence du Caire* <http ://www.iisd.ca/cairof.html >, page consultée le 5 juin 2008.

The World Bank (2008). *The Enhanced Heavily Indebted Poor Countries Initiative* <www.worldbank.org/hipc.htm>, page consultée le 5 septembre 2008.

Tierney, J. (1990). « Betting on the planet », *The New York Times Magazine,* 2 décembre.

Trommelen, J. (2003). « Schone auto vervuilt Siberië », *DeVolkskrant*, 18 janvier.

U.S. Department of Energy (2008). *Enhanced Oil Recovery/CO_2 Injection* <http ://www.fossil.energy.gov/programs/oilgas/eor/index.html>, page consultée le 21 septembre 2008.

UNEP/GRID-Arendal (2005). *Vital Climate Graphics* <http ://www.grida.no/publications/vg/climate2/>, page consultée le 15 août 2008.

United States Census Bureau (2008). *Poverty* <http ://www.census.gov/hhes/www/poverty/poverty.html>, page consultée le 5 septembre 2008.

United States Geological Survey (2006). *Volatile Organic Compounds in the Nation's Ground Water and Drinking-Water Supply Wells* <http ://water.usgs.gov/nawqa/vocs/national_assessment/report/>, page consultée le 16 septembre 2008.

University at Buffalo University Archives (2008). *About Love Canal* <http ://library.buffalo.edu/libraries/specialcollections/lovecanal/about.html>, page consultée le 5 novembre 2008.

USGS (2008). *Where is Earth's water located ?* <http ://ga.water.usgs.gov/edu/earthwherewater.html>, page consultée le 18 juillet 2008.

van Hemel, C.G. (1998). *Ecodesign Empirically Explored Design for Environment in Dutch Small and Medium-sized Enterprises.* Delft : TU Delft.

VAN LEENDERS, C. et P. DE JONG (1996). *Milieustrategieën en positieve feedback.* Amsterdam: Universiteit van Amsterdam.

VAN PANHUYS, H.F. (1978). *International Law in the Netherlands.* Alphen aan den Rijn. Dobbs Ferry, N.Y.: Sijthoff & Noordhoff; Oceana Publications.

VENDETTE, N. et V. CÔTÉ (2008). *L'écologie industrielle en 42 mots.* Sorel-Tracy: Centre de transfert technologique en écologie industrielle.

WACKERNAGEL, M. et W.E. REES (1999). *Notre empreinte écologique: comment réduire les conséquences de l'activité humaine sur la Terre.* Montréal: Éditions Écosociété.

WALSH, N.P. (2003). «Hell on Earth», *The Guardian*, 18 avril.

WEINBERG, A.M. (1966). «Can technology replace social engineering?», *The Bulletin of the Atomic Scientists, 12*(10), p. 4-8.

WESTFALL, R.S. (1977). *The Construction of Modern Science: Mechanisms and Mechanics.* Cambridge et New York: Cambridge University Press.

WHITE, A.L., M. BECKER et J. GOLDSTEIN (1992). *Total Cost Assessment: Accelerating Industrial Pollution Prevention through Innovative Project Financial Analysis – with Applications to the Pulp and Paper Industry.* Washington, D.C.: Environmental Protection Agency.

WIKIPEDIA (2008). *Smog* <http://en.wikipedia.org/wiki/Smog>, page consultée le 24 juillet 2008.

WIKIPEDIA (2009). *Avantage comparatif* <http://fr.wikipedia.org/wiki/avantage_comparatif>, page consultée le 25 mai 2009.

WINISTORFER, H. et V. CARABIAS (2001). «Tools needed for sustainability evaluation: The social compatibility analysis (SCA)», *Advances in Ecological Sciences, 10*, p. 15-21.

WINSEMIUS, P. (1986). *Gast in eigen huis; beschouwingen over milieumanagement.* Alphen a/d Rijn: Samsom.

WOLSINK, M., UNIVERSITEIT VAN AMSTERDAM INTERFACULTEIT VAKGROEP MILIEUKUNDE et MINISTERIE VAN VOLKSHUISVESTING RUIMTELIJKE ORDENING EN MILIEUBEHEER (1987). *Maatschappelijke acceptatie van grote windturbines.* 's-Gravenhage: Ministerie van Volkshuisvesting.

WONG, G.J. (2003). *The Rusts and Smuts* <http://www.botany.hawaii.edu/faculty/wong/bot135/lect08.htm>, page consultée le 4 juin 2008.

WOOD, F.B. (1982). «The status of technology assessment: A view from the congressional Office of Technology Assessment», *Technological Forecasting and Social Change, 22*(3/4), p. 211-222.

WOODARD, C. (1998). «Food-chain alarm from a low-ozone zone», *Christian Science Monitor*, 11 décembre.

WORLD RESOURCES INSTITUTE (2008). *Citywide Problems: Ambient Air Pollution* <http://www.wri.org/publication/content/8254>, page consultée le 16 septembre 2008.

WORLD WILDLIFE FUND INTERNATIONAL *et al.* (2008). *Planète vivante 2008.* Paris et Monza: WWF.

WORLDWATCH INSTITUTE (2008). *Publications* <http://www.worldwatch.org/taxonomy/term/37>, page consultée le 5 juin 2008.

Les auteurs

Auteur de la version anglaise

Karel Mulder est professeur au Département de dynamique des technologies et développement durable de la Faculté de technologie, stratégie et entrepreneuriat de l'Université technologique de Delft (TU Delft). Il y dirige depuis 1998 le projet Éducation pour le développement durable. Il a fondé en 1994 et dirigé jusqu'en 1999 le Département de technologie et société de l'Institut royal des ingénieurs des Pays-Bas.

Traduction et adaptation

Éric Francoeur est maître d'enseignement au Service des enseignements généraux de l'École de technologie supérieure, où il est depuis 2003 responsable du cours « Environnement, technologie et société ». Il a une formation en sociologie des sciences et des technologies et s'intéresse maintenant aux questions de l'enseignement du développement durable sous toutes ses formes.

Services des enseignements généraux
École de technologie supérieure
1100, rue Notre-Dame Ouest
Montréal (Québec) H3C 1K3
Tél. : 514 396-8800, p. 7735
Téléc. : 514 396-8513
eric.francœur@etsmtl.ca

RECYCLÉ
Papier fait à partir de matériaux recyclés
FSC® C103567

FSC
www.fsc.org

MARQUIS
Marquis imprimeur inc.

Québec, Canada
2012

Imprimé sur du papier Silva Enviro 100% postconsommation traité sans chlore, accrédité ÉcoLogo et fait à partir de biogaz.

100%
PERMANENT
BIO GAZ
ÉNERGIE